袁鑫烽 著

心灵珠峰
XIN LING ZHU FENG

中国轻工业出版社

图书在版编目（CIP）数据

心灵珠峰 / 袁鑫烽著. --北京：中国轻工业出版社，2025.8. --ISBN 978-7-5184-5484-6

Ⅰ.B821-49

中国国家版本馆CIP数据核字第20253XL543号

责任编辑：栾　峰　　责任终审：高惠京　　整体设计：锋尚设计
策划编辑：李　锋　　责任校对：晋　洁　　责任监印：张京华

出版发行：中国轻工业出版社（北京鲁谷东街5号，邮编：100040）

印　　刷：三河市万龙印装有限公司

经　　销：各地新华书店

版　　次：2025年8月第1版第1次印刷

开　　本：880×1230　1/32　印张：11

字　　数：285千字

书　　号：ISBN 978-7-5184-5484-6　定价：68.00元

邮购电话：010-85119873

发行电话：010-85119832　010-85119912

网　　址：http://www.chlip.com.cn

Email：club@chlip.com.cn

版权所有　侵权必究

如发现图书残缺请与我社邮购联系调换

242734W2X101ZBW

序言

作为地球之巅的珠穆朗玛峰总在提醒我们：人类对精神高度的追寻，从未停息。在这个信息爆炸但心灵贫瘠的时代，我们比任何时候都更需要一座指引灵魂攀登的高峰。《心灵珠峰》不是一本讲道理的书，而是用古今中外的文明精髓绘制的心灵指引。在这里，你会遇见《论语》中"人能弘道"的圣贤气象，触摸《道德经》里"天下之至柔"的智慧纹理，从中找到属于当代人的精神锚点。

全书共四篇，如同四季轮转。开篇"国学探微"是破土的春芽，从"有才而性缓"到"上善若水"，我们在诸子百家的智慧丛林里，重新理解什么是真正的"大才"与"大智"。因脾气暴躁而葬送性命的张飞，因儒缓持重而终成"半圣"的曾国藩，他们的故事在"天下之至柔，驰骋天下之至坚"的哲思中，映照出每个职场人面临的性格困局。当法律工作者在"行有不得，反求诸己"中顿悟诉讼调解的真谛，当公务员在"周而不比"里参透人际关系的玄机，经典便不再是空洞的理论。

"修身悟道"篇是盛夏的骤雨，冲刷着现代人灵魂的积尘。"利他，是最高境界的利己"是成功学的底层逻辑。从"社交潜规则：贵人不可贱用"中可以学会资源管理，理解了"细节决定成败"能够改善团队执行力。修身不是道德说教，而是自我完善的管理工程。"特里法则""路径依赖"等现代心理学概念与传统智慧的对话，让"破心中贼"的阳明心学成为治愈内耗的良方。

"育才启慧"篇是金秋的硕果,凝结着对教育本质的思考。当"3岁立恩,6岁立威,12岁立价值"的古训照亮蒙台梭利教育的盲区,当"合作精神,是孩子一生最受用的本领"重新诠释素质教育的核心,那些困扰家长们的"一胎焦虑""二胎困惑"或许可以获得破解之道。

"养心颐年"篇是冬日的暖阳,照见被科技异化的生命本质。"粗茶淡饭,吃出铁汉"颠覆营养学的数据迷信,"睡觉不通风"的养生禁忌引发对现代居住环境的认真反思。"春捂秋冻""人参杀人无罪"等都揭示出一个道理:健康不是指标游戏,而是尊重自然、顺应自然的艺术。

这座心灵珠峰的攀登,不需要专业装备,只需带着三个行囊:对生命的热望,对困惑的坦诚,以及向传统借一双慧眼的勇气。当你翻过"破心中贼"的险峰,穿过"知行合一"的垭口,最终在"上善若水"的圣湖边照见本心时,定会明白:真正的智慧从不居高临下,它始终在我们血脉中汩汩流淌,等待着被重新唤醒的契机。

愿你我顶峰相见!

目录

第一篇 国学探微

01 | 有才而性缓,定属大才;
　　　有智而气和,斯为大智　　　　　13
02 | 天下之至柔,驰骋天下之至坚　　　18
03 | 道常无为,而无不为　　　　　　　23
04 | 从善如登,从恶如崩　　　　　　　26
05 | 人能弘道,非道弘人　　　　　　　31
06 | 奢靡之始,危亡之渐　　　　　　　34
07 | 升米养恩,斗米养仇　　　　　　　40
08 | 行有不得,反求诸己　　　　　　　43
09 | 天之道,损有余而补不足;
　　　人之道,损不足以奉有余　　　　48
10 | 朝闻道,夕死可矣　　　　　　　　51
11 | 皇天无亲,惟德是辅　　　　　　　56
12 | 其身正,不令而行;
　　　其身不正,虽令不从　　　　　　58
13 | 道家顺乎自然,还是逆乎自然?　　62
14 | 君子和而不同,小人同而不和　　　66
15 | 君子周而不比,小人比而不周　　　69
16 | 知者不惑,仁者不忧,勇者不惧　　72
17 | 穷则独善其身,达则兼济天下　　　76
18 | 德不配位,必有灾殃　　　　　　　79
19 | 让一步为高,宽一分是福　　　　　81

20 | 以其无私，故能成其私　　　86

21 | 近朱者赤，近墨者黑　　　89

22 | 近者悦，远者来　　　92

23 | 君子成人之美，不成人之恶　　　96

24 | 祸莫大于不知足，咎莫大于欲得　　　99

25 | 君子泰而不骄，小人骄而不泰　　　103

26 | 圣人千虑，必有一失；
愚人千虑，必有一得　　　108

27 | 君子喻于义，小人喻于利　　　112

28 | 不履邪径，不欺暗室　　　117

29 | 德不孤，必有邻　　　120

30 | 天下大事必作于细，
天下难事必作于易　　　124

31 | 上善若水，水善利万物而不争　　　128

32 | 天地与我并生，万物与我为一　　　131

33 | 飘风不终朝，骤雨不终日　　　135

34 | 流水不腐，户枢不蠹　　　138

第二篇　修身悟道

35 | 社交潜规则：贵人不可贱用　　　143

36 | 心外无物：
构建人脉的高段位底层逻辑　　　145

37 | 与其锦上添花，不如雪中送炭　　　149

38 | 你永远没有
第二次机会树立第一印象　　　152

39 | 认识你自己，
凡事勿过度，妄立誓则祸近　　　155

40 | 山不过来，我就过去　　　158

41 | 利他，是最高境界的利己　　　160

42 | 大礼不辞小让，细节决定成败　　　163

43 | 知行合一：
　　知是行之始，行是知之成　　165
44 | 假话全不说，真话不全说　　170
45 | 成人不自在，自在不成人　　172
46 | 小善如大恶，大善似无情　　176
47 | 善不积不足以成名，
　　恶不积不足以灭身　　181
48 | 闻道有先后，术业有专攻　　185
49 | 庸者谋事，智者谋局　　189
50 | 多读好书，就是多交贵人　　191
51 | 感恩使人成长，报恩助人成功　　194
52 | 恭敬别人，庄严自己　　199
53 | 慈悲生祸害，方便出下流　　201
54 | 你能爱多少人，你就能领导多少人　　203
55 | 阅读，是一个
　　让生命变得更加辽阔的过程　　206
56 | 学有所思，思有所悟，
　　悟有所行，知行合一　　209
57 | 破山中贼易，破心中贼难　　211
58 | 正心，取势，明道，优术　　216
59 | 敬畏自然，尊重自然，和谐共生　　220
60 | 仗义每多屠狗辈，负心多是读书人　　224
61 | 由俭入奢易，由奢入俭难　　228
62 | "特里法则"改变人生　　232
63 | 智者受到赞美时字字反思，
　　愚者受到批评时句句反驳　　237
64 | 境随心转，万物皆备于我　　242
65 | 世事洞明皆学问，人情练达即文章　　246
66 | 水深流得慢，贵人话语迟　　250
67 | 顺势而为，突破路径依赖的枷锁　　253

68	走亲访友，莫要空手	258
69	学习是人类的本质性特征	260
70	重要的决定，一定要过夜	263
71	你看不到他人的好，就没有资格看到他的不好	265
72	为什么幸运的人总是幸运，倒霉的人总是倒霉	269
73	做人，格局定结局	274
74	穷在债里，冷在风里	276
75	具体才能生动，细微最易感人	278
76	别把自己太当回事，也别把自己不当回事	280
77	做正确的事，正确地做事	282
78	上天欲其灭亡，必先令其疯狂	284
79	欲戴王冠，必承其重	287
80	沿着旧地图，找不到新大陆	289
81	将心比心，换位思考	292
82	打得一拳开，免得百拳来	295
83	选择，等于放弃	298
84	滚石不生苔，转业不聚财	300
85	入乡问俗，入乡随俗	303
86	见微知著，有恶习者必有恶心吗？	304

第三篇 育才启慧

87	合作精神，是孩子一生最受用的本领	309
88	让孩子成为你的资产，而非负债	311
89	3岁立恩，6岁立威，12岁立价值	313
90	幸福的童年治愈一生，不幸的童年用一生治愈	315

91 | 孩子被打,家长该怎么办? 317
92 | 孩子为什么要学一门乐器? 319
93 | 学跆拳道对孩子有什么好处? 323

第四篇 养心颐年

94 | 粗茶淡饭,吃出铁汉 329
95 | 先进厨房,再进药房 333
96 | 人参杀人无罪,砒霜救人无功 339
97 | 萝卜上市,医生没事 341
98 | 为什么要春捂秋冻? 343
99 | 一天一苹果,医生远离我 345
100 | 睡觉适当通风,有益身体健康 348

各界推荐 350

第一篇
国学探微

袁一茜 画

01

有才而性缓，定属大才；
有智而气和，斯为大智

清朝金缨所著的《格言联璧·存养类》里有一句发人深省的话：有才而性缓，定属大才；有智而气和，斯为大智。也就是说，一个具备非凡才能之人，如果同时拥有性情舒缓的特质，那么，这样的人必然是当之无愧的大才；同样地，当一个人拥有高超的智慧时，如果还能够保持心气的平和与稳定，这个人才算是真正意义上的大智之人。由此可知，"有才而性缓"和"有智而气和"是古人用以识别人才的两大重要特征。

这里的"性缓"并非指行动迟缓或反应迟钝，而是指在面对纷繁复杂的事务时，能够保持沉着冷静、从容不迫的态度，不被外界的喧嚣扰乱心智，能够坚守内心的宁静与平和。"性缓"之所以能够成为成就大才的关键因素，主要体现在它有助于个体在多个维度实现自我提升。正如古语云："事因缓成，事因急败；不慌不忙，百步穿杨。"性缓之人不仅具备沉稳、淡定的特质，他们还拥有更强的自我控制能力。在面对外界诱惑或者巨大压力时，他们依然能够保持清醒的头脑，理性地分析问题，并做出明智的决策。这种人不易受情绪摆布，不会因一时冲动而鲁莽行事，从而能够更加有效地施展自身才华。

冰冻三尺，非一日之寒。人的才能并非一蹴而就，往往需要长期的积累和刻苦的磨砺。在这个过程中，稳定的性格会避免外界环境的干扰，从而大大提高做事的效率和专注度，如此才能心无旁骛地投入自我提升中来。与此同时，才能越大，就越需要一个舒缓的性格来避免夜郎自大的情况出现。那些才华横溢的人，若性格张狂，就很容易对他人缺乏尊重，甚至会完全忽略他人的想法。这不仅不利于个人的成长和发展，还会对人际关系产生负面影响。

《三国演义》里的猛将张飞，是蜀汉集团赫赫有名的"五虎上将"之一，就是因为性格暴躁的致命缺陷，最终被部下所害。当时，关羽刚刚被东吴杀死，张飞悲愤交加，急着为兄弟报仇，于是命部下张达和范疆连夜赶制白旗白甲。但因工期太紧，二人无法完成任务，便遭张飞鞭笞。张飞甚至扬言要处死二人。张达和范疆心生恐惧，深知若不先下手为强，必将难逃一死。于是，他们趁张飞深夜醉酒熟睡之际，潜入营帐将其刺死，并带着张飞的首级投奔东吴。张飞之死对我们的警示意义在于，一个人无论多么强大，都难以战胜"性格的缺陷"。俗话说得好，坏脾气就像脱缰的野马，如不加以束缚，必定伤人伤己。

在艺术创作领域，需要耐得住寂寞、平心静气地构思、雕琢作品；在商业谈判桌上，需在复杂的局势中冷静判断、权衡利弊；在科研探索过程中，面对无数次的失败仍需心平气和地分析问题、调整方案。这种强大的自控力无论在何种场合都是不可或缺的成功要素。

性缓之人往往不会恃才傲物。面对成功，他们不会沾沾自喜；遭遇挫折，也不会一蹶不振，更不会就地"躺平"。这类人通常还具备更为宽广的胸怀以及更为深邃的思考能力。在看待问题时，能够从多个不同的角度来加以审视，寻找更为全面和长远的问题解决方案。面对世间万事万物的变幻无常，他们能够秉持理性的态度去应对，在运用自身的智慧解决问题时，也会表现得更加从容淡定。曾国藩就曾一而再、再而三地告诫兄弟子侄们要切忌骄傲。他还总结："天下古今之才人，皆以一傲字致败。"反之，人若有才，并且还能始终保持谦虚低调的态度，性情平和舒缓，那么他往往就能够使自己的才能和品质日益提升，最终成长为真正意义上的"栋梁之才"。

曾国藩自身就是这方面的典型例子，就连他的学生李鸿章都说老师的短处是"儒缓"。在旁人看来，曾国藩说话和行动都显得比较迟缓，看似是性格上的弱点。但实际上，这恰恰是他突出的优点。凭借自身的才能，以及踏实稳重的处世风格，一步一个脚印，最终取得了巨大的成功。不仅如此，性缓的人常常能够构建起更为融洽的人际关系。这是因为他们身上所具备的沉稳、谦逊和包容等特征，能够赢得他人的尊重与信赖，从而为他们的职业发展奠定坚实基础，扫除诸多障碍。

与"有才而性缓，定属大才"相呼应，"有智而气和，斯为大智"也着重体现了智慧与气质之间千丝万缕的联系。在此句中，"气和"所代表的是内心深处的平静与和谐的状态。它使得智慧得以在更为广阔的舞台上发挥作用，而不会因为情绪的波动而受到影响。倘若有智慧的人不具备这种平和的气质，那么智慧便很有可能沦为伤人的利器，而非造福人类社会的有用器具。因为真正的智慧并非局限于对知识的学习、把握与理解，它更包含着对人生的透彻洞察与深切感悟，以及对世间万物的包容态度与慈悲情怀。

一个人越是聪明过人，在看待问题时往往就越容易将自身与他人区分开来，而过度强调彼此间的差异。这种思维模式会在表达意见的时候，不经意间伤害到他人的感情。东汉末年的大才子杨修就是这样的人。他的才识让曹操忌惮，同时又为人傲气，处处显摆、耍小聪明，最后因惹怒曹操而被处死。

倘若说，有才而行动迟缓，是为了行稳致远，不出差错；那么，有智且心平气和，则是为了克制内心的骄躁情绪，防止因为傲气而伤人，进而避免福气的流失。《易经》云"吉凶以情迁"，也就是说，人生的吉凶祸福往往和人的情绪好坏息息相关。《论语》中孔子告诉弟子们说："如有周公之才之美，使骄且吝，其余不足观也已。"意思是，即使有周公那样美好的才能，如果骄傲而吝啬的话，那其他方面也就不值得一提了。可见，一个人即使很有聪明才智，但若恃才傲物，目空一切，则会令人生厌，势必难成大器，并容易招致祸患。

韩信本来是汉初三杰之一，为刘邦打江山立下赫赫战功，才智非常卓越。但韩信身上有个致命的弱点，那就是恃才傲物，心浮气躁。比如说，有一次，韩信和刘邦一起饮酒。席间，刘邦问韩信："像我的才能能统率多少兵马？"韩信颇为不屑地说："陛下不过能统率十万。"刘邦又问："那你呢？"韩信得意扬扬地道："我带兵当然是越多越好！"虽然韩信说的或许是大实话，但是因为他心高气傲，而且当面贬低刘邦，最终给自己招来了灭顶之灾——被诛三族。

智慧与"气和"对于人，就恰似阳光和雨露对于花园那般重要，它们共同润泽着人们心灵的花园，从而让心灵之花绽放得更加绚烂多彩。那些在充满名利诱惑的名利场中能够依旧保持淡然处之的态度，以平和、安详的心态面对人生潮起潮落的人，无疑就是这样的智者。他们就像夜空中闪烁的恒星，稳定而明亮，用自己的智慧与平和的气质，在生活的舞台上散发着独特的光芒，不仅照亮自己前行的道路，也为周围的人带来积极的影响。

"气和"在智慧的形成与发展过程中不容小觑。一是，气和是智慧得以充分发挥的基石。当一个人处于心平气和的状态时，他的思维会更加清晰、敏锐，在这种状态下，他能够精准地剖析问题，把握问题的本质以及内在规律。二是，气和有助于智慧的持续积累和不断升华。在平和的心境下，人们内心更加开放和包容，更愿意接受新的知识和观念，更乐于深入思考各类事物背后的原理，从而不断丰富和完善自己的智慧体系。三是，气和还能够促进智慧的广泛传播和有效应用。心平气和的人通常具备良好的沟通能力和积极的交流意愿。他们善于将自己的智慧以恰当的方式分享给更多的人，为社会的进步和发展贡献自己的力量。

"大才"与"大智"皆代表着高超的能力和卓越的成就，但二者在侧重点与表现形式方面存在差异。从侧重点来看，"大才"更聚焦于才能的呈现与应用，重点在于个体在某个或多个领域所表现出的杰出之处；而"大智"更着眼于智慧的沉淀与内化，着重体现个体对世界深入的理解和独特的见解。从表现形式而言，"大才"通常借助具体的成果与业绩来彰显其价值；而"大智"则更多地展现在个体的思想深度、行为举止以及为人处世的态度之中。然而，无论是"大才"还是"大智"，都离不开"性缓"与"气和"这两种重要品质的支撑。

在一个快节奏的社会里，人们常常由于过度追求速度与效率，从而忽视了对自身品质和性格的磨砺，淡化了对自身能力和智慧的提升。这句话点醒我们，无论置身何处，都应保持一颗平和的心，学会在忙碌中寻找宁静，在喧嚣中保持清醒。我们既要不断学习新知识、新技能，也要持续修炼自己的内心，提升自身的品格与气质。同时，还应多与那些具备"性缓"和"气和"品质的优秀的人交流并向他们学习。通过这种春风化雨、潜移默化的方式，不断提升我们的修养与境界，最终实现我们的自身价值。

02

天下之至柔，驰骋天下之至坚

《道德经》第四十三章说："天下之至柔，驰骋天下之至坚。"意思是指天下最柔弱的东西，可以驱使、改变天下最坚硬的东西。表达的是一种以柔克刚、以弱胜强的道家哲学思想和人生智慧，强调了柔和、谦逊、包容等品质，在日常人际交往以及面对困难与挑战时的重要性。这句话更是以其独特的哲理，引导我们思考柔与坚的辩证关系，以及如何在复杂多变的世界里取得平衡与和谐。

许慎在《说文解字》中说："柔，木曲直也。"段玉裁在《说文解字注》中解释："凡木，曲者可直、直者可曲曰柔。""柔"的意思是质地不僵硬，容易改变形状和形态。"柔"的概念起源于我们的古人对树木形态的理解，想象树木随风而动但扎根地下的样态，并将其上升到哲学的层面。从词源上看，"柔"字以"矛"结合"木"，使刚硬与柔韧相辅相成、和谐平衡，同时又有舌柔齿刚，但齿亡舌存的讨论。

"柔"常与"刚"作为相对的概念而出现。老子说"天下莫柔弱于水"，水以其蕴含的知"包容"、懂"不争"以及善"变通"的跨越时空的智慧，当之无愧地被奉为"天下之至柔"。天下没有比水更为柔弱的东西了。水之"柔"，远超过曲直的范畴。

水是地球上唯一能够以固态、液态和气态三种物理状态自然存在的天然物质。水能上天入地，顺势而为，自然而然，柔顺至极。"柔"后来又被引申为主动示弱的意思。"坚"字的本义是刚，就是宁折不弯的意思。在古人的认知中，天下至柔莫过于水，天下至坚莫过于金石。

在现实生活中，我们常常能够观察到这样的现象：水是至柔之物，却能穿透岩石、侵蚀金属物；风是无形之物，却能穿越壁垒、摧毁高大坚固的建筑物。这些现象都生动地诠释了"天下之至柔，驰骋天下之至坚"的深刻哲理。那么，为什么至柔能够驰骋于至坚呢？首先，我们要明白柔与坚并非孤立存在，而是彼此依存、相互映射的。在一定条件下，柔可以转化为坚，而坚也可以转化为柔。例如，一块海绵，看似柔软，却能吸收大量的水；一根弹簧，看似坚硬，却能弯曲和伸展。这种看似矛盾的现象，正是自然界和人类社会中普遍存在的平衡规律。

"柔"与"坚"不仅指物质层面的软和硬，更涵盖了道德、精神层面的力量。天下至柔不仅表现为有形态的具体事物，根本无从感知的"大音希声""大象无形"的至柔，才是老子真正想要表达的。那什么又是真正的"大音""大象"呢？这就是大道。《道德经》第七十六章有云："人之生也柔弱，其死也坚强。草木之生也柔脆，其死也枯槁。故曰坚强者死之徒，柔弱者生之徒。""柔"的概念在道家思想里得到了充分的发展和扩充，老子将虚无的道与柔结合在一起，将"柔"视为"道"的重要特征。老子认为，"柔弱"即是天地万物具有生命力的表现，是一切力量的源泉。它代表着顺应自然、无为而治的品质，以及包容、谦逊、无私等美德。相反，"坚"在物质层面代表一切有形的力量，精神层面则包括固执己见、刚愎自用的态度，以及狭隘、自私、自负等恶习。相对于大道的柔软特性，坚硬作为其对立面，体现了自然界中"柔软胜刚强"的生存法则和处世智慧。那么，在现实生活中，我们应该如何运用"天下之至柔，驰骋于天下之至坚"的大道智慧呢？

"天下之至柔，驰骋天下之至坚"这句话中的"驰骋"二字形象地表达了以柔克刚、以弱胜强，以及刚柔并济的思想精髓。在家庭、职场，以及诸多的社会人际交往场景中，我们常常会遇到各种冲突和矛盾，这些冲突和矛盾往往是由性格、习惯、价值观差异和各种利益关系所引起的。如果我们只是一味采取刚硬的方式去处理这些问题，往往会导致矛盾与冲突的升级和扩大化，不利于问题的成功解决。相反，如果我们采取柔和的方式去处理这些问题，学会灵活变通、适应变化，通过沟通和理解去化解矛盾和冲突，将有助于我们建立更加和谐、稳定的人际关系，为我们无论是家庭还是事业的成功奠定良好的基础。

东汉末年襄樊之战后期，吕蒙白衣渡江，关羽被杀，荆州被夺。刘备大怒，拒绝了孙权的割地求和，不听诸葛亮的劝说，一心要灭掉东吴。当时吕蒙已故，东吴失去了统领大局之人，孙权无奈只有将陆逊推至台前。书生拜将，在刘备看来简直是笑话，自己戎马半生，岂会怕一小辈。刘备一攻再攻，陆逊一退再退，直至夷陵处，陆逊才停了下来。不断"逃避"的陆逊，成了刘备与东吴诸将眼中的胆小鼠辈。但对陆逊来说，这一切隐忍，却是为了示敌以弱，消磨蜀军意志，等到最后一刻，全力一击。恰逢盛夏之际，天干物燥，而蜀军却将营寨相连。陆逊突然发动袭击，火烧蜀军连营七百余里，使得蜀军大败，丢盔弃甲者不计其数。陆逊凡事退让，万般忍耐，看似卑微，却一举成就了不世之功。其势之转换，彻底改变了蜀吴两国的局势，尽显以柔克刚、刚柔并济之智慧。曾国藩曾说："近来见得天地之道，刚柔互用，不可偏废，太柔则靡，太刚则折。刚非暴虐之谓也，强矫而已；柔非卑弱之谓也，谦退而已。"诸葛亮在《将苑》中也说："善将者，其刚不可折，其柔不可卷，故以弱制强，以柔制刚。"

在生命的征途中，我们常常会遇到各种困难和挑战，这些困难和挑战往往难以克服与战胜，但通过采取柔和、谦逊、包容的态度，我们总能找到克服困难和战胜挑战的方法。同时，这种态度也能让我们在处理人际关系时更加得心应手，使得我们更加容易与他人建立起信任关系，从而更好地与他人进行合作。众所周知，曾国藩作为中国历史上最具影响力的人物之一，从一个资质平平的常人，修炼成"半个圣人"。"天下之至柔，驰骋天下之至坚"在他跌宕起伏的一生中得到了充分诠释。早年的曾国藩有个流传很广的故事。道光年间，少年曾国藩为准备院试，在家里苦学。一天夜里，有小偷从房顶潜入曾家。不巧，曾国藩正挑灯夜读，在背一篇短古文。小偷无奈只得趴在房梁上，想等他熄灯后再行窃。曾国藩大声朗读。可等书本合拢，曾国藩就背上句忘下句，苦恼至极。然后又翻开书本，继续朗读……过了许久，曾国藩还没能背完全文。小偷气得不行，坐起身，一口气背完全文，还不忘嘲讽底下的曾国藩："就你这记性，还想考秀才，痴人说梦！"说完，小偷从房梁上一跃而下，扬长而去，屋内只剩茫然无措的曾国藩。

　　曾国藩天资并不聪颖，而且他连考七次才在23岁时以倒数第二名的成绩考中秀才。曾国藩的一生跌宕起伏，遭遇过五次重大挫折。他以与众不同的"笨拙"精神与执着不懈的努力取得了非凡的成就，挽狂澜于既倒，扶大厦之将倾，因此也赢得了"晚清名臣"的誉称。他总结的成事之道也成了后人钦慕的处世指南，影响着一代又一代追求成功的人。曾国藩勇于面对挫折和逆境，他说"办大事者，以能忍耻耐辱为第一要义"，还以"打脱牙和血吞"的不屈不挠的信念，面对困难和挫折时，默默地忍受痛苦和煎熬，不抱怨、不放弃。当他仕途不顺，人际关系恶化，因而承受巨大压力的时候，通过研读《道德经》，在"天下之至柔，驰骋天下之至坚""江海之所以为百谷王者，以其善下之""大柔非柔，至刚无刚"等道家思想里大悔大悟。他在日记里说自己过去太自傲太急切，一味蛮干，一味刚强。自此，他整个人生开始的脱胎换骨，一改过去锋芒毕露、舍我其谁的硬朗作风，精神状态进入了一个全新的境界，变得对谁都和气、谦虚、周到。有人评价说，曾大帅为人宽厚，不忍欺之。

《道德经》是古今中外经典中的一座丰碑，它所散发出的光辉是超时空、全方位的，人们往往仅能窥其一斑。中外学者普遍认为，2000多年来，《道德经》是中华文化思想中的一座主峰。看其他书是踏上进步的阶梯，读《道德经》则是直接登上高山之巅，仰可观宇宙之变化，俯可察世事之浮沉。纵观古今，我们可以看到许许多多历史人物，因参透"天下之至柔，驰骋天下之至坚"而摆脱逆境走向成功。柔和坚的平衡在我们的日常生活、团队协作和社会治理等诸多方面都能发挥重要作用，并能得到充分体现。

我们还需要知道，之所以"天下之至柔"能"驰骋天下之至坚"，是因为"柔"蕴含强大的内驱力，以及不屈不挠、无畏无惧的顽强信念和坚韧的意志力，这些正是我们在面对各种挑战时应具备的宝贵品质。此外，我们还要注重内心的修养和人格的完善。通过不断的学习和思考来提升自己的认知水平、精神境界和道德修养。只有这样，我们才能胸怀"天下之至柔"，以柔和、谦逊、包容的态度在人生的道路上愈加从容、坚定地前行。

03

道常无为，而无不为

"道常无为，而无不为"这一贯穿千年的《道德经》里的智慧箴言，是对生命本质的深刻洞察——唯有放下主观执念，顺应自然本真，方能在虚静澄明中照见本心，实现生命境界的超越。

战国时期，庄周曾于濮水之畔垂钓，楚王派两位大夫请他出任相国，庄子却持竿不顾，笑言："吾愿曳尾于涂中。"这并非消极避世，而是对"无为自化"之道的直接体认。道家圣贤的觉悟亦源于对"道"的直观体验：当心灵摆脱了功名富贵的桎梏，如虚舟行江般随顺自然，方能在"天地与我并生"的境界中，照见生命的本然状态。

道家以"道"为宇宙本源，认为"道"无形无名，却生化万物而不居功。道心即本心，无须外求。庄子的《逍遥游》记载，子舆患病，形体佝偻变形，却欣然曰："造物者将以予为此拘拘也！"这种对身体与命运的坦然接纳，正是"无为"境界的体现：不执着于外在形象，不抗拒自然变化，在顺应中实现内心的自由。

道家的生命观以"天人合一"为核心，将个体视为宇宙大化的有机组成部分。《道德经》言："人法地，地法天，天法道，道法自然。"这里的"自然"并非指物理自然，而是事物本然的状态——如同河水顺势而流，草木应时而生，人的生命亦当遵循内在的道性，不强行干预，不妄加造作。这种"大生命观"打破了主客二分的局限，认为个体与世界的关系并非对立，而是如波与水般浑然一体。

庄子的"梦蝶"寓言便是这种生命观的生动写照：当庄周梦见自己化为蝴蝶，醒来后不知"周与蝶孰为幻"，正是超越了"我"与"物"的分别心，体认到万物在道中的统一性。在这种境界下，心灵不再被感官经验所束缚。道家以"虚静"为门径——通过"致虚极，守静笃"的修持，使内心如明镜般映照万物，却不滞留于任何表象。

"无为"的核心是"无执"，即不执着于外在的名相、概念与功利。《道德经》说："为学日益，为道日损，损之又损，以至于无为。"这里的"损"，正是不断放下主观妄念的过程。道家修行者亦通过"心斋""坐忘"等方法，逐步消解"成心"（主观偏见），最终达到"虚室生白"的澄明之境。

这种"无执"并非消极放弃，而是如庖丁解牛般"以无厚入有间"——顺应事物的自然规律，在"无为"中实现"无不为"。世俗之人常因执着于功名财富而陷入焦虑：求之不得则痛苦，得之恐失则忧惧。道家却指出，真正的"富足"在于内心的虚静，"知足不辱，知止不殆"，当心灵不再被外在物欲所役使，便能如空谷传音，自然回应万物而不留痕迹。

道家的"生心"，是在"无为"基础上自然生起的智慧与慈悲。《道德经》言："圣人无常心，以百姓心为心。"这种"无常心"，正是"无所住"的体现——不固守己见，随顺万物而能虚受。当心灵摆脱了"贪心、杂心、浮心"的干扰，如澄清的湖水般平静，便能自然映照出道的本然：对万物的平等观照（"齐物"），对生命的怜悯护持（"慈"），以及对世事的圆融智慧（"明"）。

庄子讲述的"佝偻承蜩"故事，便是"无为生心"的绝佳例证：老人粘蝉时"虽天地之大，万物之多，而唯蜩翼之知"，这种专注并非刻意而为，而是通过长期实践达到的"用志不分，乃凝于神"的状态。此时，技巧已融入自然，心与手、手与物浑然一体，正是"无为而无不为"的实践显现——看似无心而为，却能达到超凡入圣的境界。

千百年来，人们常被执念所困：追求财富时，将幸福等同于物质占有；追逐功名时，将自我价值绑定于外在评价。道家的智慧则如同一剂清凉散，提醒我们回归生命的本质："金玉满堂，莫之能守；富贵而骄，自遗其咎。"真正的幸福，在于"自知者明"与"自胜者强"的内心觉醒，在于"功成事遂，百姓皆谓我自然"的随顺安然。

面对现代社会的快节奏与高压力，"无为而无不为"提供了独特的生存智慧：在工作中，不因强求"结果"而忽略"过程"，如流水般顺势而为；在人际关系中，不因执着于"对错"而妄图改变他人，以"海纳百川"的胸怀包容差异。这种"无为"并非躺平，而是在认清事物规律后的主动选择——如同农夫春耕夏耘，遵循节气而不揠苗助长，最终自然能够收获。

"无为"不是消极避世，而是超越执念后的主动顺应，不是放弃追求，而是在自然之道中实现生命的圆满。当心灵回归自然本真，便能在虚静中孕育出无穷的生命力与创造力——这正是"无为而无不为"的终极奥秘。

04

从善如登,从恶如崩

"从善如登,从恶如崩"是《国语》中收录的一句谚语。意思是指一个人在行善的道路上一直走下去,比攀登悬崖峭壁还要艰难;而一个人如果作恶,那么他坠落的速度就像山摧石崩一样迅速。这句话十分形象地说明了从善之难、从恶之易,表明守住自己内心的底线并非易事,但随波逐流、自我放弃,往往只在一念之间。

《国语》是中国最早的一部国别体著作,通常被认为是由春秋时期的历史学家左丘明所著。这本书分为周、鲁、齐、晋、郑、楚、吴、越八国记事,时间跨度从西周中期到春秋战国之交,大约五百年。"从善如登,从恶如崩"这句话的上下文语境如下。

周敬王十年(公元前510年),刘文公和苌弘想扩建、加固成周城(东周都城洛邑的东城,在今河南洛阳),因为周王室衰微,财力薄弱,便向晋国求助。晋国的执政者魏献子答应了刘文公与苌弘的请求,准备召集诸侯商量修城事宜。

恰逢此时卫国的大夫彪傒来到周地,他听闻此事后,就找到周敬王的权臣单穆公,表达了对这件事情的反对意见。他引用当时流行的谚语"从善如登,从恶如崩",说若想一件事向好的方向发展，就像登山一样，需要付出持久而艰苦的努力；但要是向坏的方向演变，那就好比山崩，局面会因快速瓦解而无法挽回。夏朝、商朝如此，周朝恐怕也是这样。周朝的天下，自从幽王以来，已败坏殆尽。如今欲修城以延续周朝的气数，此举非但对周朝的国祚无益，还很有可能会招致灾祸。

在彪傒看来，一个王朝的兴起，需要数代有德之君的勤勉付出，即所谓"从善如登"。但一个王朝的毁灭，只需一两个无德之君的放纵即可，是所谓"从恶如崩"。周王朝的兴起，从其先祖后稷开始，历经十几代帝王的励精图治，江山才得以延续。但周幽王骄奢淫逸，致西周覆灭。如今面对群雄争霸、周王室日渐衰落的颓势，王子们以争权夺位为己任，大臣们视立废为儿戏。王室宗族骨肉相残，朝廷上下血流成河，周王室最后的那一点尊严也被丢失殆尽。这样的王朝，不可能还会继续得到上天的庇佑。

"为善如负重登山，志虽已确，而力犹恐不及；为恶如乘骏走坂，鞭虽不加，而足不禁其前。"（出自《格言联璧》）意思是说：做好事就像背着重物爬山，虽然志向已经明确，但是会担心自己做不到；干坏事就像骑着好马下山，虽然没有用鞭子抽打马，但是马会不由自主地向前走。"防欲如挽逆水之舟，才歇力便下流；力善如缘无枝之树，才住脚便下坠。"（出自《格言联璧》）意思是说：防止贪欲就像挽拉逆水中的船，稍一歇手就向下流去；努力向善就像攀缘没有枝杈的树，才一停脚就往下坠落。这两句话是对"从善如登，从恶如崩"最形象的注解。由此可见，从善难，并非难在心存善念，而是难在有善举；从善难，也并非难在偶尔行善，而是难在持之以恒。而一个人立身处世，要想避免出现"从恶如崩"的情形，就应防微杜渐、心怀敬畏，时常保持戒惧心理，不断提升道德修养。否则，稍有闪失，就难免出现道德滑坡。

"从善如登，从恶如崩"作为古代先贤的劝世箴言，为历代政治家们所重视。我们可以看到，包括存续了800年的周朝在内,很多曾经辉煌的封建王朝,都因为统治阶层的暴政和腐败而迅速衰落,许许多多曾经名噪一时的帝王将相因道德滑坡而最终身败名裂。史料记载,南北朝之际,南梁的开国皇帝梁武帝萧衍,出身南齐宗室,兰陵萧氏的世家子弟,博学多才,与沈约、谢朓等人合称"竟陵八友"。502年,萧衍推翻南齐,建立梁朝,开启了他的帝王生涯。梁武帝在位期间,推动了多项改革,改正了南齐留下的弊政,并大力推动文化产业的发展,使得梁朝的学术思想文化成就达到了极高的程度。梁武帝崇儒兴学,修饰国学,他本人也拥有颇高的儒学修养。一生著述上千卷,大半属于儒学。此外,梁武帝还从寒门庶族中选拔人才,设立学堂培养栋梁,为此后隋唐时期科举制度的兴起奠定了基础。在军事上,梁武帝力抗北朝,进行了多次北伐,如天监北伐、钟离之战等,取得了一定的胜利,扭转了南朝数十年来的颓势。然而,梁武帝晚年专宠佞臣朱异,导致在处理东魏叛将侯景的问题上出现严重失误。侯景之乱爆发,梁武帝及梁朝遭遇了重大的灾难。

侯景之乱后,梁武帝被侯景软禁,最终在549年被活活饿死于台城,结束了他长达47年的皇帝生涯。梁武帝的人生,从建立梁朝的辉煌到侯景之乱的悲剧,充分展现了一代君主从"从善如登"到"从恶如崩"的由盛转衰的全过程。萧衍本来是位明君,但是他后来任用奸佞,疏远良臣,终致国破身亡。这个历史典故表明,为善就像登山一样艰难,人们向上攀登,必须不断地克服地球的引力。这里的"引力"可理解为人们修身必须克服的各种诱惑的吸引力。财、色、名、利这四大诱惑无时无刻不在吸引着人们向下堕落。因此,一个人要想向善并不容易,需要克服长期以来形成的不良习气。而习气的养成并非一朝一夕之功,要克服它们同样需要一个坚持不懈的努力过程。相反,为恶之所以就像山崩一样迅速,甚至于一失足而成千古恨,因为山在崩塌的时候,我们会因地心引力的作用而迅速坠落。

朱熹说:"要做好人,则上面煞有等级。做不好人,则立地便至。只在把住放行之间耳。攀跻,分寸不得上;失势,一落千丈强。学者可不畏哉?"朱子提醒学人,做好人不易,要时刻警醒自己。好人有很多等级:君子、贤人、圣人,而君子、贤人、圣人之中还有很多等级,可见做好人实在不易。所以,古人认为,"德比于上故知耻"(出自《申鉴》)。在德行方面要跟上面的圣贤相比,他们早已成圣成贤,而自己还是凡夫,因此便生无比惭愧之心,不会因为修身稍有进步就沾沾自喜,得少为足。"做不好人,则立地便至",如果想做一个恶人,却很容易。善人和恶人"只在把住放行之间耳",能够把持住自己的德行操守,就能够向上攀登,进而成为君子、贤人、圣人。如若选择放逸自己,懒散、放纵、任性、为所欲为,很快就成为恶人。而要向上攀登,"分寸不得上",进一步都非常艰难,要面对很多挑战、克服很多诱惑。"失势,一落千丈强",就像爬山的时候,一脚踩空了,就会非常迅速地坠落,一失足成千古恨。人能想到这些,才会谨小慎微、心生惧意,才会以如履薄冰、战战兢兢的心态面对财色名利的诱惑。

在现代社会,随着科技的发展和信息的爆炸,人们面临着更多的选择和诱惑。在这种情况下,坚守道德原则,做出正确的选择,显得尤为重要。我们需要培养自己的道德判断力,学会在复杂的社会环境中做出明智的决策。"从善如登,从恶如崩"这句箴言特别强调了道德选择的重要性。在人生的每一个十字路口,我们都需要做出正确的抉择:是向上攀登、追求更高的道德境界,还是向下滑坡、放纵自己的欲望。这些选择不仅会影响我们个人的命运,甚至可能对社会的进步和人类的发展产生深远的影响。

随着全球一体化进程的加速,道德修养面临前所未有的挑战,道德标准变得越来越复杂和多元。不同文化和价值观的相互碰撞和交融,使得道德判断变得更加模糊,从而增加了坚持道德原则的难度。而信息的爆炸和网络的匿名性,使得人们更容易受到不良信息的影响,也更容易做出不道德的行为。同时,全球化与多元化也促进了不同文化之间的交流与互鉴,这有助于人们相互理解、尊重和包容。信息化的普及也为人们提供了更多教育资源,为人们学习和提升道德修养创造了更多便利条件。

据《南史》记载,南朝宋文帝刘义隆为倡导新政、荡涤官场的颓废,曾劝诫群臣道:"为官从政,切记'从善如登,从恶如崩'。"此后,刘宋政权开启了东晋南北朝国力最为强盛的历史时期,史称"元嘉之治"。宋文帝能够在治国理政时坚守向善弃恶的道德准则,积极应对道德滑坡的挑战,这无疑为后世修行树立了典范。以史为鉴,知兴替;以史正人,明得失;以史化风,浊清扬。在纷繁复杂的新的时代背景下,恪守道德规范、勇攀道德高峰、防范道德滑坡,以及提升道德判断力,是对我们今天的社会各阶层人士的严峻考验,也是我们人生的必修课。

05

人能弘道,非道弘人

《论语》中有一段话非常深刻地阐述了人与道之间的关系,即"人能弘道,非道弘人"。孔子认为人能使道发扬光大,而不是道使人宏大。孔子用自己的一生诠释了对"道"的信仰与坚守,这个"道"是他的理想信念,是通过"为政以德"的治国策略去建立"天下为公"的大同社会。据《朱子语类》的相关记载:有学生问朱熹如何理解"人能弘道,非道弘人",朱熹用扇子作比喻说:"道如扇,人如手。手能摇扇,扇如何摇手?"这句话表达了人类在历史进程中所表现出的主观能动性。

朱熹在《四书章句集注》里也有解释:"人心有觉,而道体无为;故人能大其道,道不能大其人也。"将"人能弘道,非道弘人"这八个字归结为"人有觉"与"道无为"的差别。人的主观能动性在实现和弘扬"道"中起着至关重要的作用。每个人都有自己的理想和追求,这些理想和追求往往源于人的内在本质和天性。通过发挥主观能动性,人们可以不断探索和实践,找到自己的道路,实现自己的理想。在这个过程中,人不断地完善自我、提升自我、超越自我,同时也影响着周围的事物和环境。这种影响力和创造力正是人主观能动性的体现。

随着对"道"的认识的深化,"道"的神秘面纱逐步被揭开,已有越来越多的人认识和掌握一定程度的"道",使得"道"逐步大众化、普及化。"道"的这种不断被深化、推广的过程就是弘道。毫无疑问,弘道是由人来实施的。这就是"人能弘道"。人可以高扬天道,使得社会兴盛,人也可能违道而行,让社会混乱一片,人是天道在人间流行的决定性因素。从儒家思想来看,人要弘道,就是要体现"仁、义、礼"。《易传》中说,阴阳之道具体分为三个方面,即天道、人道、地道,在人道的体现就是仁和义。儒家把仁义和天道完全视为一体了。行天道,就是施行仁义。孔子的后学孟子认为人的心里本来就有仁的种子,可以发扬出来就是仁心。又一位后传弟子荀子则认为人心本来没有什么仁、义、礼,但可以培养起来,也就是"化性起伪"。古代以孔子为代表的士大夫阶层致力于弘道的过程实际上就是一个创造文明,传播仁、义、礼的过程。人类文明的积淀和发展实际上正是靠着无数人接续不断地弘道来实现的。

晋朝有个人叫周处,平日好勇斗狠,为乡邻所患,与山上的猛虎、河里的蛟龙并称"三害"。有人唆使他上山射杀猛虎,下河击杀蛟龙,实欲"三害"除"二害"仅余"一害"也。周处杀虎后,与蛟龙搏斗,在江中或浮或沉三日三夜,乡人以为他与蛟龙一起死了,大喜,张灯结彩地庆祝。孰料周处活着回来了,他见到这个情景,深以为耻,于是去向当时的大学者陆机、陆云求教,并说自己年岁已大,悔之晚矣。陆云说:"朝闻道,夕死可矣。"一语点醒梦中人,从此,周处发奋向学,成为一代名臣。从这个典故可见,在实践中,"人能弘道,非道弘人"的理念可以在许多方面得到体现。

在工作和学习中,一个人可以通过不断学习和实践,掌握相关领域的知识和技能,从而更好地完成工作任务或取得更好的学习成绩。在这个过程中,人的主观能动性发挥着重要的作用。另外,在人际关系中,"人能弘道"的理念也可以得到体现。例如,一个人可以通过积极沟通和理解他人来建立良好的人际关系。通过主动地与他人交流、关心他人、帮助他人解决问题等行为，我们可以改善自己的人际关系，并影响他人的思想和行为。这种影响力和创造力正是"人能弘道"理念的体现。

有没有心，这是闻道的根本。如若无心，道虽广大，也奈何你不得。也就是说，道不能弘人，而是反过来，人能弘道。接受道，践行道，人就能展现道的光辉。常有人厌恶身体这副臭皮囊，要侍候它吃好喝好玩好，真是累得慌。为什么不换个角度理解呢？人的这副身板不是老天白给的，它让你这一生以艰苦卓绝的努力去展现道的光辉，彰显道的伟大。

钱穆先生也认为："道由人兴，亦由人行。"也就是说，道的兴起和发展程度都取决于人，而不取决于道，这便是人能弘道。而自有人类始，智德日成，文物日备，学思益积益进，渐渐地就有了大才与小才的区别。"若道能弘人，则人人尽成君子，世世尽是治平，学不必讲，德不必修，坐待道弘矣。"（王阳明《传习录》）所以说"非道弘人"。这与《中庸》说的"苟不至德，至道不凝焉"是一个道理。

"人能弘道，非道弘人"，对于孔子而言，他强调人的主体性，肯定人的内在价值，宣扬积极进取的精神。人是不是能自觉地认识和践行道，会导致社会的治理效能和人的境界天差地别。道无意识，道也不会自发在社会和人心中流行和发扬光大。人有意识，必须依靠人对道的认识、培养和弘扬。道是第一性的，人的存在是第二性的。春秋时期的这种认识，是中国思想史上的一次巨大进步，是中国社会理性精神的完全自觉的觉醒。用张岂之在《论儒学"人学"思想体系》一文中的一段话来概括，那就是："人能弘道，非道弘人"这八个字表述了中国思想史上最早的主体意识，认为人有发现和宣传真理的能力。很明显，这样的主体意识是理性的集合，它体现的不是对个人富贵尊荣的追求，而是强烈的历史使命感。

06

奢靡之始，危亡之渐

宋代欧阳修、宋祁等人编撰的《新唐书》里的"奢靡之始，危亡之渐"这句古训，是唐朝政治家、书法家褚遂良向唐太宗的谏言。所表述的意思是：一个国家若沉溺于奢靡享受，走向衰落败亡势必在所难免。文中载道，唐太宗第四个儿子被封为魏王，生活奢侈，朝中不断有人谏言，太宗不以为然，认为："舜造漆器，禹雕其俎，谏者十余不止，小物何必尔邪？"褚遂良却正告说："雕琢害力农，纂绣伤女工，奢靡之始，危亡之渐也。漆器不止，必金为之，金又不止，必玉为之，故谏者救其源，不使得开。及夫横流，则无复事矣。"

"奢靡之始，危亡之渐"道出了一个从家庭到国家，从历史到现实不断重演的规律性现象，也揭示了人类理性的局限性：生存条件恶劣时，人们奋斗的目标往往都十分朴实，一旦通过各种努力获得了物质生活的丰裕，却往往陷入其中，最终走向自我毁灭。唐玄宗由提倡节俭、造就"开元盛世"，变为挥金如土，将一年各地之贡物赐予奸相李林甫，统治后期世风日下，很快将盛唐带向"安史之乱"。唐朝的一部兴衰史也正是"奢靡之始，危亡之渐"的真实写照，值得后人深思。

古往今来，当一个朝代的经济逐步走向繁荣，"稻米流脂粟米白，公私仓廪俱丰实"，物质积累到一定程度的时候，社会风气也会潜移默化地转变，奢侈享乐的冲动会潜滋暗长。而透过社会某些奢华假象，往往能够观察背后颓废走势的实质。中外历史上从兴到亡的大量例证都为"奢靡之始，危亡之渐"这句古训提供了注脚。《韩非子》记载了一个叫"象牙筷子"的典故。商纣王命工匠用象牙制作了一双筷子，这一行为引起了他的叔父箕子（有"殷末三仁"之称）的担忧。箕子认为，既然使用了象牙这种稀有昂贵的材料制作筷子，与之相配套的杯盘碗盏必然会换成用犀牛角和玉石打磨出的精美器皿。而餐具一旦换成了象牙筷子和玉石盘碗，纣王就一定会享用牦牛、象、豹之类的胎儿等山珍美味。最后，在尽情享受美味佳肴之时，纣王必然会换着一套又一套的绫罗绸缎，并且住进奢华宫殿之中。箕子害怕照此演变下去，必定会招致一个悲惨的结局。果然，仅仅过了5年光景，纣王就演变到了穷奢极欲、荒淫无耻的地步。纣王的腐败行径，不仅苦了老百姓，也将国家搞得乌烟瘴气，最终导致了商朝的灭亡。这个历史上有名的"象牙筷定律"同样深刻揭示了风气的形成、危害的产生都是由"始"入"渐"，是一个量的积累过程，就像"温水煮青蛙"，没有警醒的忧患意识和防微杜渐的行动勇气，听之任之的放纵只会造成群体性的覆亡。

太平天国运动是中国历史上规模最大的一场农民起义。可是这场轰轰烈烈的运动从洪秀全率众起事开始，仅仅只维持了14年的时间就覆灭了。这引起后人无尽的深思，其中的教训实在太多，而最根本的教训，就是奢侈腐败。太平天国从建都天京之日起，以天王洪秀全为首的领袖人物就丧失了进取心。太平天国实行一夫多妻制。洪秀全耽于女色，有88个后妃，丝毫不亚于历代帝王。宫内有美女牵挽的金车，宫外常备64人抬龙凤黄舆。为了适应豪华的铺张，宫内专设典天舆一千人、典天马一百人，还有典天锣、典天乐等，可谓奢侈至极。天朝官员在穿戴装饰上更是追求华丽奢靡之风，互相争奇斗艳，一冠袍可抵中人之产。而天王洪秀全的金纽扣和八斤重的金冠，更是无价之宝。除了如此挥霍的天王，还有讲求排场的朝内外文武各级官员31万之多，其中大部分都是王亲国戚和洪秀全起事时的建朝功勋。他们此时都是些冗员闲差，坐享荣华，很快就把库中掠夺而来金山银海挖空吸干。这些历史案例表明一个道理：一个国家、民族或组织若沉溺于奢靡享受，自然会丧失开拓、务实的精神，不劳而获、忸怩作态、耽于物欲就会成为主流。奢侈腐化对于个人或组织，都是加速其灭亡的根源。

　　再比如，古罗马有一个"丝绸亡国论"。在古罗马的一些绘画和石刻作品中，常有一些身着丝绸的人物出现。西汉时期，中国丝绸通过丝绸之路经安息进入古罗马帝国，以其质料柔软、雍容典雅征服了罗马人的心，皇帝穿着丝绸进入斗兽场，贵妇人以身着丝绸为美……由于安息人对于贸易的阻挠，中国丝绸辗转到罗马后被炒到了一磅生丝12两黄金，翻了数百倍。罗马为了进口丝绸，流失了大量黄金，导致国库空虚。罗马元老院多次通过禁穿丝绸的法令，但屡禁不止。博物学家普林尼和哲学家塞内加都曾指责中国丝绸，他们和一些历史学家甚至将中国丝绸视为国家覆亡的根源之一。丝绸西销导致罗马帝国经济衰落的"丝绸亡国论"显得有些荒谬，但这个论调的形成并不是无源之水，而是有一个明显的发展过程。早在罗马帝国初期，罗马就有政治家和学者将丝绸、社会风气和罗马货币外流结合起来加以考察。英国历史学家吉本在《罗马帝国衰亡史》中记载了帝国衰亡前夕的社会心态，"在一片安居乐业的景象中观察到暗藏着的衰败腐化因素……人的头脑都降到了同一水平，天才的火花渐次熄灭，甚至连尚武精神也烟消云散了……过去那些最勇敢的领导人的后代，全部安心于做一个普通公民。最有抱负的人都往皇帝的宫廷或卫队里挤。被抛弃的一些省份，逐渐失去了政治力量或凝聚力，不知不觉中，人人只顾自己过着懒散闲适的生活。"这也证明了对于丝绸的忧虑并非杞人忧天。

中国历朝历代都很重视政风对民风的引导，大凡成功即位的开国君主都善于总结前代覆灭的教训，尽可能地克制享乐的欲望，"以实心行实政"，以勤政俭朴的行为垂范世人、教化民众。人不是生活在真空中，而是被社会的风尚和习气所导引。社会和人一样，"浇风易渐，淳化难归"，并且风成于上，俗化于下，风气会自上而下传播扩散，一个执政集团的价值取向，会成为争相效仿的风尚。唐贞观二年，公卿启奏因夏秋之际宫中卑湿，可"营一阁以居之"。太宗回应说，我虽有气疾，怕潮湿天气，但"若遂来请，靡费良多"，当年汉文帝将建露台，一算要耗费十家之产，就打消念头，我德行不如汉文帝，"而所费过之，岂为人父母之道也"？群臣固请再三，太宗竟不许。明太祖朱元璋更是极端。江西的陈友谅将自己的镂金床献给他，朱元璋气愤地说："一张床便如此穷奢极侈，国家何以不亡！"命大臣将床毁掉。朱元璋所用车、轿及其他日常用品，按例应当饰金，但一概以铜代替，营造居室以朴素为美，不加彩绘。在朱元璋的故乡安徽凤阳，至今还流传着四菜一汤的歌谣："皇帝请客，四菜一汤，萝卜韭菜，着实甜香；小葱豆腐，意义深长，一清二白，贪官心慌。"朱元璋给皇后过生日时，只用红萝卜、韭菜、青菜两碗和小葱豆腐汤等宴请众官员。而且约法三章：今后不论谁摆宴席，只许四菜一汤，谁若违反，严惩不贷。再如，960年，陈桥兵变，宋太祖赵匡胤从一员武将登上了皇位。开国之君，创业艰难，懂得勤俭兴邦。多年流落江湖和长期从军，使赵匡胤养成了俭朴的作风，当皇帝后始终保持。史料记载："帝性孝友节俭，质任自然，不事矫饰。……宫中苇帘，缘用青布；常服之衣，浣濯至再。"宫里悬挂的帘子，都是粗布所制；洗了多少次的旧衣服依然穿在身上。但是，后代子孙生长于富贵之时，如何能做到节俭如初？宋朝建立了一套制度来约束宫中花费。有一次，赵匡胤命文思院工匠制造一只蒸笼，却很久没见送来。他责问原因，侍从解释说：按照规定，这事要先经过尚书省，尚书省下达工部，工部再到文思院，文思院拿出制作预算，再反过来逐级上奏，得到批准，才可以正式制造，所以需要些日子。赵匡胤一听，不悦："一只蒸笼还不是想买就买，怎么还要这个批、那个审的？"宰相赵普解释："这个规矩，并非为限制陛下，而是为陛下子孙所设的。假如后代子孙生长于富贵，不知道创业艰辛，很可能今天要这个，明天要那个，铺张浪费。有了制度规矩，他们的欲望就会受到限制。"赵匡胤连声称赞这是好规矩。在君主的倡导之下，从政府到民间，天下人莫不克勤克俭。

"生于忧患，死于安乐""忧劳可以兴国，逸豫可以亡身""历览前贤国与家，成由勤俭破由奢"，中国历史上有无数这样的箴言警句，是对历史进程的沉痛总结。隋朝统一全国后，文帝力除侈靡之风，"务从节俭，不得劳人"，"其自奉养，务为俭素，乘舆御物，故弊者随宜补用；自非享宴，所食不过一肉；后宫皆服浣濯之衣。"而隋炀帝却穷奢极欲，终致亡国。春秋战国时期，秦穆公奉行"以俭得之，以奢失之"的为政理念，勤俭治国，为秦的强大乃至后来的统一天下打下了坚实基础；秦始皇兴建阿房宫豪华盖世，终为楚人一炬成可怜焦土。秦亡汉兴，汉初力崇节俭，汉文帝执政23年，在这23年间，"宫室苑囿狗马服御无所增益"。正是由于汉文帝躬行节俭，以上率下，使当时社会形成尚俭崇廉风尚，"文景之治"正是在这样的社会风气中得以产生。然而，文景之治积累了丰富的物质财富，此后虽国力鼎盛，可社会"崇奢"之风却愈演愈烈，为亡国埋下祸根。历朝历代的风气往往正是这种奢与俭的交替循环。新王朝万象更新、百废待兴，鼓励农耕生产，与民休息，朝气蓬勃；然后就是发展兴旺，催生出不肖子孙，醉心于奢靡享乐，世风渐坏，虽或有中兴之主有心匡正，然奢靡之风尾大不掉、积重难返，国家终究难逃覆亡的命运。古往今来，多少强盛一时的政权，沉溺于懒散闲适，最终走向了衰败。

"黜奢崇俭"被视作我国古代经济思想的一大纲领。乃至于个人德业的考量，养生养心，持家立业，为商为政，皆倡之以节制、勤俭。每个成熟社会也都有类似的调节机制，或奖励农耕，或教化乡里，或开放公共职位，在保障阶层流动、避免贫富差距拉大的同时，也植入了健康质朴的生活方式。而对于个体来说，人有向善的冲动，却又无时无刻不在抵御欲望的诱惑。人生是在"人生得意须尽欢"的及时行乐原则和"小心驶得万年船"的谨小慎微原则之间保持平衡。人性提升的向度，一是"自诚而明"，人非生而能贤，"朝闻道夕死可矣"的贤人是极少数；二是"自明而诚"，靠后天的学习和社会引导。对于每一个普通人而言，从善如登，从恶如崩，需要付出一辈子的时间去修炼，才能从心所欲而不逾矩。

07

升米养恩，斗米养仇

英国作家萨克雷说过："如果一个人，深受大恩之后又和恩人反目的话，他要顾全自己的体面，一定比不相干的陌路人更加恶毒，他要证实对方的罪过才能解释自己的无情无义。"从善人变成恶人，只有一次拒绝的距离。当你的善意不能满足他们的期望时，他们第一时间想到的不是理解和感恩，而是怨恨和咒骂。这就是"升米养恩，斗米养仇"这句话带给我们的深刻智慧启迪。俗话说"帮难不帮懒，救急不救穷"，"授人以鱼不如授人以渔"，明智的人通常都是济人一时，而非济人一世。

历史上有很多"升米养恩，斗米养仇"的故事。相传，从前有两户人家是邻居，一个叫刘大，一个叫李二，都以种田为生，两家关系处得还不错。李二为人比较机灵，农闲的时候还干点别的营生，因此家境比刘大要好。有一年发生旱灾，庄稼颗粒无收。刘大家中因为没有余粮，所以没能坚持多久，一家人便饿得奄奄一息，只好到李二家去借粮。李二送了一升米给他。由于家里人多，这点米很快就吃完了，刘大又到李二家中去借粮。几次三番之后，李二家中的余粮也不多了。这一天，刘大又来借粮，李二表示，自己家也快断粮了，就没有再借给他了。于是，刘大很不高兴，逢人便说李二小气。李二得知此事后很是气愤，心想我白白送你这么多粮食，你不仅不感谢我，还把我当仇人一样记恨，真是太过分了。结果本来关系不错的两家人，因此反目成仇，这就是"升米养恩，斗米养仇"这个典故的早期来源。

人类本身就是一个命运共同体，对于身处绝境的落难之人，我们都理应力所能及地伸出援助之手拉上一把，以彰显人性的善良和世界的美好，但不能使其产生依赖的恶习。对于拥有创造财富的能力，但因懒惰而受困之人，对其的施舍应适可而止，否则，很容易使对方产生依赖，滋生不劳而获的寄生思想。明代陈继儒的《小窗幽记》里有一句话，"待人而留有余不尽之恩，可以维系无厌之人心"，这句话的意思是说，对待他人要留一些多余而不竭尽的恩惠，这样才可以维系永远不会满足的人心。这不仅体现在帮助别人这方面，同样体现在与人沟通交流的时候，不要把话说绝，要给自己留有回旋的余地，这样即便遇到意外的变数，也可顺势而为、轻松地化被动为主动。

《世说新语》里有一则故事：三国时，吴国有个叫赵姬的女人，她的女儿出嫁前，赵姬说："到了婆家，你可千万不要做好事哟。"闺女不解地问母亲："您不让我做好事，那我可以做坏事吗？"母亲立刻正色道："好事都不能做，更何况是坏事呢！"赵姬说的这番话需要结合时代背景、环境因素，从道德、哲学和心理学等方面辩证地去看待。余嘉锡在其《世说新语笺疏》中为赵姬的话语心生感慨，他说："盖古之教女者之意，特不愿其遇事表暴，斤斤于为善之名，以招人之嫉妒，而非禁之使不为善也。"好事并非不可以做，与人为善乃无可厚非，但你的善良一定不能缺少锋芒。否则，别人会视你的善良为一种懦弱。当他人习惯了你的付出，就会认为你天生就该这样做。没有边界的心软，只会让对方得寸进尺；毫无原则的仁慈，只会让对方为所欲为。

民间广为流传的一句俗语"小恩养贵人，大恩养仇人"，进一步诠释了"升米养恩，斗米养仇"中博大精深的处世之道，值得我们深刻领悟。

08

行有不得，反求诸己

"行有不得，反求诸己"出自《孟子》。原文是："爱人不亲，反其仁；治人不治，反其智；礼人不答，反其敬。行有不得者皆反求诸己，其身正而天下归之。诗云：'永言配命，自求多福。'"

这段话的意思是说，爱别人却得不到别人的亲近，那就应反问自己的仁爱是否不够；管理别人却不能够管理好，那就应反问自己的管理才智是否有问题；礼貌待人却得不到别人相应的礼貌，那就应反问自己的礼貌是否到位。凡是行为得不到预期的效果，就应该反过来检查自己，自身行为端正了，天下的人自然就会归服。《诗经》说："常思自己的所作所为是否合乎天道，才能为自己求得更多的福报。"

在现实生活中，我们总是会碰见这样的人，他们遇到问题第一时间把责任推卸给别人。家庭不和就埋怨伴侣脾气差，工作出了纰漏都是同事配合得不好……人生的旅程中，每个人的境遇都不尽相同。有人越来越成熟、有魅力，心境澄澈，如山岳湖海般坚实广博；也有人碌碌一生，只长年龄、不长心智，安慰自己只是没有遇到好机会。造成这种差别的原因，或许就包括是否懂得自省。当我们"行有不得"的时候，"反求诸己"

的内省态度可以让我们更清晰地认识自己，发现自身的短板与缺陷，从而有针对性地加以改进与提升。

自省，是儒家思想的一大底色。孔子非常重视自省，《论语》中可以找到很多这方面的言论，如《里仁》："子曰：见贤思齐焉，见不贤而内自省也。"《述而》："子曰：三人行，必有我师焉。择其善者而从之，其不善者而改之。"所谓的贤者，就是善者，就是有道者。见贤思齐，把贤人当作学习的榜样，激励自己向贤人看齐；把不贤之人作为一个参考，时刻警醒自己不要堕落为不贤之人。

据说，尧帝得知他的两个子民犯罪，是因为上天久旱不雨，没有东西吃，不得已偷了人家的东西，被抓后要投进监狱。尧帝诚恳地请求狱官把这两个人放了，把自己抓起来，说自己没有把百姓教导好，没尽好君王的责任。说自己作为君主没有德行，导致上天久旱不雨。结果尧帝话音刚落，本来万里无云的天空就下起了雨。《说苑》称赞尧帝："尧存心于天下，加志于穷民，痛万姓之罹罪。"尧帝用"先恕而后教"的方法治理百姓，凡事都反求诸己。像尧帝这样贤德的君主，感召的也自然都是"行有不得，反求诸己"的贤良臣子。

据说，商汤为了提醒和督促自己不断进步，在自己的脸盆上刻上铭文："苟日新，日日新，又日新"，时时提醒自己，在德行上要不断精进。天大旱，他祈雨时，祈祷文写的是："朕躬有罪，无以万方；万方有罪，罪在朕躬。"意思是：如果我有罪，请不要牵连天下百姓；如果百姓有罪，罪过都应归咎到我的身上。所谓"反求诸己"，就是要以一种积极负责的态度，看待问题，分析原因，修正不足，精进德行。简而言之，就是要行得端、走得正，要以正确的方式取得成功，以高尚的德行赢得人心。行有不得，是诱因；反求诸己，是修行；其身正而天下归，是结果。

"行有不得，反求诸己"这一思想，是孟子关于"个人修养"和"处世哲学"的深刻见解，是一种宝贵的品质和能力，它如同明镜，让我们能够审视自己的行为和思想，从中反思、学习和成长。对于我们的日常生活和职场发展都有着重要的指导意义。当我们行事未能如愿，遇阻受挫，以及人际关系处理不好时，都应反躬自省，主动查找自身原因，而非归咎于他人或外部环境。此乃儒家修身之要义，强调个人在面对困难与挑战时，通过自省，可以找到内心的力量和解决之道。

自省是一种不可或缺的品质和能力。在职场中，作为管理者或员工，我们可能会遇到团队管理不善、项目进展不顺等问题。面对这些挑战，我们很容易将责任归咎于外部环境或他人。然而，孟子告诉我们，真正的智慧在于先反思自己。作为管理者，我们需要审视自己的管理策略是否科学、是否人性化；作为员工，我们需要反思自己的工作态度是否积极、专业技能是否过硬。通过自省，我们能够更好地认识自己、理解他人，这不仅有助于当前问题的解决，还能不断提升自己的能力和素养，实现个人与团队的共同成长。

在日常的为人处世中，我们会遇到各种复杂的人际关系的挑战，求之于己的自省态度，亦有助于培养我们的宽容之心与谦逊之态，对提升我们的情商和人际交往能力十分有益。当我们与他人产生摩擦时，不再一味地责怪他人，而是转而在矛盾与冲突中审视自己的言行、寻找问题的根源，在关注自身的成长与进步时，我们便能更加宽容地看待他人的过错与不足。我们可以主动调整自己，建立同理心，以便更好地与他人相处。同时，这种包容和谦逊的态度也能让我们更加虚心地向他人学习，不断吸收新知，增强学养。

在孔子看来，一个善于反省的人很容易做到知错即改。而知错即改的前提是一个人要有直面自身不足的勇气，但大多数人缺乏这种勇气，不敢直面自身的不足，所以孔子感慨道："已矣乎！吾未见能见其过而内自讼者也。"（《论语》）所谓"内自讼"，就是无须别人提醒或者批评，自己就能发现自己的不足，并深深自责。尽管大多数人难以做到"内自讼"，但越是做不到，就越需要努力去做，否则的话，就是有个贤人站在你面前，你也学不到贤人半点模样。青年时代的曾国藩在官场上处处碰壁，同僚不待见，皇帝不认可。他生闷气、骂人、焦躁、懊悔。40多岁的曾国藩开始明白，个人的力量其实是很弱小的。在被夺去兵权后，他开始研读老庄，几千年前的圣人之言，给了他意想不到的启示。他反思，自己在官场一再碰壁，除了皇帝小心眼，同僚有私心，他自己的个性、风格和脾气也是非常大的问题，他说话太冲，办事太直，总觉得自己比别人强，看不起别人，很容易引起别人的反感。他很清楚自己的路之所以走得如此艰难，阻力如此之大，很大程度上是自己年轻时候的行为方式导致的。觉悟过来的曾国藩，得出了结论：天下之至柔，驰骋天下之至刚。此后，曾国藩命运的齿轮开始转动，仕途几乎一路开挂。

　　科学巨人爱因斯坦经常反思自己的理论，不断寻求改进和突破。他曾坦言："如果我没有学到新东西，那这一天就等于白过了。"正是这种自省的态度，使他在科学领域取得了举世瞩目的成就。从曾国藩和爱因斯坦的身上，我们不难看出，一个人有无反省的人生态度，结果是不一样的。反省不仅仅是改正错误，也是不断地提高自己的思考能力，进而提升整个人生的境界，并获得一种不忧不惧的人格的过程。《论语》曰："司马牛问君子。子曰：'君子不忧不惧。'曰：'不忧不惧，斯谓之君子已乎？'子曰：'内省不疚，夫何忧何惧？'"我们在生活中遇到问题，先要看看自己做得好不好，检查自己有没有做得不足的地方。自省不仅是一种个人修养和君子之德，也是一种积极的生活态度。自省需要我们具备开放的心态，情愿接受自己的不足，情愿承认自己的错误。每个人都有自己的优点和缺点，而自省就是要觉察并正视自己的不足之处。通过自我审视，我们可以更好地发挥自己的优势，提升自我价值，从自省中找到真正的自我。《论语》里孔子有一句话："君子求诸己，小人求诸人。"孔子认为，君子喜欢严格要求自己，小人喜欢严格要求别人。这是因为，君子喜欢反省自己，遇到问题能从自己身上找原因，而小人缺乏自省，遇到问题不从自己身上找原因，却喜欢把责任推卸给别人。君子求诸己，带来的是自我的不断完善；小人求诸人，既不能改正自己的缺点，也不能提高自己的能力和道德水准。这说明，一个人要想改正缺点，完善自我，不能靠别人，只能靠自己。

　　自省也需要一定的技巧和方法。我们可以通过写日记、自我对话、冥思静坐等方式来培养自省的习惯。在自省的过程中，我们需要保持冷静、客观，深入地思考问题。同时，我们也要善于从他人的反馈中吸取经验和教训。一个人只有真正懂得明察事理，善思对错，保持反思的习惯，抛弃自以为是的想法，才能更好地完善"里子"，从而在真实的世界里赢得"面子"。

09

天之道，损有余而补不足；
人之道，损不足以奉有余

作为中国古代哲学家、道家学派创始人，老子的"人之道"思想与西方的一则富翁和三个仆人的故事寓意不谋而合。这个故事总结起来就是一句话："凡有的，还要加给他，叫他多余；没有的，连他所有的也要夺过来。"1973年，美国著名哲学家罗帕特·默顿发现了和这个故事类似的现象，即荣誉越多的科学家，授予他的荣誉就越多；而那些默默无闻的科学家，其成绩往往不被关注和认可。他把这种社会心理现象命名为"马太效应"，其反映的社会现象是两极分化，富的更富，穷的更穷。

《道德经》第七十七章"天之道，损有余而补不足；人之道，损不足以奉有余"这句话，蕴含着深厚的智慧，是道家思想的重要体现，也是对自然、社会、人性的深刻洞察，揭示了自然界与人类社会运行规律的本质差异。因此，老子在此章的第一句话就以张弓时的高低来比喻天之道的自然平衡："天之道，其犹张弓欤？高者抑之，下者举之；有余者损之，不足者与之。"老子借此延伸到"天之道，损有余而补不足"，这句话描述了自然界运行的常规法则。它就像张弓射箭，为了射中目标，过高就要往下压一压，低了就要向上抬一抬，恰到好处之时才能一矢中的，并以此得出了有余者损之，不足者与之的自然平衡规律。在天地间，一切事物都遵循着"平衡"的原则。当天平的一端过重时，自然的力量会使其逐渐减轻；而当另一端过轻时，自然的力量又会使其逐渐增加重量，从而达到平衡的状态。这种平衡便是宇宙间万物运行的基本规律。从生态学的角度来看，这种"损有余而补不足"的法则，表现为生态系统的自我调节功能。例如，在一些生态系统中，当某种生物繁殖过快时，它们之间的内部竞争便会加剧，导致其中的一部分生物死亡或迁徙；而当某种生物数量过少时，它们的生存空间和食物来源便会相对扩展，从而促进其数量的增长。这种自我调节能力，也使得生态系统能够保持相对的稳定性。

后半句"人之道，损不足以奉有余"，则深刻地揭示了从古到今人类社会中广泛存在的不平等现象。老子所处的时代，社会动荡不安，百姓穷困潦倒，但王公贵胄却依然终日花天酒地、奢靡无度。"人之道"和"天之道"之间存在巨大反差。"孰能有余以奉天下，唯有道者。是以圣人为而不恃，功成而不处，其不欲见贤邪。"老子认为圣人就是"人之道"中的楷模。由"人之道"可以看出，社会学家和经济学家常用的术语"马太效应"，与"天之道"也就是"平衡之道"相悖，与"二八法则"异曲同工。所谓的"二八法则"，即80%的社会财富集中在20%的少数人手中，而剩余20%的社会财富，却要满足80%的多数人的需求。这不仅体现在物质财富的分配上，同样也体现在知识和非物质资源的不均衡分布上。例如，在一个激烈竞争的市场环境下，通常是20%的企业占据了80%的市场份额，而80%的企业只能在20%的市场份额里拼得头破血流。古往今来，由于地区差异、贫富悬殊、教育资源不均衡和全球市场竞争加剧等客观因素，导致这一现象在世界各地不同的国家普遍存在，在未来较长时期内甚至无法避免。

将"天之道"与"人之道"进行对比，两者的关系正好是既对立又统一。其差异在于，在自然界中，一切事物都遵循着

"平衡"的原理,而在人类社会中,人们往往追求自身的利益最大化,而忽视了社会的整体均衡发展。富人因为掌握了更多的社会资源、更广泛的人脉关系、更开阔的思维方式,这让他们变得越来越富有。还有一些人巧取豪夺、贪得无厌,日常过着"朱门酒肉臭,路有冻死骨"的骄奢淫逸的生活,忘记了本应承担的社会责任。在老子的思想中,他的愿望是"人之道"能按照"天之道"的方式来运行,只有这样的社会才不会被尔虞我诈、唯利是图的不良习气笼罩,整个社会呈现出来的才会是一派明礼诚信、团结友善的和谐氛围,这也便是老子理想中的大同社会。

老子的这一思想对于我们当今的社会依然具有重要的启发意义。其告诫我们要依天道而行,不要过分追逐和计较外在的名利与得失,否则,我们容易在喧嚣拥挤的世界中失去从容的心智,也会因迷失在物欲的世界里而少了属于自己的安宁和快乐。正如中国工程院院士、香港中文大学(深圳)校长徐扬生教授所言:"我们要在拥挤的世界里找到自己,在拥挤的自己里找到世界。"找到自己,就是要有淡泊名利、志存高远的浩然之气;找到世界,就是要有胸怀天下、济世安民的家国情怀。这样才不至于被巨大的时代洪流所裹挟。我们应多关注生活在社会底层的弱势群体,为构建人类命运共同体贡献更多的智慧和力量。

对于如何缩小人道与天道之间的差异,如何在现代社会中寻找一种更加公平和可持续的发展路径,除了顺应天道,积极倡导"绿色"发展理念,重视资源的合理利用与循环,还有就是实施更加公平的政策措施、完善社会保障体系、推动教育公平等。纠正"损不足以奉有余"的社会现象,缩小贫富差距,促进社会整体福祉。努力实现人与自然、人与社会的和谐统一,共同创造一个更加美好的世界。

10

朝闻道，夕死可矣

春秋时期，孔子在鲁国政坛受到排挤后，带领弟子们周游列国，在卫、郑、陈、晋等国屡屡碰壁，便在蔡国闲居。其间，孔子与弟子们谈起自己的经历，说他从30岁开始立志弘道，经历不惑之年直至现在，感慨自己"朝闻道，夕死可矣"。后来被弟子们记录于《论语》。人们通常对这句话的理解是，在孔子的思想里，即使早上达成了自己的政治主张（仁政），那么他就算晚上死去那也算值得的。体现了孔子对于追求真理和道德的坚定信念，也是儒家思想中关于道德修养和人生价值的重要表述。

朱熹在《四书章句集注》中对"朝闻道，夕死可矣"这句话的解释是："道者，事物当然之理。苟得闻之，则生顺死安，无复遗恨矣。朝夕，所以甚言其时之近。"杨逢彬在《论语新注新译》中的译文为"早上得知真理，当晚死了都可以。"杨伯峻的《论语译注》也将其译为"早晨得知真理，要我当晚去死，都可以"。三者的意思基本一致。这样的释译基本迎合了当今大多数人的惯常理解。刘君祖在《新解论语》中则翻译为"早上听懂了真理，就是晚上改过也无妨。"其认为，这里的"死"是指让"过"死掉。如《了凡四训》所云："从前种种，譬如昨日死；以后种种，譬如今日生。"《大戴礼记》也说："夕有过，朝改之；朝有过，夕改之。"人就是在大死、大生中得以更新成长。"死"，不是肉身死了，而是改过、悔过，是"无咎者，善补过也"。

然而，这句话还有一种更深层次的解释则认为，既然早晨懂得了真理，应该去照做才是，怎么晚上就死而无憾呢？显得逻辑不通。要理解这句话，先看句中"朝"字的象形：左边上下类似于箭头的两个符号代表草，中间的圆圈代表太阳，右边则是一个月亮，意为"当太阳还没升起，被草遮挡着，月亮还没完全落下去"，这个时间段为"朝"。跟"早"的区别在于，"早"是太阳已经出来了。接下来再看和"朝"对应的"夕"字，它不是指的太阳西下，在甲骨文里，"夕"的字形似月亮。但"夕"并不是指满月，而是指快要从西方落下去的月亮，相对于地平线和我们的视线，是倾斜的，眼见着就要落下去了。古人用这个字来表示"快要过去的一个时间段"。一个出现在东方，一个消失在西方；一个代表新生，一个代表过去。结合这两个字的本义，可以看出"朝"和"夕"的时间点挨得非常近，月亮将落未落的画面，谓之"夕"；月亮将落未落、而太阳将升未升，共同组成的画面，谓之"朝"。由此可见"朝闻道，夕死可矣"的意思是，告诉大家，人一旦懂得并遵守了大道，就可以不用再纠结过去，就当过去不遵守大道的那一段经历已经过去了。

《易经》里说："形而上者谓之道，形而下者谓之器。""朝闻道，夕死可矣"的"道"应该是具有形而上意义的"道"。在儒家文化中，"道"不仅仅是指知识或学问，更是道德、伦理和宇宙的自然法则，而不应该理解为简单的道理。在孔子那个时代，"道"更多是在哲学层面上使用，在儒家思想中"道"被总结为"仁"或"仁义"，所谓"孔曰成仁，孟曰取义。"当然也可以指较为具体的道理，甚至更为实际的道路或方向。按照孔子的说法：活到老，学到老，人的一生就是一个学习的过程，既有知识的迭代，也有思想的更新。现实中，也有一些人学了一辈子，可都只停留在简单的"形而下"的知识层面，"知其然而不知其所以然"，浑浑噩噩度过一生，而不识"道"为何物，自然也就谈不上"闻道"了。正如《道德经》所云："上士闻道，勤而行之；中士闻道，若存若亡；下士闻道，大笑之。"还有一些人则是一辈子"问道"，但始终不能觉悟，直到生命终了前才幡然醒悟，即便立刻赴死，也是充满喜乐。正所谓"生命不在于长与短，而在于觉悟的早与晚。"如果一个人能够领悟"道"并为之奋斗，那么他的生命就是有价值的，即使人生短暂，也是无怨无悔。这种追求"道"的精神，以及对生命价值和意义的深刻理解，使得儒家文化更加注重精神层面的追求，而不是仅仅追求物质上的满足，这也是儒家文化中非常重要的一部分。它鼓励人们不断学习，勇于探索，以求达到更高的道德境界。

古人说"黄河清，圣人出"，圣人少有，而世间多为普通的凡人。"道"对于普通人的影响又有几何？庄子说得最干脆："可传而不可受，可得而不可见。"把"道"讲给你，你也接受不了。"道"固然可以得，但是看不见。那么，普通人如何得"道"？中国古人认为：听闻一个道理，再反复加以思考、体悟，而后付诸实践，即悟后而修。这也就是说，从你得知一个道理，到你能够真正践行这个道理，中间其实有一个时间差。这个时间差的长短，因人而异。有些人可能一辈子都无法跨越，道理还是道理，自己还是自己，活了一辈子也没明白何为"依道而行"。

在道家认为的悟道、明道和行道的顶级层次"上士闻道，勤而行之"——听到一个道理，就立马去勤而行之的人有吗？《孟子》中就有一个非常具体的例子："舜之居深山之中，与木石居，与鹿豕游。其所以异于深山之野人者几希。及其闻一善言，见一善行，若决江河，沛然莫之能御也。"舜住在深山中，与树木、山石为伍，与鹿和猪相伴，跟野人差不多。可是，当他听到一句良言，看到一桩善行，就立即去付诸行动，就像江河决口,汹涌之力无人可以抵挡。从舜的典故中,可以看出他对"道"的极致追求,以及知行合一。在孔子看来,真正的"知"不仅仅是理论上的认识,更重要的是能够将这种认识转化为实际行动。一个人如果只是口头上说理解了"道",但在行动上却背"道"而驰,那么这种"知"只是伪知而已。因此,"朝闻道,夕死可矣"也意味着,一旦我们理解了"道",就应该立即行动起来,哪怕付出生命的代价也在所不惜。

在现代科学领域,居里夫人为了人类科学事业,不顾个人生命安危、勇于献身的"闻道后而勤行之"的光辉事迹,也同样体现了"朝闻道,夕死可矣"的对"道"的极致追求精神,无愧"知行合一"的人类典范。1896年,法国的亨利·贝克勒尔发现了铀的放射性。居里夫妇怀着极大兴趣阅读了贝克勒尔的报告,开始系统地探索除铀以外,是否还有别的化学元素具有类似的放射性。在没有适用的实验室和缺乏其他物质条件的情况下,仅仅在巴黎市立理化学校内找到一间上漏下潮的破旧棚子,将其略加修整后就成了他们夫妇的实验室。在这样的极端艰苦条件下,他们对当时已知的80种元素逐个进行测试,并发现已知元素钍和铀一样能放出射线。在1898年7月,居里夫妇发现了比铀的放射性更强的新元素。为纪念居里夫人的祖国波兰,他们决定将这新发现的比铀放射性强400倍的新元素命名为"钋"(Polonium)。同年12月,他们又宣布发现了是铀放射性活度200万倍的新元素"镭"(Radium)。镭的发现彻底改变了人们对放射性现象的认识,并为后续的放射性研究和应用奠定了坚实基础。这项重要工作,使居里夫妇获得1903年的诺贝尔物理学奖。1911年,居里夫人再次获得诺贝尔化学奖,她也因此成为世界公认的为人类科学事业做出卓越贡献的科学家。由于长期受射线照射,居里夫人患上了白血病,于1934年7月4日与世长辞。纵观居里夫人的一生,深刻诠释了对科学真理的不断探索和追求,更彰显了她为人类的福祉所做出的无私奉献,即使面对生命危险,也从不放弃。

在中国传统文化中,人们对于"道"的探寻从未停歇。从儒家的"仁、义、礼、智、信",到道家的"无为而治""自然之道",再到墨家的"兼爱非攻",无不体现了对"道"的深刻理解和追求。这些思想流派虽各有侧重,但都在不同程度上诠释了"朝闻道,夕死可矣"的强大精神内核。在现代社会,随着科技的飞速发展,人们似乎越来越沉迷于对物质的追求,而忽视了精神层面的修养。然而,正是在这样一个物质丰富的时代,我们更需回归传统文化的怀抱,汲取传统文化的滋养,重新审视"朝闻道,夕死可矣"这一古训所蕴含的深刻意义。

无论时代如何变迁,对于真理和道义的追求始终是我们生而为人的最高境界。当我们洞悉真理、笃行道义时,我们的精神内核便能挣脱尘世的羁绊,从而领悟那超越生死界限的豁达与智慧。这句话如同一盏明灯,照亮了我们追寻真理与道德的征途。它告诉我们,生命的意义在于不断地追求与领悟,而非单纯地存在。每一次的跋涉都是对生命的深刻理解。让我们在探寻"道"的过程中,不断超越自我,实现生命的升华。

11

皇天无亲，惟德是辅

"皇天无亲，惟德是辅"出自《尚书》。这句话强调了德行的重要性，即上天是公平的，不会偏袒任何人，只会帮助那些有德行的人。周武王逝世时，周公旦负责辅佐年纪尚幼的成王。周公的弟弟管叔和蔡叔不服，在国都散布流言，毁谤周公，密谋造反。为了维护王室和国家的稳定，周公奉成王之命东征，平定叛乱，杀了管叔，并囚蔡叔于郭邻，至死不赦。

成王在周公的辅佐下，逐渐成长为一位贤君。蔡叔死后，成王任命蔡叔的儿子蔡仲为蔡国之君，并用策书勉励他思忠思孝，勤劳不怠，给自己的后代树立榜样。成王告诫蔡仲说："皇天无亲，惟德是辅；民心无常，惟惠之怀。""民心无常，惟惠之怀"的意思是：百姓心中没有常主，只有仁爱的君主才能获得民心。成王嘱咐蔡仲做了蔡国的君主后，要遵循祖父文王的训诲，施行德政，做一个百姓拥戴的好君主。不要效仿父亲蔡叔，阴谋反叛，违背天命，而遭受上天的惩罚。

中国古人对大自然的信仰极深，他们视天为自然界一切事物和现象的主宰，各类神明的首领，不容挑战的万神之神。"天"字，"大"字头上画一横。"大"是人张开手臂的象形，"大"上一横，即为人头顶上的天。自然之天，神秘无垠。天布寒暑，四季轮替，万物消长。在万物有灵的信仰下，人们相信"天"具有主宰一切的权威力量，是一个有意志、情感和道德的人格化神明。《诗经》说"天生烝民"，古人相信人类由天所生，帝是人类的祖先。"天帝"的概念也由此诞生，"天帝"身居天庭之上，为众神之主。祭祀天地，自古以来就是一项极为重要的政治活动。《礼记》规定，只有天子才有祭天地的资格。泰山作为五岳之首，被认为是离天最近的圣地，在泰山祭天被称为"封禅"。能在泰山封禅相当昭告天下自己是受命于天的明君、圣主。

商代时，人们对"天帝"的迷信极深。"天"与"帝"合二为一：天生万物，帝派其子下治万民。故最高的掌权者，又称"天子"，其权力的合法性来自"天帝"。统治者都自认为是享有天命之人。周武王率领诸侯攻打朝歌，商纣王感慨道："我不是生来就享有天命的'天子'吗？难道他们可以逆天改命？"殷商末期统治者因暴政而亡国的历史教训即"殷鉴"，促进了周初统治阶层政治智慧的成熟与发展。他们已深刻认识到，夏商之亡国，主要是失去了民心。因此，统治者不但要知晓小民"稼穑之艰难"，还要及时体察民情，重视民意。强调"人无于水监，当于民监"，真正可怕的不是天命，而是民意。反映出人民的言行、情感和意愿在周初受到了统治者的高度重视。

在很长的历史时期里，德治思想体系在中国古代社会治理中发挥了至关重要的作用。"皇天无亲，惟德是辅"这句话所蕴藏的丰富的德治思想，从道德的角度观照人与自然的关系，阐述人与自然、道德与国家治理的内在逻辑，强调唯有当君主与民众、自然的关系和谐，呈现出万物和顺的景象，才是民得以生、王之为王的前提条件，告诫统治者应以道德、知识和智慧来治理天下。

今天我们应充分体会关于德治的深刻意蕴，并对其进行创造性吸收、转化和重塑，使之适应新的时势，焕发出新的生机。

12

其身正,不令而行;
其身不正,虽令不从

作为春秋末期儒家思想的创始人,孔子对统治者这一群体表现出了高度的关注。这是因为以"仁""爱"为中心的儒家学说要求统治者在施政的过程中必须关心和爱护其治下的百姓。故而孔子也为统治者提出了一系列具体的要求。儒家的政治原则,与法家思想迥异,与西方的权力制衡思想也大不相同。儒家的政治学说,本质上是一种伦理政治,其合法性和合理性都是以道德为基础的。

儒家要求帝王要有圣人之德,而执政的将相大臣须有贤者之德。故而再三强调,治国必先齐家,齐家必先修身,唯有修身,才能治人。"古之欲明明德于天下者,先治其国;欲治其国者,先齐其家;欲齐其家者,先修其身;欲修其身者,先正其心;欲正其心者,先诚其意;欲诚其意者,先致其知,致知在格物。物格而后知至,知至而后意诚,意诚而后心正,心正而后身修,身修而后家齐,家齐而后国治,国治而后天下平。"出自《礼记》里的这段话和《论语》中的"其身正,不令而行;其身不正,虽令不从",都是强调以自我完善为基础的儒家思想中具有代表性的核心价值观。孔子认为作为一个当权者,更多的时候应该以身作则，依靠个人的言行和魅力来影响和感召他人，而不仅靠发号施令。自己做得好，不用命令，他人也会跟着学，如果自己做不好，即便依靠行政手段去强制推行，也会收效甚微。这一点，在现代管理学中，仍然具有积极的教育启发意义。

春秋末期，晋国六卿之一的赵鞅，人称赵简子，也是战国七雄之一赵国的奠基人。有一次，赵简子亲率三军讨伐卫国，但是到进攻的时候，他自己没有站在前面，反而站在屏障和盾牌后面。士兵们发现自己的主帅不见了，便站在原地一动不动。赵鞅感叹道："哎！士兵变坏竟然到了这种地步。"行令官烛过听到了赵鞅的叹息后，摘下头盔，横拿着戈，走到他面前说："这只不过是您有些地方没有做到罢了，士兵们并没有什么不好的！"赵鞅一听这话，勃然大怒，拔出剑架在烛过的脖子上说："我不委派他人而亲自统帅大军，而你却当面说我有些地方没有做到。你说，我哪些地方没有做到？要是有道理我便饶了你，要是没道理今天就治你死罪！"烛过面无惧色地回答道："贤君献公，即位5年就兼并了19个国家，用的就是这样的士卒。惠公在位两年，纵情声色，残暴傲慢，当秦国袭击我国，我军溃逃到离国都只有70里的地方，用的也是这样的士卒。文公即位，勇武霸气，所以3年以后，士卒都变得坚毅果敢，从而在城濮之战中大败楚军，围困卫国，攻下曹国，后来成为霸主，得以名扬天下，也是用这样的士卒。所以我说您只不过是有些地方没有做到罢了，士兵们有什么不好的呢？"赵鞅恍然大悟，撤下剑说："哦，多谢您的指教，我明白了自己有哪些地方没有做到。"于是他离开了屏障和盾牌，站到了敌军弓箭的射程之内。结果只击鼓一次，士兵们便攻上了城墙，大获全胜。战斗结束后，赵鞅重赏了烛过。他感叹道："兵车千辆，不如烛过一言！"

这个典故告诉我们，对于一名管理者来说，只有当自己做到"其身正"，才能"不令而行"。那些成功的领导者大多能够率先垂范，身先士卒，严格要求自己。

《尸子》中有一句话叫:"释己而教人者逆,正己而化人者顺。"当你自己不具备一个优秀的人格状态时,即便你借助自己的领导权威或身份、地位优势去压制下属,也不可能得到下属发自内心的信服。只有发自内心的信任和顺服,才能获得预期的管理效果。所以,在你要求他人的时候,首先要保证自己能够做到,甚至要做得比你要求他人的更好。《论语》有云:"君子之德风,小人之德草,草上之风必偃。"草,是随风而动的。"政者,正也",为政者必作风正派,方能治理好国家。《大学》曰:"尧、舜率天下以仁,而民从之。桀、纣率天下以暴,而民从之。其所令反其所好,而民不从。"大意是尧、舜是以仁政治理天下,百姓也跟着他们行仁修德。夏桀、商纣以暴戾横行天下,百姓也跟着他们作恶。君王所发布的政令如果与他们平日的好恶正好相反,百姓就拒绝服从,并奋起反抗。在当代企业管理中也一样,如果企业的价值观是"利"字当先,领导者凡事首先考虑自己的私欲,此时你让员工、团队去讲大爱,去讲付出,去讲担当,那是不可能的。

在日常工作和生活中,凡需借助人际关系、借助合作才能取得成功的人,其处事方式、品德修养、人格魅力都将直接影响他人对其的信任和支持。凡事自己做不到或"己所不欲"时,若强求他人去做,终将适得其反。比如,当我们回到家中,想培养孩子认真学习的习惯时,如果我们自己手拿书本,坐在一边阅读,或打开笔记本电脑,呈现出努力工作的样子,就会自然而然地达到"不令而行"之效。你的"正己"行为对孩子有如春风化雨,潜移默化中,对孩子的学习态度会产生积极的影响。夫妻相处也是一样,比如说,夫妻双方都要求对方:你少玩点手机,你回家多做点家务,你少刷一点小视频,你少和别人闲聊……如果我们在要求对方的时候,自己却并不这样做,就会让对方反感:那你怎么就能玩呢?你回家又做了哪些事情呢?为什么你就能聊呢?这样一来,夫妻双方就会经常互相指责、争吵不休,家庭就会长期笼罩在乌烟瘴气的氛围中。这就叫"其身不正，虽令不从"。所以，改变他人，是一件很不容易的事情。但是，如若转换一下思维，正人先正己，当我们己身先正，就不需要对他人提出要求，自然就会有人"不令而行"，效而仿之。

英国的威斯敏斯特大教堂地下室的墓碑林中，有一块名扬世界的墓碑："当我年轻的时候，我的想象力从没有受到过限制，我梦想改变这个世界。当我成熟以后，我发现我不能改变这个世界，我将目光缩短了些，决定只改变我的国家。当我进入暮年，我发现我不能改变我的国家，我的最后愿望仅仅是改变一下我的家庭。但是，这也不可能。当我躺在床上，行将就木时，我突然意识到：如果一开始我仅仅去改变我自己，然后作为一个榜样，我可能改变我的家庭；在家人的帮助和鼓励下，我可能为国家做一些事情。然后谁知道呢？我甚至可能改变这个世界。"这段话和儒家思想的"八目"（格物、致知、诚意、正心、修身、齐家、治国、平天下）有异曲同工之妙。这既是个人成长的必经之路，也是社会和谐发展的内在逻辑。孔子主张的以"孝恕忠信"为核心的儒家思想，他的"修齐治平"的政治观，内省、慎独的修养观，以孝为本的孝道观，至今仍具有特别宝贵的社会意义和实用价值。

君子有推己度人的絜矩之道。正所谓"行有不得，反求诸己"，我们讲的是"身正"，何为"正"呢？"正"就是不断地修正自己，持续地提升自己。在这个世界上，教育别人可以用"言传"，而感化别人则须用"身教"。言语能够传达的只是一种平面的信息，以身作则才能够传递一种立体的力量，所以，古人云："桃李不言，下自成蹊。"说的就是：言传不如身教。

13

道家顺乎自然,还是逆乎自然?

　　道家作为一种哲学思想体系,其内涵丰富且独特。在对道家的探讨中,关于它究竟是顺乎自然,还是逆乎自然,成了一个值得深入剖析的重要命题。

　　道家以老庄思想为核心,认为万物遵循此消彼长的规律,有生必有死。在对待生死的问题上,老庄倡导人们顺应自然,不必介怀。《道德经》作为道家的经典之作,其中提到"人法地,地法天,天法道,道法自然"。老子所讲的"道",是天地万物的本质以及自然循环发展的基本规律,它是一种超越物质世界的自然法则和宇宙规律。道家强调人的生命活动必须符合自然规律,只有顺应自然,追求与自然和谐共生的生活方式,才能促进人的身心健康,使人达到延年益寿的目的。道家认为,人可以通过修身养性、减少欲望,与"道"融合,达到"天人合一"的境界,这种顺应自然体现了道家"天人合一"的养生观点。由此可见,从这一层面来说,道家思想并不追求违背自然规律的长生不老,而是顺应生命从生到死的自然进程。

　　先秦道家明确指出,生死是自然规律,人体的内环境系统与外部客观自然环境系统相互统一,它们有着共同的生成、变化和盛衰规律。道家的养生保身并非追求长生不死，而是注重通过恬淡虚无、贵生重己、无为而治等方法来实现。老子说"飘风不终朝，骤雨不终日"，又说"天地尚不能久，而况于人乎？"这清晰地表明了他对自然法则不可抗拒的认知，人也必然遵循生老病死的自然规律。

另一位道家学派代表人物庄子也表达了生死是自然规律这一观点，他主张不因生而喜，不因死而悲。在《大宗师》里，他写道"古之真人，不知说生，不知恶死"，认为真正的智者不会因生而欣喜，也不会因死而厌恶；"终其天年而不中道夭者，是知之盛也"，意思是能够尽享自然赋予的寿命而不中途夭折，这才是智慧的极致；"死生，命也，其有夜旦之常，天也"，将生死比作昼夜交替，是自然的常态。在《达生》中，庄子还说"生之来不能却，其去不能止"，强调生命的到来无法拒绝，离去也无法阻止。虽然庄子在《大宗师》中提到寿限"上及有虞，下及五伯"的彭祖，在《逍遥游》中也描述了"藐姑射之山，有神人居焉，肌肤若冰雪，绰约若处子"，但这些都不能作为庄子追求长生不死的证据。庄子引用这些故事和传说，目的在于说明凡事不可刻意追求，正如《达生》中所说"世之人以为养形足以存生，而养形果不足以存生，则世奚足为哉"，意思是说，人们以为保养身体就能长存生命，但实际上保养身体并不能真正保证生命的长存，那么这种做法又有什么意义呢？

所以，先秦道家作为一种哲学思想体系，不仅原本不存在追求长生不老、得道成仙的思想，还与这种思想是相对立的。庄子在《齐物论》中提出"方生方死，方死方生"，这一关于生命现象的阐述，重点并非仅仅让人们明白追求长生不老、不死成仙的荒诞，更重要的是借助"死生"这一最能体现自然规律且无法抗拒的事实，即"人之生也，气之聚也。聚则为生，散则为死"（《知北游》），来阐述自然规律和"道法自然"的思想宗旨。从这些道家经典的论述和观点来看，道家思想无疑是顺乎自然的，它尊重自然规律，不试图违背生命的自然轨迹。

然而，也有人对道家"顺乎自然"的观点提出了不同看法。他们认为，道家虽然强调顺应自然，但在其思想中，也存在着对自然的某种"改造"和"超越"倾向。道家追求与"道"合一，通过修身养性等方式达到"天人合一"的境界，从某种程度上来说，这也是一种对自然状态的主动干预。例如，道家所倡导的"无为而治"，并非完全消极的无所作为，而是不妄为、不刻意去违背自然规律地作为，但这种"无为"背后，其实是一种对社会和自然秩序的积极引导和塑造。

此外，道家思想中的一些养生方法，如导引、吐纳等，虽然是为了顺应自然规律，达到强身健体、延年益寿的效果，但这些方法的实施，需要人主动地去学习和实践，对身体的自然状态进行调整和改变，这也可以被视为一种在顺应基础上的"逆"自然行为。它不是对抗自然，而是在尊重自然规律的前提下，对自身生命状态进行优化和改善。从这个角度来看，道家并非完全被动地顺应自然，也包含着对自然的主动探索和一定程度上的"逆"向作为。

从更宏观的角度来看，道家思想的存在和发展，本身就是人类对自然和宇宙进行思考和探索的产物。它不是对自然现象的简单描述和顺应，而是试图从哲学层面去理解和把握自然规律，进而为人类的行为提供指导。这种对自然规律的深入思考和寻求与之和谐相处的方式，既顺应自然，又在一定程度上超越了自然的表面现象，蕴含着对自然更深层次的"逆"向思考——即思考如何在自然规律的框架下，实现人类精神的升华。人类通过思考和探索，不满足于仅仅顺应自然的表象，而是希望深入理解自然规律，并借助这些规律实现自身的发展和超越，这与单纯的顺应自然有着本质的区别。

道家既有着顺乎自然的核心思想，尊重自然规律，不追求违背生命自然进程的长生不老；同时，在其思想和实践中，也存在着对自然的主动探索和一定程度上的"逆"向作为。这种看似矛盾的特性，恰恰体现了道家思想的深刻和丰富。

道家的顺乎自然，是对自然规律的尊重，它让人们认识到自身是自然的一部分，不可违背自然法则行事。这种顺应使人们能够以平和的心态面对生死、得失等人生问题，减少不必要的烦恼和痛苦，实现内心的宁静与和谐。而道家的逆乎自然倾向，则体现了人类积极主动的探索精神和对更高境界的追求。通过主动探索和实践，人们试图在顺应自然的基础上，优化自身的生命状态，实现精神的升华，达到与"道"更紧密的融合。

顺与逆在道家思想中并非相互对立，而是辩证统一的关系。顺是逆的基础，只有充分理解和顺应自然规律，才能进行合理的逆向探索和行动；逆是顺的升华，在顺应自然的前提下，通过主动的作为，进一步深化对自然和自身的认识，实现更高层次的和谐与发展。例如，在养生方面，人们首先要了解身体的自然运行规律（顺），然后通过导引、吐纳等方法进行调节和改善（逆），最终达到强身健体、延年益寿的目的，实现与自然更完美的和谐共生。

在现代社会，重新审视道家顺乎自然还是逆乎自然的问题，有助于我们更好地汲取道家思想的智慧，实现人与自然的和谐共生，推动人类社会的可持续发展。在面对环境问题时，我们既要顺应自然规律，保护生态环境，不过度开发和破坏；又要发挥人类的主观能动性，运用科学技术和智慧，对环境进行合理的修复和改善，实现生态的平衡与发展。

道家思想中顺乎自然与逆乎自然的辩证关系，为我们理解自身与自然的关系提供了独特而深刻的哲学视角。在个人生活中，我们可以借鉴道家思想，在与自然相处的过程中，既要尊重和顺应自然规律，又要发挥人类的主观能动性，在顺应与超越之间寻求平衡，实现人与自然、人与自身的和谐统一。

14

君子和而不同，小人同而不和

《论语》作为儒家学派的经典著作，蕴含了丰富的伦理思想、道德理念和教育原则。其中，"君子和而不同，小人同而不和"这一观点，强调了君子在人际关系中追求和谐融洽的同时，保持个性和独立思考的重要性；而小人只求与别人一致，但实际不讲原则，不会真正与他人保持和睦友善。对此，大思想家朱熹注曰："和者，无乖戾之心；同者，有阿比之意。"

儒家思想认为君子应具备高尚的品德和修养，能够在与人相处时保持宽容、谦逊和尊重。他们不会盲目追求与他人的一致，而是尊重他人与自身的差异，善于倾听不同的声音，从而建立真正和谐的人际关系。小人通常心口不一，他们和君子的区别在于更注重功利算计。小人虽然嘴上附和别人的说法，但是在具体做法上却是和自己说的大相径庭，只会顾及自身利益，常常唯利是图、见利忘义，去做一些损公肥私或损人利己之事。

在"君子和而不同，小人同而不和"中，关于"和"与"同"之辩，在孔子之前的晏子已有论述。《左传》记载：有一次齐景公出猎归来，指着前来接驾的臣子梁丘据对晏婴说："惟据与我和夫！"意思是"梁丘据凡事迎合我，与我关系最融洽啊！"晏婴回应:"据亦同也,焉得为和?"意思是"你们只是'同'而不是'和'。"晏婴比喻说:"和,如羹焉。"意思是说,羹汤之所以美味可口,在于把各种原料和佐料合到了一起,才能烹调出醇美之味。"和"又如奏乐,五声六律,刚柔清浊,疾之徐之,抑之扬之,才能奏出动听的乐曲。而"同"只是单一性质的事物,就好比炖菜只有清水,琴瑟只有一个单音,谁肯吃这样的菜?听这样的音乐呢?

王安石和司马光都是北宋一代名臣,人们都知道他们也是历史上一对出了名的政敌。王安石和司马光虽然在政见上大相径庭,但他们之所争,是胸襟无私、光明磊落的君子之争,都有为国家、为百姓的赤子之心,并不是为了自身利益而发动的相互倾轧。最能说明这一点的,一是两人在日常生活中相互仰慕,彼此敬重,从不恶意诋毁对方;二是无论哪一方掌权,不仅未曾打击、迫害"在野"的另一方,反而对对方爱护有加。此等高风亮节,值得后人追慕。王安石主张变法,并把反对变法的司马光排挤出朝廷,司马光在远离权力中心的15年中,正好编写出了史学巨著《资治通鉴》。王安石变法不仅触动了皇亲贵胄的利益,也招致地方官的强烈不满,频遭各方势力的阻挠,朝野骂声一片。皇帝本来十分信任王安石,可"曾参岂是杀人者,一日三报慈母惊",怎奈三人成虎,后来终被罢相。司马光随后得到起用,他立刻废除了王安石的新政。此时,多有官员乘机在皇帝面前给王安石罗列罪状,皇帝就是否治罪王安石征询司马光的意见。墙倒众人推,破鼓万人捶,很多人都以为,王安石害司马光丢官弃职,现在皇帝要治他的罪,正是落井下石的好时机。岂料,司马光恳切地上奏皇帝,称王安石疾恶如仇,胸怀坦荡,忠心耿耿,有君子之风,劝陛下不要听信谗言!而早在王安石为相时,皇帝曾私底下问他如何评价司马光,王安石对司马光亦是大加赞赏,称司马光为"国之栋梁",对其人品、能力、文学造诣都给予了高度评价。二人之交"相爱相杀",也正是"君子和而不同"的典范。他们彼此之间关系友善、私交融洽、互相仰慕,但这并不代表就一定要同意对方的主张。一方反对另一方的理念。方法和手段,并不意味着对另一方个人道德品质的否定。待人处事有原则、有分寸、有底线,这才是君子坦荡荡的胸襟与风度。

《北窗炙輠录》记载,韩琦与范仲淹议西夏战事互不苟同,范仲淹径直拂衣而去。韩琦从后面抓住他的手说:"国事不容再商量一下吗?"韩琦一脸和气,范仲淹心绪也平静下来。二人殿上争论,殿下却不伤同僚之情。他们观念各异、各执己见,但出发点都是为了江山社稷,而非个人私利。如此宽阔无私的襟怀,后人评说:"只此一把手间,消融几同异。"清代顾嗣协《杂兴》诗曰:"骏马能历险,力田不如牛;坚车能载重,渡河不如舟。舍长以取短,智高难为谋。生材贵适用,慎勿多苛求。"人各具所长,也各有所短。交人之短,则天下无可交之人;交人之长,则天下无不可交之人。"和实生物,同则不继"。尚和合、求大同,是智慧,更是格局,也是中华文化的精髓。

《中庸》里有说:"万物并育而不相害,道并行而不相悖。"一部人类进化史,就是一部多元文明相互碰撞、和谐共生的发展史。在现代社会中,人际关系变得越来越复杂,我们不仅要面对不同背景、不同价值观的人,还要面对各种利益冲突和矛盾。在这种情况下,"君子和而不同"的观点也为我们处理人际关系提供了有益的指导,提醒我们,要保持包容的心态,尊重个体差异和不同观点,善于通过沟通和协商解决问题。同时,我们也要保持独立思考的能力,不盲目追求与他人一致,坚守自己的原则和信仰。

15

君子周而不比，小人比而不周

作为中国古代伟大的思想家和教育家，孔子创建的儒家思想博大精深，对中华文化产生了深远影响。在《论语》中，孔子所说的"君子周而不比，小人比而不周"这句名言，至今已传承2000多年，和"君子和而不同，小人同而不和"一样，是儒家思想的重要组成部分。理解这句话的深意，不仅有助于我们更好地理解孔子的哲学思想，也能为我们的为人处世提供宝贵的智慧和启示。

"君子周而不比，小人比而不周。"要理解这句话，首先需要了解"周"和"比"这两个字的含义。"周"是象形字，源自殷墟甲骨文，郭沫若认为"周象田中有种植之形"，有"稠密、周遍、圈子、环绕"等意思。后引申到人际关系，有"亲和、合群、周密、平等、公正"等含义。孔子用"周"来形容君子，意在强调君子对待他人平等公正、不偏不倚。所以，"周"既是一种处事态度，也是一种行为准则，体现了君子胸怀宽广，能与人和谐相处的高尚品德。"比"是会意字，表示两个人并肩而立，关系亲密，本义是相邻、亲近，引申为并列、靠近、勾结等含义。"比"字最初并没有贬义，直到孔子用它来形容小人，表示小人因利益结党营私。小人为了一己私利，拉帮结派，搞圈子文化，这种行为不仅损害了集体利益，也破坏了社会的公平与和谐。"周""比"两字虽然都有"与人亲密地在一起"的意思，但所指完全不同：一个是团结，一个是结党；一个在于公义，一个耽于私利。

荀子曰："人之生，不能无群。"人的一生，谁也离不开社会交往，而如何保持纯粹、健康的人际关系，以怎样的原则和方式与什么样的人交往，则考验人们的心胸、气度和价值观。孔子在与弟子的对话中提出的"君子周而不比，小人比而不周"，解释了君子和小人的区别，以及与人交往贵在"周而不比"。"周而不比"的人总能以正向的价值观广交益友，他们既与人和谐友善相处，又有原则与分寸，以友辅仁，总是令人敬重。相反，如果人与人之间"比而不周"，关系密切到是非不分，对于错误互相包庇，为眼前短浅的利益而沉瀣一气、狼狈为奸，往往只会两败俱伤，为人不齿。孔子认为，君子注重道德和原则，以公正的态度对待他人，而小人则只顾个人私利，结党营私，不择手段。孔子的这番话，不仅是对古代社会现象的批判，也为后世提供了道德判断的标尺。

中国古代亦有"朋党"之说。欧阳修写了一篇文章叫《朋党论》，与孔子这句话的意思基本一致。他认为"君子无党"。大家都知道君子之交淡如水，君子在道义上与人相交，所谓"君子喻于义，小人喻于利"。君子之所以有别于小人，他们只是在道义上互相倾慕，而在权、势、位、财这些方面基本上不与人发生瓜葛，更不会为了权钱结党营私，搞小团体。在中国历史上，君子总是命运多舛。因为，君子总是单打独斗，而小人为了权钱惯于拉拢别人、互结朋党。作为君子，高风亮节、忠耿坦荡，他们不屑与人抱团斗小人。故而，中国的君子和小人之斗，君子处下风居多。

曾国藩在《冰鉴》里谈到有一些奸人，也就是小人，他们也有自己的"高明"之处。有些小人为图私利，却"心胸豁达"，尽管他是谋私，但能容得下是非、麻烦，他既能容同类，也能容君子，这样的小人往往能够成就一时之事，但较难善终。由于君子性情淡泊，不争名利，更难成功，但一旦成功则能持久。所以，做君子难，做能成事的君子更难。古今成大事者，无论是君子还是小人，在某些方面必然会有过人的本领，以及足够的心胸和气量，历史上这样的例子数不胜数。

团结好人做好事，团结坏人做坏事。"周而不比"的人相互之间大多有共同的使命、愿景和价值观，他们的团结靠的不是私利，而是共同的理想追求和价值认同。在一个趋于功利和喧嚣的社会中，当我们需要在"周"之以道义交和"比"之以利益交之间做出选择时，我们应该学习怎样成为君子，而又不落入君子的弊端。我们当以君子的道德标准来要求自己，不趋炎附势、见利忘义，不结党营私、贪赃枉法，有所为，亦有所不为。毕竟种什么因，得什么果。

16

知者不惑,仁者不忧,勇者不惧

"知者不惑,仁者不忧,勇者不惧。"意思是,有大智慧的人,遇见有困惑的事物和不解的地方,他会利用自己的聪明才智去求得解决问题的方法;有仁德之心的人,不会有忧愁,他会用宽容来对待给自己带来忧愁的人和事;勇敢刚毅的人,面对强敌,是不会有所畏惧的,他会一往无前地去迎接挑战。出自《论语》中孔子2000多年前的这句名言,为处于迷惑困顿中的当代人开出了一剂良方。其告诫我们,只有当我们拥有了智慧、仁爱和勇气,才能以良好的状态,从容应对人生的各种挑战。

"知"与"仁"是中国传统文化中经常被同时提及的高尚品德。如《论语》中说,"知者乐水,仁者乐山",意思是智慧的人喜欢水,像水一样懂得变通,足智多谋;仁义的人喜欢山,心境平和,意志坚定如山。又如《荀子》提到"知者自知,仁者自爱",是说智慧的人有自知之明,仁德的人能自尊自爱。在"知者不惑,仁者不忧,勇者不惧"中,"勇"则是以"知"与"仁"为前提和基础。在《论语》中的"勇而无礼则乱"和"见义不为,无勇也",都是在强调"勇"要服从于"礼"、服务于"义"。孔子的嫡孙子思在《礼记》中也提出:"好学近乎知,力行近乎仁,知耻近乎勇。"给"知、仁、勇"提出了一套"好学、力行、知耻"的方法论,指出先从提升修养、完善人格入手,再进入"知、仁、勇"这一境界,直至扩展到齐家、治国、平天下。由此可见,正如《礼记》所言:"知、仁、勇三者,天下之达德也。"即智慧、仁德、英勇是天底下通行不变的品德,是中国传统文化中关于人的崇高标准。

知者不惑,学海无涯。"知"是儒家传统文化里重要的道德范畴,"知"的最高境界是不惑。《论语》中"四十而不惑,五十而知天命"的人生阅历观,道出了学知的重要性和必要性。在"知者不惑"的认知境界上,不惑于人生之大道,方能坚定于为仁弘道。致知于明善而诚身,就能平治天下。而《论语》中"知者利仁"和"知者乐",更是这一价值观的深度体现。在学知的信仰和信念上,基于"见人不可以不饰","不饰"则失理、失礼的价值准则,推此及彼,固然是"人不可以不学"。这是因为"远而有光者,饰也;近而逾明者,学也。"非学则不明理而无以为饰,更是谈不上去实现更高层次的"为天地立心,为生民立命,为往圣继绝学,为万世开太平"的那种大气磅礴的家国情怀。

杨绛说,一个人生活中的焦虑,是因为想得太多,读书太少。迷茫的时候就多读书,以帮助自己走过黑暗,穿透迷雾,看见光明。而且,书读得越多,越能认识到自己的无知和愚昧。想要时刻保持头脑清醒、理性睿智,就要坚持学习,永不懈怠。查理·芒格说过:"我这辈子遇到的来自各行各业的聪明人,没有一个不每天阅读的。"越是浮躁和迷茫,越是需要阅读的沉淀;越是成功,越是需要文化素养的加持。有人说,读史使人明智,读诗使人灵秀,数学使人周密,科学使人深刻,伦理学使人庄重,逻辑学使人善辩。当前,全社会正在持续推进学习型城市、学习型社区、学习型企业建设,激励人人好学、乐学。已有越来越多的人确立了终身学习观念,也有越来越多的人有了"吾生也有涯,而知也无涯"的思想觉悟。也正是无涯的知识海洋,辉映出有涯生命的高度、深度、广度和温度。

仁者不忧，心怀良善。《荀子》有云："仁义礼善之于人也，辟之若货财粟米之于家也。"仁义礼善对于人而言，就像财物粮食对于一个家庭一样重要。著名学者梁漱溟说他读《论语》时，发现开篇便是"悦"，"学而时习之不亦说乎"，一直看下去，全书不见一个"苦"字。与"乐"相对的是"忧"，然而又说："仁者不忧"和"乐而忘忧"。孔子积极乐观的人生态度给了他以巨大的影响。从此，他对人生的态度也开始由从前的"出世"，转为后来的"入世"。

"君子抱仁义，不惧天地倾。"秉持仁义，是良善，是正道，更是心中怀有不惧名利得失的气量和胸襟。唯德行深厚之士，才能如同气势宽厚的大地一样，承载万物生化。仁者不忧，大凡忧之所来，皆不外乎太计较成败与得失。人生难免有得失，而惬意的人生，在于不计较。仁者大智，那些不计较的人能保持身心舒畅，更能体会到世间的幸福，获得感也始终是最强的。毋庸置疑，人的一生唯有修炼自己强大的精神内核，丰盈自己的内心世界，为人处世才不会忧虑，才没有惶惑，才没有患得患失的苦恼。

庄子的《则阳》载有一则寓言：有两个建立在小小的蜗牛角上的国家，右角上的国家名叫"蛮氏"，左角上的国家名叫"触氏"，两国常常为了争夺蜗牛角上那一块方寸之地而争战不休，炮火连天，血流成河，死伤数万，胜方追着败军直到15天之后才返回。这个故事听起来特别可笑，但我们在生活中，不也是常为着一些"蜗角之事"奔波劳累而乐此不疲吗？苏轼在《满庭芳》中道："蜗角虚名，蝇头微利，算来着甚于忙。"无论是当下，还是在过去，谁又不是在为"蜗角虚名，蝇头微利"而纠缠不休、操劳终日，却不能幡然悔悟？星云大师说得好："存好心，说好话，行好事，做好人。"人生有高光的瞬间，也有低谷的时刻，唯有心怀良善，方能行稳致远。

勇者不惧，自胜者强。作家姚华飞说："人生最大的对手是自己,战胜自己,人生就是一马平川;被自己击败,人生就成了荒芜的山野。"走过半生,跟形形色色的人交过手,与起起伏伏的生活搏斗过,才恍然发现对手其实只有自己。"胜人者有力,自胜者强。"与其铆足劲战胜别人,不如沉下心战胜自己。知耻近乎勇,时常反省自己的不足,管控自己的不良情绪,主导自己的思想意识,做一个勇于战胜自我的人。甘地曾说:"灵性的人生首先就是要无所畏惧。"恐惧无非是为已经发生的事烦恼,为根本没有发生的事担忧。

在跌宕起伏的人生征途中,我们遇到的所有难题与困境,都来自智识的不足、心灵的干涸以及行动的畏缩。懦弱的人只会裹足不前,只有真正勇敢的人才能所向披靡。勇敢也并非无所畏惧、不计后果地盲目逞强,勇敢也不是只追求微弱成功率的豪赌。脱离了"知"和"仁",勇敢便毫无价值可言,充其量只会是莽夫行径,最终沦为笑柄而已。

在荷马史诗里,勇敢高于其他一切品质。柏拉图的四大美德"勇敢、节制、正义、智慧"中,勇敢排在第一位。凡事都要勇敢是古希腊英雄的主要特征之一,无与伦比的勇气是他们的标配。在古希腊人的世界观里,神不可爱,英雄才可爱,因为英雄放弃了神性,积极拥抱人生。他们面对困难和挑战时能够坚定而果敢地去应对,不会被恐惧所击倒。勇气让他们敢于冒险、披荆斩棘、勇往直前,不会屈服于外界的压力和阻碍。这种勇气不仅来自对自身能力和优势的自信,还源于对正义、真理、使命和尊严的坚守。

"知者不惑,仁者不忧,勇者不惧。"这句话告诉我们,智慧、仁德和勇气是我们应该追求的优秀品质。当我们拥有这些品质时,便能够战胜生活"馈赠"给我们的各种挑战与困难。智慧、仁德和勇气三者相互依存、互为支撑,这些品质能够帮助我们实现全面发展,从而在人生的道路上取得成功和幸福。

17

穷则独善其身，达则兼济天下

在中国古代儒家思想中，"穷则独善其身，达则兼济天下"是一条重要的人生准则。这句古训出自《孟子》，原句是："穷则独善其身，达则兼善天下。"它告诉我们，当一个人失意的时候，应该懂得修身养性、洁身自好，保持内心的平和与坚定；而当一个人得意的时候，则应积极承担社会责任，要多想着为社会做贡献，为苍生谋福利。

孟子是战国时期著名的哲学家、思想家、政治家、教育家，儒家学派的代表人物之一，他的思想对后世产生了深远的影响，被誉为"亚圣"。《孟子》一书是孟子的言论汇编，记录了孟子的言论、政治观点和政治行动，是儒家经典著作。"穷则独善其身，达则兼济天下"作为儒家核心价值观，也是儒家最富魅力的思想精华，道出了儒家对于实现自我价值的一种方法论，就是首先要实现个人的生存与发展，再实现个人于社会的价值。强调了个人在"穷"和"达"两种不同处境下应秉持的人生态度和处世哲学，同时反映出个人与社会之间的关系，通过自我价值的实现最终体现出社会价值，从而更好地为自己和他人谋求福祉。

现今的"穷"和"达"两个字的意思与古时有所不同。这个"穷"字，今天的意思和"贫"差不多，就是物质财富匮乏，生活贫穷艰困。但古代的"穷",指的则是仕途失意,充满荆棘挫折,要么进不了官场,要么到了官场,谋不到好缺,而升迁无门。与"穷"相对的词就是"达",是通达顺畅、仕途得意的意思。"达"在今天的意思泛指个人已经拥有了一定的社会资源、地位或能力。今天我们对"独善其身"的理解,强调的是个人修养。即使命运不济,在没有机会为社会做出贡献的时候,也要保持自己高洁的道德品质,不因环境恶劣而堕落。而"兼济天下"强调的则是社会责任感。当一个人有了能力,"兼济天下"便成为其应有的追求。这不仅仅是一种道德上的要求,更是社会对成功者的期盼。天下兴亡,匹夫有责。有丰富资源可以调动的达官显贵,更应该为天下兴亡担起责任。

一个人资源匮乏、处境艰难的时候,当然也没有职责、义务和能力去为天下人做事。这个时候,应该把自己的人品和道德修炼好。不能因为生活失意、事业失利或仕途不顺,就降低对自己的道德要求。哪怕周围环境非常严酷,也要做到出淤泥而不染,此乃独善其身。人生不如意,十之八九。世间绝大多数人本来就不会一帆风顺、事事如意。或许我们成为不了达官显贵,但即便做一个小人物,也不能作恶害人,这是一个人良知的底线,也就是穷则独善其身的意思。在这方面,北宋初年杰出的政治家、文学家范仲淹就树立了一个很好的典范。

范仲淹两岁丧父,家贫无依。但他从小志向远大,视治理天下为己任。做官后,常常激昂地谈论天下大事,毫不顾及个人安危。1027年,因母亲去世而在家守丧的范仲淹给中书省的宰执们写了一封《上执政书》。范仲淹根据自己从政十几年来对国家各个方面问题的观察思考和实践,针对宋朝开国以来在政治、经济和社会等方面存在的问题,在书中列出十条建议。而此时的他不过是一个在家守丧的离职县令。虽然官品低微,但他"位卑未敢忘忧国"。由于忧国忧民,又秉持"宁鸣而死,不默而生"的原则,他多次被贬官,从参知政事降职做邓州太守,但他既不气馁也不后悔:"有犯无隐,惟上则知;许国忘家,亦臣自信。""先天下之忧而忧，后天下之乐而乐"是他留给后世的名言。所谓"忧"，就是责任心、使命感。范仲淹以天下为己任的爱国情怀和高尚节操，对后世的影响深刻而久远。

三国时期的竹林七贤因为当时政治黑暗、社会动荡而无法实现自己的政治抱负，但他们并没有放弃，而是选择了隐居山林，通过诗词、音乐、书法等艺术形式来表达自己的情感和思想。他们的行为体现了"穷则独善其身"的精神，对古代文化的发展产生了深远而持久的影响，古往今来一直受到人们的敬重。

蜀汉名相诸葛亮也是"穷则独善其身，达则兼济天下"的典型案例。诸葛亮在出山之前，隐居南阳，躬耕陇亩。虽不得志，但他的人生目标很清晰，那就是"苟全性命于乱世，不求闻达于诸侯"。意思是，没有必要在乱世中到各个诸侯势力中去扬名，追求富贵显达；在这乱世之中，只要能够保全自己的性命，平平安安地过一生，就已足够了。当他时来运转，遇到刘备"三顾茅庐"，真心诚意地邀请他出山共创大业时，诸葛亮做到了"鞠躬尽瘁，死而后已"，他帮助刘备取得了"三分天下"的局面，并为蜀汉政权的稳定耗尽了自己的最后一滴血。诸葛亮的智慧与忠诚为后人所称道、敬仰。历史上的这些人物无论是在"独善其身"，或是"兼济天下"方面，都为世人树立了良好的榜样。

2000多年来，这句古训在中国传统文化中一直占据着重要地位，影响了一代又一代人。其丰富的精神内涵滋养并启发我们：无论是身处顺境还是逆境，我们都应不忘自我完善和自我提升；在自身力量有限的情况下，时刻专注个人的品德修养、知识学习和能力提高，为日后的发展夯实基础，为将来更好地服务社会做准备；而那些有所成就的人，不应忘记社会责任和历史使命，应当利用自己的优势去主动帮助他人，共同推动人类社会的发展与进步。

18

德不配位，必有灾殃

"德不配位，必有灾殃"是孔子提出的一个重要警世思想。它指出，如果一个人的德行与所处的社会地位及享受的待遇不相匹配，就容易招致灾祸。《周易》中有："德薄而位尊，智小而谋大；力小而任重，鲜不及矣。"这是在"德"的基础上又延伸出两重含义："智"和"力"，德生智，智生力。意思是：德浅行薄却位居尊位，没有大智慧却要谋划大事，能力小却要承担大任，势必会有灾祸发生。正所谓"皇天无亲，惟德是辅。"儒家思想中的"德"，即为事物蕴含的一种内在力量或法则，既是为人处世的首要资本，也是命运之舟搏击惊涛骇浪的压舱石，它决定着人生的各个维度。

春秋战国时期著名的"三家分晋"的故事，体现的就是"德不配位，必有灾殃"这个道理。晋卿智宣子，非常喜欢儿子智瑶，想立其为继承者。族人智果提出反对意见，认为智瑶的致命缺点是没有仁爱之心。"夫以其五贤陵人而以不仁行之，其谁能待之？若果立瑶也，智宗必灭。"智宣子没有听从劝告。后来智瑶果然专权弄国、贪得无厌，结怨于其他权势家族，导致韩、魏、赵三家合谋灭了智氏，瓜分了土地。因而，司马光得出"智伯之亡也，才胜德也"的结论。再有，东汉末年，权臣董卓挟天子以令诸侯,掌握了当时天下的实权。189年,十常侍之乱后,董卓入主庙堂,成了一人之下万人之上的权臣。董卓得势后,内心的贪欲开始急速膨胀,人性中的邪恶更是尽显无遗。他先是杀了小皇帝刘辩,立刘协为汉献帝,只手遮天。然后霸占后宫,荒淫无度。但凡提出反对意见者,皆被其认定是乱臣贼子,肆意滥杀。董卓的无德暴行,招致十八路诸侯的讨伐,紧接着遭受被义子吕布斩杀的厄运。纵观董卓荒淫残暴、倒行逆施的罪恶一生,便是"德不配位,必有灾殃"的真实写照。

在当今社会,此类案例亦数不胜数。一些官员、企业家和公众人物不择手段追求权力和金钱,忽视了道德良知和社会责任,最终招致灾祸和报应。"德不配位"的另两重含义是智小谋大和力小任重。古往今来,无数案例告诉我们,智小谋大和力小任重的危害绝不亚于德薄位尊。此类人好高骛远,容易脱离实际,因此,其行事常会违背自然规律和客观现实,从而一败涂地,并造成无法挽回的损失。比如"失街亭"这个家喻户晓的典故:马谡可谓是智小谋大、力小任重的典型代表,不仅给自己带来杀身之祸,还导致了北伐的失败。还有"孔融让梨"的主角孔融,人们一直为其让梨的行为而感动。不过,就真实的历史而言,其亦是这一类型的代表人物。孔融毫无智慧地处处与曹操针锋相对、唱反调的不理性行为,非但没有任何意义,还致使其全家被曹操诛杀。人们在批判曹操的同时,亦需深刻反思孔融的缺陷。

著名投资家查理·芒格说得好:"要得到你想要的某样东西,最可靠的办法是让你自己配得上它。"一个人外在的成就,本质上是由内在德行所决定的,这就是儒家思想强调"厚德载物"的根本原因。《了凡四训》亦有云:"百金财富必定是百金人物,千金财富必定是千金人物。"这都在反复提醒我们,要时刻注重提升品德修养,清醒认知自身的能力和地位是否相匹配,不因贪图名利而违背自然规律行事,应以身作则为社会多做贡献。

19

让一步为高，宽一分是福

在江南园林的曲径回廊间，常有"退一步海阔天空"的砖雕题刻，与假山流水相映成趣。这种对"退让"的推崇，早已融入中国人的文化基因。明代洪应明在《菜根谭》中写下"处世让一步为高，退步即进步的张本；待人宽一分是福，利人实利己的根基"，短短数语道破天机——所谓处世智慧，从来不是针尖对麦芒的博弈，而是以退为进的太极之道；所谓人生福气，亦非斤斤计较的算计，而是宽以待人的胸襟气象。这种充满东方智慧的生存辩证法，如同古琴弦上的泛音，在历史长河中回响千年，至今仍在叩击着现代人的心灵。

中国文化中对"退"的理解，始于对自然规律的观察。黄河之水九曲十八弯，却终能奔流入海；黄山松在岩缝中曲折生长，反而成就虬龙般的姿态。《周易》中"谦卦"六爻皆吉，《道德经》言"夫唯不争，故天下莫能与之争"，都在诉说着"退"的哲学：真正的进取，往往需要先打开空间。就像围棋中的"弃子"，暂时的舍弃是为了谋取更大的布局；又像书法中的"回锋"，收笔时的回退动作恰是为了下一笔的舒展。正如我的导师、前美联储高级经济学家兼政策顾问王健教授常说的一句话："格局打开，清风自来。"

这种智慧在人际关系中具象化为"留白"的艺术。宋代文人交往讲究"君子之交淡如水",避免过度亲密带来的摩擦;明清商贾在契约中常设"让利条款",看似减少即时收益,实则为长期合作奠定信任基础。明代首辅徐阶面对严嵩的排挤,表面隐忍退让,暗中积蓄力量,最终以柔克刚,正是"退步即进步的张本"的绝佳注脚。正如苏州园林的造景,一堵漏窗、一道回廊,看似分隔空间,却让视线有了流转的余地,让呼吸有了舒缓的间隙。

在心理学层面,这种"退让"暗合现代社会的"非零和博弈"理论。当双方陷入争执时,一味争夺"对错"往往导致双输,而主动退后一步,实则是在重构关系的坐标系。就像高速公路上的让行,短暂的减速是为了整体车流的顺畅;亦如夫妻争吵中的沉默,不是妥协,而是给情绪一个冷却的缓冲带。退让不是懦弱,而是一种清醒的战略选择——当我们意识到人生是一场漫长的戈壁赛,便不会执着于某段赛道的领先。

"待人宽一分"的智慧,根植于中国人对人性的深刻理解。《论语》记载,子贡问孔子:"有一言而可以终身行之者乎?"子曰:"其恕乎!己所不欲,勿施于人。"这种"恕道",正是宽容的哲学根基。明代思想家吕坤在《呻吟语》中说:"容得别人短处,乃是豪杰举动。"真正的宽容,不是居高临下的施舍,而是基于对人性共通性的理解——我们都曾在月光下犯错,都曾在风雨中迷失,对他人的宽容,本质上是对自己的慈悲。

历史长河中,宽容书写了无数佳话。蔺相如"负荆请罪"的故事家喻户晓。面对廉颇的挑衅,他选择"引车避匿",并非畏惧,而是深知"将相和"对国家的重要性。这种超越个人恩怨的格局,让"刎颈之交"成为千古美谈。唐代名相魏征以"兼听则明"为座右铭,面对唐太宗的盛怒指责,仍坚持直谏不阿,甚至在病逝前留下"傲不可长,欲不可纵"的肺腑之言。他深知君臣相知的根本在于"以国事为重",这种将个人荣辱融于家国大义的胸襟,早已超越了个人修养,升华为对天下的担当,并成为宽容纳谏的典范。

在现代社会，宽容更具有疗愈价值。心理学研究表明，长期的怨恨会导致肾上腺素分泌异常，增加患心血管疾病风险，而宽容则能激活大脑的前额叶皮层，提升幸福感。当我们放下对他人小错的执念，实则是为自己的精神世界腾出更多空间。那些"得理不饶人"的人，看似在维护尊严，实则是用别人的错误惩罚自己；而"有理也让三分"的人，早已在宽容中完成了对自我的超越。真正的智者，总能以胸襟为尺，量出生命的宽度。

公元前605年，楚庄王的"绝缨会"成为宽容与智慧的经典注脚。当许姬在黑暗中扯下醉臣的冠缨，庄王却命众人"绝缨尽欢"，看似荒诞的举动，实则暗藏深意。在等级森严的封建社会，臣子调戏君主宠妾本是死罪，但庄王深知，比起一时的威严，留住人才的忠心更为重要。三年后，那位被宽恕的将领唐狡在邲之战中"五战皆陷阵"，用生命回报了这份宽容，印证了"利人实利己"的古老智慧。

这个故事的深层启示，在于领导者的"格局观"。庄王的宽容不是无原则的放纵，而是基于对长远利益的考量——正如《管子》中管仲所言："海不辞水，故能成其大；山不辞土石，故能成其高。"真正的领导者，需要有"宰相肚里能撑船"的胸怀，懂得"水至清则无鱼"的道理。反观三国时期的袁绍，因田丰直言进谏而将其下狱，最终在官渡之战惨败；而曹操在打败袁绍后，焚烧部下与袁绍的通信，以宽容收揽人心，成就霸业。宽容，从来都是领导力的重要组成部分。

在现代企业管理中，"绝缨精神"依然闪耀。日本经营之圣稻盛和夫在接手日航时，面对破产危机，没有解雇任何一名员工，反而提出"员工幸福优先"的理念，这种宽容与担当，让日航在两年内实现重生。微软创始人比尔·盖茨曾说："如果我解雇了所有犯过错的员工，那么微软将无人可用。"宽容不是纵容，而是给错误一个转化的机会——就像农夫对待受损的庄稼，不是拔除，而是施肥浇水，等待新的生长。

强调宽容，并非倡导无原则的退让。孔子说："以直报怨，以德报德。"明确了宽容的边界——对善意报以善意，对伤害则需以正直回应。明代思想家王阳明在平定叛乱时，对胁从者既往不咎，对首恶分子却严惩不贷，这种"宽严相济"的智慧，正是对"分寸感"的精准把握。正如中医用药，人参虽补，过量则伤人，黄连虽苦，对症则救命。宽容的艺术，在于分辨"小节"与"大义"。

在个人修养中，"严于律己，宽以待人"是永恒的准则。宋代大儒程颢说："自治诚切，便自然心正。"对自己的严格，是宽容他人的前提——只有当我们学会在自己的内心划下清晰的界限，才能在面对他人时保持清醒的包容。就像瓷器匠人，只有自己的双手足够稳，才能容忍陶土在旋转中的不规则，最终成就美器。

当代社会，我们更需要在"宽容"与"底线"之间找到平衡。面对原则问题，如公平正义、道德法律等，必须坚守立场；而面对生活琐事，则不妨"难得糊涂"。就像高速公路的护栏，该坚硬时绝不柔软，该通透处绝不堵塞。这种智慧，让我们既能在风雪中守住温暖的炉火，又能在春风里打开接纳的门窗。

当"让一步""宽一分"超越了功利层面的算计，便升华为一种生命境界。宋代诗人苏轼失意时，写下"回首向来萧瑟处，归去，也无风雨也无晴"，这种对命运的宽容，不是妥协，而是与自我和解的豁达；明代高僧莲池大师在《竹窗随笔》中说："境缘无好丑，好丑起于心"，指出宽容的本质是心灵的修炼——当内心足够广阔，外界的是非恩怨便如落雪入湖，了无痕迹。

这种境界在艺术中亦有体现。八大山人的水墨画，留白处胜过浓墨重彩；古琴曲中的"余音绕梁"，停顿处更显韵味。生活中的"让与宽"，何尝不是一种生命的留白？就像茶道中的"七分满"，留出三分，是对世界的敬畏，也是对自己的慈悲。

当我们学会在争执时沉默，在误解时微笑，在利益前退后，其实是在为生命注入更深厚的底蕴。

当我们在生活中遇到摩擦，不妨想想苏州园林的月洞门——穿过那弯弧形的门框，眼前便是另一片天地；想想楚庄王宴会上的烛光——暂时的黑暗，恰是为了让人性的光辉在宽容中绽放。"让一步为高，宽一分是福"，这不是妥协的哲学，而是智慧的觉醒；不是软弱的借口，而是强大的证明。

在这个充满竞争的时代，我们太习惯"往前冲"，却忘了"向后退"也是一种力量。就像太极拳的"引进落空"，退半步方能化劲；就像书法中的"逆锋起笔"，向后的顿挫正是为了向前的舒展。当我们学会在人际摩擦中退后一步，在利益纷争中宽让一分，其实是在为自己的生命打开一扇窗——窗外，是更辽阔的天空、更长远的未来，以及更丰盈的自己。

20

以其无私,故能成其私

《道德经》第七章有一句逆向思维天花板的智慧名句:"非以其无私耶?故能成其私。"从这句话的字面意思来看,"无私"指的是没有私心、不为自己谋利的心态和行为;"成其私"看似矛盾,实际上指的是在这种无私的状态下,个人的目标和利益反而能够得到实现。这是什么缘故呢?很多人想不通,然而老子认为,这恰恰是天道法则。

在更深的层次上,这句话揭示了一种高尚的道德境界和人生智慧,传达的是"天人合一""无为而治"等思想。在《道德经》的这一章里,老子借大自然"天长地久"的分析指出,自然界滋润万物,默默奉献与承受,让万物生长轮回,成就了自然的天长地久,道出了无私实为大私的深邃内涵。它告诉我们,当一个人能够超越个人的私欲、放下个人的执念,以无私的心态去对待他人和社会时,往往会赢得更多的尊重、信任和支持。这些正面的反馈和积累,反而成为助力个人成功的基石,能够在不经意间帮助实现自己的目标和愿望。换句话说,无私的行为虽然不直接给个人带来利益,但因为无私,我们更加专注于事物的本身,而不是个人的得失,这样我们更容易发现问题的本质和解决方案。从而,也间接地成就了个人的长远目标。

曾国藩在清朝危难之际,成立了湘军,成为统帅,但初期总是打败仗,屡战屡败,还不得人心,幕僚们纷纷弃他而去。曾国藩很是费解,其核心幕僚赵烈文指点道:"人皆有私,不能官,不得财,不走何待?……集众人之私者,可成一人之公!"曾连连点头,豁然开朗,从此以后变得"大公无私",对有功的部下大力推举奖赏。于是,曾国藩的幕府大盛,人才济济。在众心归附之下,很快扭转了局面。集众人之私,以成一人之公,其实就是老子所说"无私为大私"的一种典型体现。

道家在"以其无私,故能成其私"的思想论述中,还强调了很重要的两点:一是"虚其心,实其腹,弱其志,强其骨";二是"无欲观妙,有欲观徼"。这里的"虚其心",就是扫除心中的杂念,心里不要放太多的东西,不要有太多的计较,不要有太多的算计,不要有太多的欲望,当心里少了许多是非,人的情绪稳定,心境恬淡虚无,自然可以达到无私。其方法,就是"无欲观妙,有欲观徼",点点滴滴地破除自己的执着,窥破万物万相的虚幻和变化。

亘古至今,我们可以发现,那些真正成功的人,往往并不是那些一心只为自己谋利的人。老子的本意并不反对自私,自私是人类的本性。但是,老子认为自私必须建立在无私之上。历史上用无私成就自己的自私的智者,还有很多我们耳熟能详的。相传尧在位的时候洪水滔天,有人举荐禹的父亲鲧来治水。鲧治理多年,但没有什么成效。舜当了首领之后,便以此为由处死了鲧,又命其子禹来继续治水,还给他配了益和后稷当助手。难能可贵的是,禹不但没有因为其父之死而沉沦,反而发愤图强、劳神苦思治理水患的办法。他因为工作关系,多次到过家乡,曾经三次路过家门而不入,甚至还听到家里的孩子正在哇哇大哭。在治水的过程中,禹在父亲所用的"堵"的方式基础上,增加了疏导之策,依据山形地势和河流位置,全面规划水道,让水由小渠流入江河,由江河再流向大海。这样有计划地设计、施工，领导各地百姓同洪水搏斗，经过十三载的不懈努力，终于消除水患，取得成功。

在这十三年中，禹的工作极为艰苦。许多地方他都到过，许多工程他都亲自参加。黄河的龙门、三门峡的形成，都与禹治水有关。据传说，禹也疏导过长江的上游，曾在巫山错开了一道峡谷，这"错开峡"就成了现在重庆市巫山县的一个古迹。

禹因为治水功勋卓著，被推举为舜的接班人，成为夏王朝的奠基者。后世因为他的功绩，尊称他为"大禹"。大禹治水的事迹告诉我们，欲成大业不仅要有勇于担当、艰苦奋斗和科学创新的精神，公而忘私、国而忘家的高尚品格更是其成功的基石。"以其无私，故能成其私"这句话，不仅是对古人智慧的深刻总结，将这一哲理应用到当代生活中，也能对当代人有所启示。

此外，这句话还与现今社会的一些主流价值观相契合。在当今社会，人们越来越重视团队精神、合作共赢等理念。一个能够无私奉献、为他人着想的人，往往能够在团队中发挥更大的作用，赢得更多的机会和资源。其实，不管从事什么职业，干什么事业，衡量成败的重要标准，就是能不能、有没有给别人带来便利和好处，这也是商业上所称的"痛点"。无论你做什么，有则成，没有则败，给别人的利益越大，自己的事业也就越大。利他在先，而后利己。只有当你处处为别人着想，别人才会从内心接纳你，就算明知道被你赚了钱，也不会心存抵触，还会觉得这个钱花得值。同时，别人从你这里得到实惠和便利，自然也就愿意和你持续合作下去。

因此，"以其无私，故能成其私"不仅是一句古老的箴言，也是指导我们在现代社会中为人处世的重要准则。其告诉我们，在追求个人目标的过程中，我们应该保持无私的心态和宽广的胸怀，以真诚和善良去对待他人。只有这样，我们才能真正地赢得他人的尊重、信任和支持，进而实现个人的长远发展和成功。

21

近朱者赤,近墨者黑

"近朱者赤,近墨者黑"这句话出自晋朝文学家、思想家傅玄的《太子少傅箴》,原文是:"故近朱者赤,近墨者黑;声和则响清,形正则影直。"意思是,接近朱砂的物体容易被染成红色,而接近墨汁的物体则容易被染成黑色。比喻接近好人可以使人变好,接近坏人容易使人变坏,指客观环境对人有很大影响。借用到人的社交环境中,意味着人的品性、习惯和行为方式容易受到周围人和环境的影响,人们往往会在潜移默化中受到身边人的熏陶,从而改变自己的行为和心态。

说到"近朱者赤,近墨者黑",自然就会让人联想到"孟母三迁"的历史典故。孟子小的时候,父亲去世,母亲寡居。一开始他与母亲住在墓地附近,于是孟子就学着大人,和邻居的孩子一起玩着祭拜的游戏。孟母见了觉得不妥,于是搬到集市旁边去住。孟子又和邻居的孩子学起商人做生意的样子。孟母看到之后,皱起眉头说:"这个地方也不适合我的孩子居住。"接着又搬到学宫旁边。孟子通过耳濡目染,不仅变得守规矩、懂礼貌、喜欢读书,还学会了在朝堂上鞠躬行礼及进退的礼节。孟母说:"这才是我的孩子应该居住的地方呀!"于是,就决定在此定居下来。当时,孔子的孙子正在这里当老师,他见孟子学什么都很快，而且记忆力特别好，就非常喜欢他，还让他免费进学堂读书。孟子长大成人后，学成六艺，成为战国时期的思想家和儒家学派主要代表人物。

《南史》中也曾记载了一个"百万买宅千万买邻"的典故。南朝宋人季雅被贬为南康（今江西赣州）郡守后，买下了当时辅国将军吕僧珍隔壁的一处宅院。吕僧珍问房价多少，季雅回答："一千一百万钱。"吕认为太贵，季补充道："我是用一百万钱买宅子，而用一千万钱买邻居啊！"一个和谐的社区生活场景，自古以来就是一代又一代人的热切期盼，也是人们追求美好生活的体现。孔子曾云："里仁为美。择不处仁，焉得知？"他提醒我们，邻里以有仁德的风俗为美，要与仁德之人在一起，这才是有智慧的表现。反过来，"择不处仁"，又怎么会有智慧呢？其实，不仅仅是对我们居处的邻居要谨慎地选择，对思想和心灵的邻居也要审慎地选择，甚至可以说思想和心灵的邻居更为重要。为此，孔子进一步阐述道："与善人居，如入芝兰之室，久而不闻其香，即与之化矣；与不善人居，如入鲍鱼之肆，久而不闻其臭，亦与之化矣。"意思是，和道德高尚的人在一起，就像进入充满兰花香气的屋子，时间一长，自己本身因为熏陶也会充满香气，于是就闻不到兰花的香味了；和素养不高的人在一起，就像进了卖咸鱼的店铺，时间久了，连自己都变臭了，也就不觉得咸鱼是臭的了。《晏子春秋》里也提到："橘生淮南则为橘，生于淮北则为枳，叶徒相似，其实味不同。所以然者何？水土异也。"人也一样，人与环境是一个相互交融、互感共振的关系，环境对人潜移默化的影响十分显著。

还有一则典故，王安石与司马光同为北宋著名政治家，虽然在政见上大不相同，但他们的私交却颇深。熙宁元年（1068年）宋神宗召王安石入京（开封）赴职。因王安石身负天下重名，之前又连续几次拒绝朝廷征召。所以对于王安石这次是否会赴任，很多士大夫都吃不太准。在一次聚会中，一些对此事抱有好奇心的士大夫正好遇见了王安石的长子王雱。众人便问王雱,令尊此次会入京奉职否?王雱答会来的,但目前的难题是尚未找到住处。众人便道,找一个住的地方还不容易?王雱说不是,王安石的意思并不是随随便便找一个住处,而是要和司马光做邻居,因为司马光"修身、齐家,事事可为子弟法"。司马光天性纯粹,修身严谨,这在当时士大夫圈子里有口皆碑。在齐家这一问题上,对于如何形成良好的个人行为规范,以及如何在此基础上建立和谐的家庭、家族秩序,司马光曾专门写过一部著作来讨论,后人称之为《温公家范》。显然,王安石对司马光在这方面的思想与实践非常欣赏,所以才一定要跟司马光做邻居,目的也正是在于希望司马光公正、严谨的行事风格能对王家子弟起到言传身教的示范作用。

毋庸置疑,外部环境对人的价值观和生活方式的影响是显而易见的。在好的环境下,人们能够保持积极向上的态度和追求;而在不良的环境下,人们原有的信念和理想容易被消磨。我们应该选择一个适合自己、积极向上的健康环境和人际氛围,让自己不断进步和发展。

同时,我们还应注重自身的内在修养和品格塑造,不断提升自己的素质和能力。防微杜渐,保持警惕,对于身边的人和事要有明辨是非的能力,做到"见贤思齐,见不贤而内自省",并时刻保持自己的信念和追求,不被复杂的环境所左右。

22

近者悦，远者来

《论语》里有这么一句："叶（shè）公问政。子曰：近者说（同"悦"），远者来。"叶公，即春秋时楚国大夫沈诸梁，字子高。叶（地名，在今河南省叶县南），是当时沈诸梁的封邑，他于是自称为"叶公"。此言深蕴内政与外交之精髓。其意在强调国家安定繁荣，人民安居乐业，方能吸引远方人才慕名而来的吸引力法则。

当时，鲁国的孔子周游列国，先到过卫国、曹国、宋国、郑国、陈国和蔡国等，又辗转来到时属楚国的叶邑。叶公接待了孔子，并同他进行了交流。其间，叶公向孔子请教如何对一个地方进行有效的治理。对于这样一个较为复杂的问题，孔子的回答却只有六个字："近者悦，远者来。"这六个字的原意是说，要使近处的、境内的人民欢悦无怨；还要使远处的、境外的人民心向往之、愿意前来。也就是说：要时刻关心百姓安危冷暖，努力让百姓得到实惠，使不论远近的民众，都心悦诚服。

《韩非子》也有记载：叶公子高问政于仲尼。仲尼曰："政在悦近而来远。"2000多年来，无论是在国家治理还是个人修养、人际关系、企业管理、团队建设，以及国际关系等层面，"近者悦，远者来"都给我们带来深刻的教育和启发意义。

在国家治理层面,"近者悦"指的是使国内的人民安居乐业、富足安宁。这要求统治者实施仁政,关注民生,提高公共服务水平,确立以人民为中心的施政理念。而"远者来"则是指当国内治理得当时,远方的民众或邻国的人民会被吸引而来,归附或投奔,从而增强国家的实力和影响力。朱熹在《四书章句集注》里说:"被其泽则悦,闻其风则来。然必近者悦,而后远者来也。"本国的人民受到他的恩惠就欢喜,远方的人听到他的美德就会纷纷前来归顺。这里有个先后,《大学》中说:"知所先后,则近道矣。"简单理解即是,若要远者来投,必先使近者悦。反之,若国内治理不善,远者来,恐非友善之举。

在个人修养与人际关系层面,"近者悦"也就是通过和我们身边的人相处,让他们心生欢喜,与我们亲近有加。对于家人、朋友和同事等这些身边最亲近的人,我们要更加用心去关爱和尊重。身边的人往往是我们生活中最重要的支持者和陪伴者,他们的喜怒哀乐直接影响着我们的情感状态。因此,我们要学会倾听、理解和包容,让他们感受到关爱和尊重。这要求我们具备高尚的品德和良好的修养。

"远者来"则是指当个人修养达到一定境界时,自然能够吸引更多志同道合的人前来交往与合作,这将利于我们建立更加广泛和深厚的人际关系网络。"近者悦,远者来"还告诉我们,人际关系中的吸引力并非一蹴而就,而是需要我们用心去经营和维护。我们要时刻保持一颗真诚、友善、尊重他人的心,才能在复杂的人际交往中左右逢源、游刃有余。

在企业管理与团队建设层面,"近者悦"指的是让员工感受到企业的关怀和尊重,激发他们的工作热情和创造力。这要求企业建立以人为本、"员工第一"的企业文化,关注员工的需求和成长。而"远者来"则是指当企业内部环境和谐、员工满意度高时,会吸引更多优秀的人才加入,从而增强企业的竞争力和发展潜力。

很多知名企业一直奉行"员工第一"的指导思想。比如在短短20多年时间里,从美国费城地区的一家小旅行社,一步步发展成为全球的业界领袖,年营收超过了60亿美元,世界三大旅游公司之一的罗森布鲁斯集团。创始人罗森布鲁斯经营之道的独到之处在于:他始终把重心放在"讨好"公司员工身上,也就是说"员工第一",其次才是顾客。因为他坚信,不愉快的人提供的只能是不愉快的服务,创造的只能是不断下降的利润。在业内一直遥遥领先,取得骄人的财务业绩和股东回报的美国西南航空公司也是一直把员工放在第一位,而不是顾客。理由是,"如果公司能服务好员工,他们是高兴、满意、乐于奉献、精力充沛的,他们就会把顾客照顾得很好。顾客感到开心了,他们就会再来,这就会让股东们也很高兴。"为了宣扬该理论,他们在全国报纸上做广告,广告语为:"员工第一,顾客第二,股东第三"。星巴克公司也旗帜鲜明地放弃"顾客第一"原则,而倡导"顾客第二,员工第一"。星巴克CEO(首席执行官)舒尔茨在自传《将心注入》中写道:"满意的员工,才会创造满意的顾客。"

有越来越多的企业开始认识到"远者来"的前提是"近者悦"。想让顾客得到真诚完美的服务,必须首先对自己的员工提供真诚完美的服务;要想为顾客提供品质一流的产品,必须首先将自己员工的素质塑造到一流;要想培养顾客对品牌的忠诚度,必须首先对自己的员工忠诚……从这个角度看,员工其实就是企业的"内部"顾客,员工就是蕴藏着活力和创造精神的企业竞争力的源泉。

在国际关系层面,"近者悦,远者来"也警示我们在错综复杂的国际形势下,一个国家若想获得国际上的尊重和认可,除了自身强大之外,还需要具备良好的国际形象。一个国家如果能够善待邻国,与邻国之间保持相互尊重、平等相处,那么,这些邻国就会对这个国家产生好感,这有利于提高其国际声誉和软实力,同时,也能为自己营造一个良好的周边环境,有助于更好地实现自身的发展和繁荣。只有与邻近的国家关系和睦，才能吸引世界上更多的国家和投资者前来交流及展开经济、技术、贸易、军事、教育等各种合作，并促进自身在国际事务中发挥更大的作用，为实现地区的稳定和繁荣做出积极贡献。

"近者悦，远者来"不仅是现代国家和组织治理的重要原则，以及处理国际关系的一项基本准则，也是一种个人修炼的境界体现。通过满足内部需求，创造和谐的环境，可有效地吸引外部人才和资源。要求组织领导者通过自身的品德、能力和格局来赢得团队成员的信任和支持，进而对外部的人才和资源产生吸引，为推动组织可持续稳健发展创造条件。这体现了儒家思想中关于"仁政"和"德治"的理念，即通过领导者的德行和仁爱来赢得民心，并通过这样的方式实现国家的和谐、稳定与繁荣。

23

君子成人之美，不成人之恶

《论语》中孔子有一句名言："君子成人之美，不成人之恶。小人反是。"指的是有德行的人，总是想着让他人好，尽力为他人创造条件，帮助他人实现美好的愿望，不会在他人处于失意或痛苦时落井下石、推波助澜。这种助人达成美好愿望的思想，体现了儒家"凡是人皆须爱""仁者爱人""推己及人""成人达己"的人文精神。它不仅给人带来情感上的慰藉，还能给人以生活或事业上的帮助，是在积德行善。这里需要着重强调的是，"成人之美"是帮他人达成善良、正当、美好的愿望。这种愿望不应损害国家、社会或其他个体的利益。如果帮别人干坏事，实现了不可告人的目的，那就叫成人之恶，属为虎作伥、助纣为虐。

古人云："成人之美者，有修养成大事之智者也。"你在成他人之美时，也是在成自己之美。又或者是别人接受你的美意时，也成全了你的人品之美。这种成全他人的同时也成全了自己的"成人之美"，就是孔子所说的"己欲立而立人，己欲达而达人"。能为他人付出的人一定是不寻常的人，当自己能力所及的时候，要以开朗豁达的心境、热情友好的态度主动向别人提供支持和帮助。"穷则独善其身，达则兼济天下"就是这个道理。现实社会中落井下石的人不少，愿意帮助他人实现美好愿望的人却不多。"送人玫瑰，手有余香"，事实上，如果你愿意全心全意促成别人的正当愿望，即便对方并无感激之情，你本身也为自己赢得了美誉。

春秋时期的"管鲍之交"，是中国古代一段脍炙人口的佳话。鲍叔牙推荐管仲做齐国的相国，就是"成人之美"的典范。管仲是齐国的政治家，他为了帮助齐国强大而提出了许多政治主张。鲍叔牙是齐国大夫，他对管仲的才华非常欣赏，因此成为管仲的好朋友。后来，在齐国的内乱中，两人各为其主。最终，鲍叔牙拥立小白（齐桓公）登上君位。在齐桓公想报与管仲的"射钩之恨"时，鲍叔牙对齐桓公建议说，如果想成就霸业，就不能少了管仲。鲍叔牙向齐桓公阐述了自己不如管仲的一些方面。齐桓公不愧为后来的春秋霸主，他不仅摒弃前嫌，还接受了鲍叔牙的举荐，拜管仲为相。管仲是一位出色的政治家，诸葛亮就曾经自比管仲。鲍叔牙成人之美，是一位真正的"君子"，如果他嫉妒管仲的才能，不向齐桓公推荐，反而恶意使坏，那他就是一位小人了。如果没有鲍叔牙的让贤，就没有齐国的强盛，"鲍叔牙"这个名字也就不会被后人誉为"忠义两全鲍叔牙，百年千古第一人"而流传至今。

在生活中，常有朋友来找我们抱怨。抱怨家人不够好、领导不公平、亲朋好友忘恩负义，或抱怨合作伙伴不讲诚信等，这个时候如果我们没有看清楚他自身存在的客观问题，我们又如何成人之美呢？我们非但帮不到他，甚至还会产生共情、觉得确实是朋友的运气不好。我们这种认同无形中会助推他往更加不好的方向滑坡、下坠。这一切并不是因为我们没有"成人之美"的心愿，而是我们缺乏辨认善与恶、美与丑的智慧。

所以，从这个层面上讲，成人之美作为一种良好的道德修养，需有正向的价值观指引才能获得。成人之美贵在"美"字，是人类文明之花结出的善果。做君子是"美"，成人之美也是"美"。成人之美，不成人之恶，本质都是成人达己，成己之美，不成己之恶，美人美己。

24

祸莫大于不知足，咎莫大于欲得

"祸莫大于不知足，咎莫大于欲得"出自《道德经》第四十六章，这句话表达了该章的中心思想：没有比不知足更大的祸患，没有比贪得无厌更大的过失。老子认为，人类的欲壑难填是祸患产生的根源，过度的欲望最终会带来灾难。其知足常乐、节制欲望的思想精髓对我们的人生态度，以及包括身心与修养观、权力与财富观、政治与管理观的人文三观具有重要的指导意义。

《道德经》第四十六章的全文是："天下有道，却走马以粪；天下无道，戎马生于郊。罪莫大于甚欲，祸莫大于不知足，咎莫大于欲得。故知足之足，常足矣。"意思是，当统治者遵循"道"的规律治理天下时，天下就会太平，人民就会安居乐业，战马就可以退还给农夫去拉粪耕田；当统治者倒行逆施、政治不清明时，就会战乱四起，连怀孕的母马也要上战场，以致产驹于郊野。天下最大的罪过莫过于尽情纵欲，最大的祸患莫过于不知满足，最大的过错莫过于贪得无厌。所以，欲望要有度，不贪得无厌，才能保持恒久的满足，而唯有知足才会常乐。老子提倡"知足常乐"的生活态度，认为知道适可而止，懂得满足，才能远离祸患，享受长久的幸福。《道德经》第四十六章体现了老子的反战思想。老子联系当时诸侯争霸、兼并和掠夺的战争连年不断、社会生产和百姓生活遭受严重灾难的社会现实，来论述知足的重要性。老子分析了作为统治者的诸侯们发动战争的起因，认为战争是诸侯们为了满足自己的私欲而发动的。为此，他提出"知足常足"的观点，对统治者的欲壑难填发出了抗议和警告。对此，德国学者克诺斯培认为："解决我们时代的三大问题——发展、裁军和环保，都能从老子那里得到帮助。"老子认为"兵者不祥之器，不得已而用之"，他反对战争、崇尚和平的哲学思想对后世军事哲学的发展产生了积极而深远的影响。

  鲁迅先生曾说："不读《老子》一书，就不知中国文化，不知人生真谛。"一部《道德经》(《老子》)五千余言，从修身之道到治国理论，从自然规律到人生哲理，内容广阔，无所不包。直至今日，它仍像茫茫大海中的一座灯塔，指引着无数远航的人们前行而不至迷失。美国物理学家、诺贝尔奖得主卡普拉也高度肯定了老子思想对世界文明的影响："在伟大的诸传统中，据我看，道家提供了最深刻并且最完美的生态智慧。他强调在自然的循环过程中，个人和社会的一切现象和潜在两者的基本一致。"德国前总理施罗德在他任上时曾通过电视呼吁："每个德国家庭都应买一本中国的《道德经》，以帮助解决人们思想上的困惑。"英国著名诗人约翰·高尔说："《道德经》的意义永无穷尽，通常也是不可思议的。它是一本有价值的关于人类行为的教科书。这本书道出了一切。"德国社会学家、古典社会学奠基人马克斯·韦伯也说："事实上，在中国历史上，每当道家思想被认可，如唐初等时期，经济的发展是较好的，社会是丰衣足食的。道家重生，不仅体现在看重个体生命，也体现在看重社会整体的发展。"西方学者普遍认为，无为、贵柔、知足、尚朴的道家思想，对找回西方失落已久的精神家园，重振西方文明具有特别宝贵的实践意义。

老子十分推崇"知足"。无论国家安宁、家庭和睦还是个人的幸福安康与否，都取决于"知足"与"贪婪"两种不同的心态。《道德经》第四十四章说："知足不辱，知止不殆，可以长久。"又在第四十六章重复说明这个问题，说明老子认为"知足常乐"对人的一生极其重要，并称"知足者富"（《道德经》第三十三章）。这是对中华传统文化影响至深的一个特别重要的思想，也是"知足常乐"一词的来源。法国哲学家德里达也认为，老子思想是中华民族精神的最高概念。知足常乐这一至理名言虽浸润中华民族几千年，但在现实生活中，鲜见知足者的快乐，却多见人们欲望无法满足的焦虑和不安。司马迁在《史记》中从反面加以强调："欲而不知止，失其所以欲；有而不知足，失其所以有。"柳宗元写过一则寓言《大鲸》。说南海有一头大鲸，一张口就能吞掉几十条像船那样大的鱼。为了追逐肥美的鱼群，它一直往北，不知不觉游到了浅滩上，哪怕退潮也不肯离去。结果当海水退去，大鲸无处可逃，最终死在了沙滩上。古往今来，多少贪夫徇财，就是由于不知足、不知止，跌入罪恶的深渊。就像这头大鲸一样。尝过了享乐的滋味，便一发不可收拾，任由欲望膨胀，一步步把自己推向了深渊。

北宋的蔡京就毁在了一个"贪"字上面。他素来喜欢奇珍异食，成为宰相之后，更是不惜斥巨资满足自己口腹之欲。喝一碗羹汤，要用上百只鹌鹑；请同僚吃一顿蟹黄馒头，就花了50户普通人家一年的收入。为了支撑奢侈的饮食，他大肆搜刮民脂民膏，逼得百姓倾家荡产，甚至卖儿鬻女。皇帝得知后大怒，罢免了蔡京的宰相之位，并下令将其发配边疆。最终，年过八旬的蔡京，在流放途中活活饿死。在现实生活中，很多人因为欲壑难填而走上了犯罪的道路。他们为了追逐金钱、权力、地位和美色等身外之物，不择手段地损害他人权益或国家利益。这种求索无厌的纵欲行为，不仅丧失良知、泯灭人性，也会让他们受到法律的制裁和社会的谴责。欲望是人类的一种本能，只有当我们学会节制欲望、看淡名利，方可挣脱心灵的枷锁，远离灾祸，才能守住内心的平静和安宁。

　　老子从大道的立场出发，教导人们知足敛欲，以防物极必反。每一个贪图非分之福的人，都会为自己无度的欲望付出惨重的代价。当我们被欲望所驱使时，我们就难免做出一些违背道德和伦理的事情，甚至伤害他人、危害社会。因此，我们要学会节制自己的欲望，避免陷入无尽的深渊。《山海经》里有个"人心不足蛇吞象"的故事："巴蛇食象，三岁而出其骨，君子服之，无心腹之疾。"故事讲的是：南海有一种蛇叫巴蛇，它身长足有八百尺，能吃象，巴蛇把大象连骨头吞下肚，三年以后才把骨头吐出来，吐出来的骨头可以医治人们心腹内的疾病。神话中的大蛇，吞下一头大象也非易事，而一般的蛇，要想吞象，简直是自不量力。后来人们就用此来比喻人心不足，贪得无厌。渐渐演变为"人心不足蛇吞象"的俗语。战国时期楚国诗人屈原在《天问》中有"一蛇吞象，厥大何如"的句子；明代学者罗洪宪诗道："人心不足蛇吞象，世事到头螳捕蝉。"形容一个人的贪念大得好比一条蛇吞进了一头大象尚不能满足。"世事到头螳捕蝉"意思是指世事纷繁复杂，人心险恶难测。那些钩心斗角、尔虞我诈、机关算尽地害人的人，到头来却被人害，就好比是螳螂捕蝉，黄雀在后，秃鹰在天，没完没了的，谁也难说是最后的赢家。这些典故无一不在警示世人："故知足之足，常足矣。"世俗之中，真正的满足从来都不是来自外在的物质与欲望的满足，而是源自内心的平静与安宁。

　　老子的节制欲望、知足常乐的哲学思想时刻提醒着我们，珍视当下所拥有的一切，不过度追求物质享受和名利地位。在面对复杂多变的世界时，应不断地修炼内心，提升心灵层次和道德境界，以保持内心的平和，追求精神的富足，增强自律意识和职业素养等，确保我们在人生的旅程中走得更加稳健和自如，真正体验到生命的价值与意义。

25

君子泰而不骄，小人骄而不泰

《论语》是两千多年来中国人修身养性、治国平天下的基石，是中国人排在第一位的一生必读书。不把这本书读懂、读通、读透，就不能深入理解和把握儒家思想乃至中国传统文化的精髓。在这部收录了孔子及其弟子言行的典籍中，"君子泰而不骄，小人骄而不泰"一语，不仅是对人格修养的精辟概括，更是对人生境界的深刻洞察，指引我们在纷繁复杂的世界中保持内心的平和与坚定。

在孔子看来，由于君子和小人内在的心灵、思想和修养不同，诚于中，形于外，他们表现于外的风格自然也不相同。君子心无偏私，胸怀坦荡；不以物喜，不以己悲；卑以自牧，含章可贞。故为人心平气和，不骄矜傲慢。而小人则恰恰相反，他们表面上傲慢自大，实乃故作姿态。他们的内心常处在自卑和焦躁之中，无法保持平静和安宁。

"君子泰而不骄"，这句话首先为我们描绘了一副君子的形象——他们内心平和，态度谦逊，不贪念身外之物，对荣辱得失泰然处之。这里的"泰"，是指心态的安泰和行为的稳重与从容。儒家思想认为，真正的君子，应当具备一种超然物外的气度，能够在喧嚣的尘世中保持内心的宁静与淡泊。因为君子能够合理管控自己的欲望，而显得泰然自若，举手投足流露出一种安详舒泰的气质。君子的"无欲"既不是禁欲，也不是无欲无求。而是因为他们对生命本质有深刻的理解，对自我价值有清醒的认识，因此，在面对名利权色的诱惑时，君子能够坚守自己的原则与底线，不为外物所累，内心不会轻易动摇。

晚清一代名臣林则徐任两广总督时在总督府衙题书堂联："海纳百川，有容乃大；壁立千仞，无欲则刚。"这也是数千年来君子对自身素养和品质的自律坚守和严格要求。他们因为宽宏大量、光明磊落，少有私心杂念，所以懂宽容、能包容、敢突破。而这里的"刚"和《论语》里说"刚、毅、木、讷，近仁"中的"刚"差不多是同一个意思：刚正不阿，一身正气。之所以能做到这样，不是因为禁欲或无欲无求，而是因为他们明白，真正的成功与幸福，并非来自外界的认可与赞美，而是源于内心的充实、宁静与和谐，以及对大道真理的坚守、对梦想的执着和对生活的热爱。在遭遇挫折跌入低谷时，他们也能以平和的心态去面对，积极寻求解决之道。

"小人骄而不泰"是说，相对于君子，小人之所以"骄"，是因为他们对生命的本质缺乏敬畏与尊重。他们追求的是表面的虚荣与浮华，却忽视了内心世界的建设与完善。他们的自我认知与自我反省能力欠缺，容易被一时的成功或权力蒙蔽双眼、迷失心智，从而变得狂妄自大、目空一切。有个历史典故，五代时期，有一个叫王昭远的四川人，因家境贫寒，13岁便被送往道观，成为小道童。一天，后蜀高祖孟知祥前来拜访这个道观，见到了聪明伶俐的王昭远。王昭远虽然年幼，但是文采出众，赢得了孟知祥的赞赏。孟知祥便将他带了回去，让他做太子孟昶的伴读。就这样，王昭远的人生轨迹发生了改变。太子孟昶继承皇位之后，便将王昭远封为通奏使，随后又封其为山南节度使、西南行营都统。964年，后蜀遭到赵匡胤大军的讨伐，王昭远担负重任抵御强敌。当时，赵匡胤大军来势凶猛，但王昭远骄狂轻敌，并未把敌军放在眼里，甚至还玩起了唬人的把戏。在两军交战前，王昭远一身道人打扮，并自比诸葛亮，坐于推车之上镇定地饮着美酒，称："此战不仅要大胜敌军，而且还要率部收复中原！"不料，双方一交战，蜀兵即兵败如山倒。三战皆输，王昭远只得一改先前镇定的模样，急令将士守住剑门关，自己则脱下甲胄仓皇出逃东川，藏匿民舍中，遭追兵活捉。被抓后的王昭远灰头土脸、痛哭流涕，他跪地求饶，狼狈不堪，终成笑柄。

据《史记索隐》记载，秦武王本名叫嬴荡，幼年时便力大无穷，很是与众不同。他继承王位后，听闻手下有两个力大无穷的将士，乌获和任鄙。于是，嬴荡便下令召这两人入宫，陪伴自己左右。后来，嬴荡又在民间招募大力士，一位叫孟贲的人前来报名，也得到了嬴荡的赏识。就这样，这三位大力士都被嬴荡封了官。公元前307年，嬴荡前往洛阳面见周天子，孟贲也一同前往。嬴荡为了在周天子面前炫耀自己的神力，加之孟贲在一旁怂恿，便产生了要举起周天子那座"龙纹赤鼎"的想法。"龙纹赤鼎"重达千斤，嬴荡实在是太高估了自己。举起宝鼎后，正要迈步，不觉力尽失手。宝鼎坠落于地，压断了他的胫骨。嬴荡疼痛难忍，血流不止，当晚便驾崩了，时年仅23岁。如果不是秦武王太骄傲自大，或许统一天下的事情就轮不到秦始皇了。从以上两个典故不难看出：小人骄矜自胜，不仅体现在对他人的轻视与不屑上，更体现在对自己能力的盲目自信上。他们往往高估自己的实力与影响力，却忽视了自身的不足与局限。这种盲目的自信，使得他们在面对挑战与困难时，往往缺乏足够的准备与应对策略，最终可能一败涂地。

小人有傲气，但无傲骨。他们喜欢处处显摆，但因其内心缺乏坚强的意志，这样的个性自然对自身的发展有害无益。就好像一个碗，如果已经装得满满的，哪怕有再好吃的东西，也装不进去了；但如果碗是空的，就能装进去很多东西。晋代葛洪在《抱朴子》中说，"劳谦虚己，则附之者众；骄慢倨傲，则去之者多。"山外有山，天外有天，人外有人。谦受益，满招损。真正聪明的人都知道，水低成海，人低为王。

小人即使在物质上获得了短暂的满足与享受，但在精神上却始终处于空虚与迷茫之中。与君子视自己与万物为一体，心中坦荡无私相比，小人心中惦记的总是个人的利益得失，常常处于焦躁不安的状态中，外表就少了那一份气定神闲。正因为心态的不同，君子和小人所流露出来的外在气质和气度也就不同，他们的为人处世方式也不一样，人们对他们的评价也当然就不同了。小人的短视与君子形成鲜明对比，他们的内心充满了浮躁与不安，难以真正享受生活的宁静与美好。

庄子的《秋水》里讲述过黄河之神"河伯"的故事。秋天来了，千百条河流都汇入黄河，河伯洋洋自喜，以为全天下最美的东西都在自己这里。于是他顺着水流，一路向东，一路观赏，直至北海。然而当他继续遥望时，却怎么也看不到北海的尽头。此刻河伯才意识到，原来世上还有如此壮阔的景色，自己之前真是太无知了。正所谓："狂妄源于浅薄，低调基于见识。"这个故事告诉我们，井底之蛙，以为目之所及就是世界，才会目中无人，傲慢无礼；而真正见过世面的人，明白自己的局限，反而会收敛锋芒，谦以待人。还有一个例子，清代思想家戴震，也是一个虚怀若谷的名士。一次，戴震与师父江水一同面见皇上。席间，皇上向江水提问，江水畏惧龙颜，紧张得浑身哆嗦，只能请学生代为回答。戴震口若悬河，分析问题条条是道，切准要害。皇上大为兴奋，问戴震："你和老师比，谁的才能高？"戴震回答："我的水平低。"皇上又问："那为什么，水平高的反而不能回答呢？"戴震说："老师年纪大了，耳朵有些背，可他的学问超过我一万倍，因为我的学问都是从他那里取来的。"皇上对戴震的态度大加赞赏，还赐之为翰林。泰而不骄，矜而不争，不是无能，更不是示弱，而是一种由内而外、发自骨子里的修养。正是因为见过更出色的人物，看过更广阔的星际，才明晰在浩瀚的宇宙时空中，自我是何等的渺小。

其实，我们人人都是君子，但是我们如何才能真正做到"泰而不骄"呢？那就需要我们具备一种自我反省与自我提升的能力。只有当我们不断审视自己的内心世界时，才能发现自身的不足与局限；只有当我们勇于承认并改正自己的错误时，才能不断提升自己的心灵层次与思想境界。因此，我们需要时刻保持一颗谦逊的空杯心态，确立终身学习观，虚心地向他人学习、向书籍学习、向生活学习。我们只有认识到生命的意义不仅在于物质的追求与享受时，我们才能真正理解到内心的安宁与满足才是人生最宝贵的财富。

"君子泰而不骄，小人骄而不泰"不仅是对人格修养的精练总结，更是对人生境界的深刻揭示。对于每个人来说，追求泰然自若之境都是一项重要的生命课题。人们往往容易被各种琐事所困扰与牵绊，而迷失在滚滚红尘中。唯有当我们学会放下心中的执念与偏见，学会感恩、懂得珍惜，善待自己、诚挚待人，才能真正感受到生活的美好和生命存在的价值与意义。让我们以君子的标准来完善自己、沉淀自己，把自己修炼成一个内心强大、品质高尚的人。

26

圣人千虑，必有一失；
愚人千虑，必有一得

"圣人千虑，必有一失；愚人千虑，必有一得。"出自战国《晏子春秋》。意在阐述世间万物皆有两面性，即使是圣人，在考虑问题时也难免会有疏漏，而即便是普通人，只要反复思考，也能找到解决问题的良方。这句话强调了思考的重要性，同时也提醒我们，无论智慧高低，都应勤于思考。因为每个人都有可能因各种原因而偶犯错误，每个人也都有创造奇迹、一鸣惊人的智慧和潜能。

笛卡尔说："我思故我在"。思考是人类有别于其他生物的显著特征之一。通过思考，人类能够解决问题、创造文明、推动社会进步。思考不仅能够帮助我们理解世界，还能够让我们预见未来，规划行动。因此，无论在个人生活还是社会活动中，思考都有着至关重要的作用。

在这句话中，"圣人"指的是具有高度智慧和道德修养的人，他们通常能够洞察事物的本质，预见未来的发展。然而，即使是圣人，也不可能做到完美无缺，他们的思考也可能存在疏漏。这并不是说圣人的智慧不足，而是在提醒我们，任何人都有自己的局限性，都应该保持谦逊谨慎的态度。"愚人"在这里指的是普通人,作为普通人可能不具有圣人那样的智慧和洞察力,但这并不意味着他们没有自身独特的价值。每个人都有自己的优势和局限,通过不断地思考和努力,普通人也能够找到解决问题的良方,甚至能够在某些领域超越圣人。

诸葛亮是三国时期智者的典范,被誉为"卧龙先生"。他智谋过人,辅佐刘备,建立了蜀汉王朝。然而,就是这样一位智者,在他的军事生涯中也有过失误。最有名的莫过于他错用马谡守街亭的故事。马谡虽然熟读兵书,却缺乏实战经验,诸葛亮对他的能力预估过高,最终导致了街亭失守。这一失误让诸葛亮痛定思痛,深刻反思了自己的用人之道。

与诸葛亮形成鲜明对比的,是那些看似愚拙的人。他们或许没有高深的学问,也没有过人的智慧,但他们却能在平凡的生活中,通过不断地思考和努力,创造出惊人的成果和伟大的成就。比如,托马斯·爱迪生并非一开始就是一位天才发明家,他通过上千次的实验和失败,最终发明了实用且广泛应用的电灯。爱迪生的发明是人类历史上的一个转折点。他通过不懈的努力和不断地尝试,证明了即使是普通人,只要持之以恒,也能取得重大的科学成就。他的工作不仅改变了照明方式,还推动了整个电气工程领域的发展,对现代工业和人们的日常生活产生了深远的影响。爱迪生的故事激励着后来的发明家和创新者,他的成就也是对"愚者千虑,必有一得"这一理念的最好诠释。

后世的贤者也有很多类似的警句,如:"达者未必知,穷者未必愚"(东汉·王充《论衡》);"高者未必贤,下者未必愚"(唐·白居易《涧底松》);"圣人所不知,未必不为愚人之所知也;愚人之所能,未必非圣人之所不能也"(清·刘开《问说》)。这些话都是在鼓励我们要勤于思考,无论我们处于何种地位,都应该保持独立思考的良好习惯。勤于思考有助于我们发现问题和寻找问题的解决方案,以及提高决策的水平和质量。同时,勤于思考也是个人成长的重要途径,它能够促进知识积累，提升我们的思辨能力。

还有一个流传很广的典故。汉代的大将军韩信指挥的井陉之战，靠灵活用兵，以3万汉军大败20万赵国的军队，杀了赵国主帅陈馀，俘虏了他的谋士李左车。这时，韩信跟部下商议："咱们刚打了一场大胜仗，如果趁热打铁一举拿下燕国和齐国，大家觉得如何？"没有一个人说出反对的意见，但韩信反而觉得不妥。他命人把赵国的俘虏李左车请上来。众部下面面相觑，对他请手下败将的行为感到疑惑不解。待被绳子捆绑的李左车被带来，韩信大步走上前，亲自为其松绑，并向李左车求教："接下来我打算往北攻打燕国，往东攻打齐国，您以为如何？"李左车连连摆手道："我乃一败军之将，哪配跟您讨论这样的大事呢？"韩信说："您是赵国有名的谋士，若陈馀听了您的建议，那么被活捉的人就会是我等。也正因为他不肯听您的建议，我才有机会向您请教。"李左车见韩信如此真诚，便不再推辞。李左车说："智者千虑必有一失，愚者千虑必有一得。那我这个愚者就说说我的建议。"他接着说："您的军队刚刚大战一场，需要休养，不适合连续作战。您用不到一天的时间，就把赵国的20万大军击溃，如今威名大振。对于燕国，您只需派一位使者过去，燕国就会乖乖地投降；等燕国投降了，齐国势单力孤，肯定也就跟着投降了。"韩信按照李左车的建议行事，燕、齐果然先后归降。而李左车也从此成了韩信的谋士。韩信本就是一位智者，但他并没有一味地独断专行，而是虚心地听取了李左车的建言良策。这个故事也提醒我们，即便最智慧的人也会有犯错的时候，保持谦逊谨慎和开放的态度至关重要。多用心倾听他人的意见，并虚心学习，这样有助于我们更好地与他人达成合作，共同圆满地解决问题。

思考不仅仅是理论上的，它还需要通过实践来验证。通过实践，我们可以检验自己的思路是否正确，是否有效。同时，通过反思，我们可以从成功和失败中学习，不断改进我们的思路和行动。"圣人千虑，必有一失；愚者千虑，必有一得"这句话在社会治理和组织管理中也具有重要的启示作用，主要表现在：一是，决策者需要建立容错机制，允许下属在工作中犯错并及时纠正；二是，应多元化团队的构成，汇聚不同背景和专业人才的智慧，以提高组织的适应能力和创新能力。

总之，这句话不仅揭示了人的不完美和世界的多元，还倡导了一种包容开放、互相学习的价值理念。这种理念有助于促进个人成长和社会进步，值得我们每个人深入反思并付诸实践。通过这种平衡视角，我们得以更加客观地看待成功与失败、智慧与愚昧，并以更加积极的心态去迎接生活中的各种挑战，共同创造一个更加美好的世界。

27

君子喻于义，小人喻于利

春秋时期，社会动荡，礼崩乐坏。孔子作为儒家学派的创始人，致力于提倡和恢复周礼，强调道德和仁义的重要性，试图重建社会的道德秩序。他通过观察和思考，发现了人们在面对道德和利益冲突时的不同选择，进而提出了"君子喻于义，小人喻于利"的论断。这句话被孔子的弟子们收录于《论语》，其不仅揭示了君子与小人在义利观上的本质区别，也体现了儒家思想对于道德和利益关系的深刻洞见。这对我们今天的生活和工作具有重要的指导意义。

"君子喻于义"的"君子"指的是品德高尚、行为端正的人。他们在处理人际关系时，首先考虑的是道义和公正，而不是个人的私利。他们深知，人与人之间的交往应该建立在相互尊重、信任和关爱的基础上，而非纯粹的利益交换。因此，君子在与人交往时，总是以诚相待，守信用，重承诺，不会轻易背叛自己的诺言和原则。他们能够坚守自己的道德底线，在道德和利益之间会做出正确的抉择，不为私欲所动摇。在面对困难和挑战时，君子会坚毅果敢，勇于担当，不会逃避或推卸责任。

这句话通过凝练的词句、工整的对偶和鲜明的对比，警醒人们要严肃对待义利之分，深刻揭示了关于义利抉择的重要性。人的境界无关乎权力的大小、地位的尊卑、声望的高低和财富的多寡，而在于内心世界的精神追求。如果一个人追求的是道义，那么独处时他就能以义自守，不欺暗室。与人相处时，他展现的是"以心相交，方成久远""道义之交可以终身"。当国家和民族需要的时候，他就能义无反顾，挺身而出，甚至抛头颅、洒热血，舍生取义，以一颗丹心铸就千秋义魄。如果一个人追求的是私利，那么独处时他就会计功谋利，患得患失。与人相处，他表现的则是"势利之交，难以经远""以利相交，利尽则散"。当国家和民族需要的时候，他就会只顾私利，畏惧退缩。

从古到今，中国历史上无数杰出的政治家、思想家和文人墨客，都以他们的伟大壮举深刻诠释了"君子喻于义"的高尚品格。例如，岳飞是南宋时期的抗金名将，他坚持抵抗入侵、抗金到底，不为个人利益得失所动。他的精忠报国精神成为中华民族的宝贵财富。其不朽词作《满江红》表达了他强烈的爱国情怀。再如，文天祥是南宋末年的政治家、文学家和抗元名臣，他在被俘后宁死不屈，拒不降元，并留下了"人生自古谁无死，留取丹心照汗青"（《过零丁洋》）、"天地有正气，杂然赋流形"（《正气歌》）这样的千古名句，激励了后世众多为理想而奋斗的仁人志士。还有抗日女英雄赵一曼，在与日寇的斗争中被捕，受尽各种常人难以想象的酷刑仍坚贞不屈。1936年英勇就义，牺牲时年仅31岁。再有当下，我们身边的那些逆行出征的消防战士、坚守国门的人民子弟兵以及白衣执甲的医护人员，哪里有需要就冲到哪里，他们将个人安危与利益置之度外，怀揣一腔热血，以无畏的勇气和坚定的信念，奋不顾身地投入守护人民群众生命财产安全的战斗中，用行动诠释大爱与担当。这样例子不胜枚举。他们的无私奉献精神和责任担当意识，深切地体现了"君子喻于义"的崇高品德。他们都是以国家利益和民族大义为重，他们高尚的气节和坚定的信念，内化于每一位中华儿女的精神血脉之中,以生生不息之力赓续道义、传承千秋。

由上述案例可见,"君子喻于义"还体现在君子对社会的责任感上。君子在追求个人目标时,会考虑到他人和社会的整体利益。他们深知自己的责任和义务,能"先天下之忧而忧,后天下之乐而乐",愿意为他人谋求福祉,为促进社会的和谐与稳定发挥积极作用。他们不会为了一己私利而损害他人或社会利益,而是会寻求个人价值与他人、社会利益的和谐统一。这种大到"苟利国家生死以,岂因祸福避趋之"的崇高的利他精神,是君子义利观的重要体现。

"小人喻于利"的"小人"与"君子"相对,指的是那些品德低劣、行为不端的人。君子的行为总是以道义为准则,而小人的行为往往被私欲所驱使。为人处世时,他们鼠目寸光,往往只关注个人的私利和眼前的得失,置道德与公正于不顾。他们可能会为了个人利益不择手段,甚至损害他人的利益和社会的稳定。因此,君子和小人在道义和私利上的理解与取舍大相径庭。面对道德困境时,小人往往选择背离道德原则,以追求个人利益。

历史上的一些奸臣和贪官污吏将"小人喻于利"的丑恶嘴脸刻画得淋漓尽致。比如,唐玄宗时期的宰相李林甫,玩弄权术,口蜜腹剑,死后被杨国忠诬告谋反,遭削官改葬,抄没家产,子孙流放。唐玄宗宠幸杨玉环,集三千宠爱于一身,姊妹弟兄皆列土。杨家弄权,势倾朝野。安史之乱时,杨玉环、杨国忠都被处死。这些历史人物都以个人利益为重,忽视了道义和责任,最终落得身败名裂,遗臭万年。秦桧是南宋时期的奸臣,他为了个人利益,陷害忠良,卖国求荣,其卑鄙行径令人发指。再如,和珅是清朝乾隆年间的权臣和巨贪,他贪得无厌、穷奢极欲,严重损害了国家和人民的利益,当时甚至流传"和珅跌倒,嘉庆吃饱"的民谚。

我们不难看出小人在追求个人利益时,往往缺乏道德约束和自律能力。同时,他们还缺乏对他人的热情、关爱和尊重,只关注个人欲望,对周围的人和事漠不关心。这种自私自利的态度使得他们在追求个人利益的过程中,往往会做出错误的选择,容易走上违法乱纪的不归路。人生常常要面对公与私、义与利做出取舍,荣辱成败往往就在于一念之间的判断,所谓"一念天堂,一念地狱"。

"君子喻于义"并非简单的道德说教,而是蕴含着丰富的文化内涵和人生哲理。它代表着一种崇高的道德追求,一种对正义、公平和真理的坚守。对于君子而言,"义"是行动的指南,是判断是非的标准,更是实现自我价值的途径。君子注重自我修养和品德的提升。他们深知只有不断提升自己的道德修养和精神内涵,才能更好地践行道义原则,实现自我人生价值。因此,君子会不断学习和反思,着重追求精神上的富足与安宁。正如董仲舒所言:正其义而不谋其利,明其道而不计其功。

在商业领域,"君子喻于义"体现为企业家的社会责任感和道德底线。优秀的企业家不仅关注企业的经济效益,更注重企业的社会效益和环境影响。他们秉持诚信、公平、创新的原则,致力于为社会创造财富和价值,同时积极承担社会责任,推动社会的进步和发展。相反,一些不法商人则"喻于利",他们为了追求个人利益而不择手段,甚至不惜损害他人的利益和社会的公共利益。这种行为不仅会破坏市场秩序和社会稳定,还会损害企业的声誉和形象。

在政治领域,"君子喻于义"体现在政治家的执政理念和道德品质上。优秀的政治家以国家和人民的利益为重,坚持公正、廉洁、勤政的原则,致力于推动社会的公平和正义。他们注重民生福祉,积极回应人民的需求和关切,努力造福于民。相反,一些腐败分子则"喻于利",他们为了追求个人利益而滥用职权、贪污受贿,严重损害了国家和人民的利益。这种行为不仅会破坏政治生态和社会稳定,还会损害政府的形象和威信。

在日常生活中,"喻于利"的小人还容易因过分追求物质利益而忽视精神追求。他们可能会认为只有物质财富才能带来真正的幸福和满足,从而漠视了亲情、友情、爱情等精神层面的需求。这种片面、扭曲的价值观不仅会导致个人的心理失衡和社会关系的紧张、对立,还会阻碍社会的进步和发展。

在当今社会,"君子喻于义,小人喻于利"这一古训依然具有十分重要的现实意义。随着社会的发展和科技的进步,人们的生活方式、价值观念和社会环境不断发生变化。但无论时代如何变迁,人性中的善恶与道德高低始终值得我们深思。人性复杂多变,既有善良正直,也有自私贪婪。因此,我们需不断反省修正,努力克服人性弱点,追求更高尚的道德境界。这不仅是对个人品德的锤炼,更是实现人生价值与促进社会和谐的关键。

28

不履邪径,不欺暗室

古训"不履邪径,不欺暗室"意在告诫世人无论是在明处,还是在暗处,都应坚守正道,秉持诚实无欺、品行端正的良善人格和道德准则。它要求人们在任何情况下,都能保持清醒的道德自觉,做到言行一致、表里如一,为身、心、灵兼修创造更加广阔的生命体验。

人生的旅程中既有鲜花盛开的坦途,也有荆棘密布的险径;既有光明坦荡的指引,也有暗藏诱惑的歧路。歧路看似捷径,实则遍布陷阱、暗藏深渊,一旦涉足,便会万劫不复。当我们面对各种诱惑时,尤其需要保持"人间私语,天闻若雷。暗室亏心,神目如电"(《增广贤文》)的清醒,努力做到明处守德,暗处守心,行事有度,暗室不欺。

东汉时期的杨震,时任东莱太守。有一次,杨震路过辖内的昌邑县,县令王密是他所推举的人才。到了晚上,王密怀揣黄金前来拜见杨震,以谢知遇之恩。杨震见此厚礼,当即婉言谢绝、坚辞不受。王密以为杨震假意推辞,便说道:"黑夜之中,无人知晓此事。"杨震回道:"天知、地知、你知、我知,怎么可以说没有人知道呢?"王密一时无言以对,便惭愧地带着礼物告退。后来,这位"不欺暗室"的杨震高升至三公。杨震清廉自律，从不苟取，其品德为世人所称颂，"四知拒金"亦成婉拒贿赂的醒世名言。

明镜之下，影自正；暗室之中，心自明。还有一位清代的廉吏叶存仁，亦律己甚严，甘于淡泊，清廉自守，两袖清风。一次离任时，部属临别赠礼，为避人耳目，特选择半夜拜谒。叶存仁决意不受，并赋诗婉拒："月白风清夜半时，扁舟相送故迟迟。感君情重还君赠，不畏人知畏己知。"历史上还有许许多多清官廉吏，他们循正道、行正气，清白为官、勤政为民。这样的故事，不仅在当时被传为佳话，也为后世树立了榜样，激励着人们追求更高的道德境界。

"暗室"的意思并非仅指别人见不到的地方，同时也可以理解为藏在一个人内心的念头。光天化日之下，跟别人面对面，人家也不知道你的起心动念是善还是恶，这也叫暗室。"不欺暗室"，其实也就是"慎独"。慎独是一种情操，是一种修养，是一种自律，更是一种坦荡。所谓"慎独"，是儒家提出的一种修行方法，即在无人监督、独自行事的情景下，凭着高度的自觉意识，坚守道德底线，不做任何有违道德良知的事。《礼记》里说："此谓诚于中，形于外，故君子必慎其独也。"三国时期魏国曹植在《卞太后诔》中亦云："祇畏神明，敬惟慎独。"慎独考验的是个人的道德水平，是展现个人风范的最高境界。

春秋时期卫国的蘧伯玉是著名的思想家、政治家，非常贤德，人们十分敬重他。一天晚上，卫灵公与夫人南子在宫中闲坐，听到辚辚的车声。可车声到宫门前却忽然消失了，过了宫门辚辚的车声又响起来了。卫灵公就问夫人说："你知道刚才过去的人是谁吗？"夫人说："一定是蘧伯玉。"卫灵公问："你怎么知道是他呢？"夫人说："从礼节上讲，做臣子的人，走过君主的宫门前时，一定要下车行礼，表示对君主的敬重。忠臣孝子不会白天遵礼、夜晚堕行。蘧伯玉是一个德智兼备、敬事不苟，对国家恪尽职守的贤大夫，绝不会因为夜里没人看见而废礼，所以我认定是他。"卫灵公差人去问，果然是蘧伯玉。这就是"宫门蘧车"的由来,后引申为成语"不欺暗室"。作为春秋诸多先贤中的"慎独"典范,蘧伯玉即使在无人看见的地方,也能严于律己、表里如一、光明磊落、不做亏心事。

有一位明朝人叫杨煮,江苏吴县人士,官至尚书。有一天晚上做梦,梦到自己在一座园林中游览时,顺手摘下了树上的两颗李子吃。杨煮醒来之后,就痛责自己说:"这是因为我平时对于义和利认识得不够清楚的缘故,所以才会梦到偷吃人家园子里的李子啊!"杨煮为此惩罚自己,让自己饿了好几天肚子,以此来增强认错改过的决心。蘧伯玉和杨煮的典故告诉我们,只有管住"心、身、口",不欺"己、人、天",在内心里多一些"从善如登,从恶如崩"的清醒自觉,行动上多一些"不畏人知畏己知""头顶三尺有神灵"的坚定果决,在各种欲望的诱惑面前才能守得住根本。

在浩渺的历史长河中,每个人都在用自己的行动勾勒着生命的轮廓。行正道、不自欺是一个持续自我反省、勇于实践与动态提升的过程。无论时代如何变迁,"不履邪径,不欺暗室"所传递的坚守正道、慎独自律的核心价值理念,始终是个人品德修养的重要指南。它不仅能够帮助人们提升道德层次,同时,也有助于营造更加和谐稳定、风清气正的社会环境。

29

德不孤，必有邻

"无穷的远方、无数的人们，都和我有关。"鲁迅在大病初愈之际，曾如此表达对生命的深切感受。海明威也曾说过，每个人都不是一座孤岛，都是广袤大陆的一部分。在现实生活当中，人与人之间会产生各式各样的互动交流，这无疑充分体现了人类命运共同体的价值理念。然而，人作为一种生物，在本能上相互之间确实有着亲疏远近的差别。《论语》中孔子所说的"德不孤，必有邻"，恰恰是儒家思想从道德与人际关系的内在联系出发，为我们深刻揭示的一种独特的社交哲学。

这种社交哲学着重强调，倘若一个人具备高尚的品德，那么在人际交往中，就不会陷入孤单的境地，必定会吸引一些志同道合之人前来亲近并与之相伴。这一思想成功地突破了动物本能所限定的亲疏界限，积极倡导一种基于道德力量去构建人际关系的方式。在人类命运共同体的理念框架下，这一思想有着特别积极的意义，它能够有效地激励人们通过提升自身的道德修养来增进人际关系，进而营造出一种更具人文关怀、更加和谐融洽的社会关系氛围。

道德，作为人类社会的基本规范，它不仅仅涉及个体的行为准则，更是深刻地反映了人们对美好品德的追求。一个有良好道德修养的人，其内心总是充盈着善良、正直与责任感，这些品质宛如磁铁一般，会自然而然地将那些同样拥有这些品质的人吸引过来。在现代社会，社交网络的构建不再仅仅基于地域或血缘关系，而是更多地依赖于人们共同的兴趣爱好、价值观念和信仰体系。一个具备高尚道德品质的人，能够在网络空间中吸引更多志趣相投的朋友，从而形成一个充满正能量、积极向上的社交圈层。

道德绝非仅仅体现在个人的内在修养上，其更能在社会中引发广泛而深远的影响。一个道德高尚之人，其行为举止常常成为他人的楷模，激发周围人内心向善的动力，由此形成一种良性循环，进而推动社会风气不断朝着良好的方向发展。孔子曾言，真正有道德的人具备"所过者化"的强大道德感化力与独特的人格魅力。《大学》亦提到"有德乃有人"。一个具备道德修养的人会依靠自身的德行与风范去影响周围的人，他们必然会吸引到志同道合的人，并让其成为挚友知交。

这些告诉我们，立德、修德贵在知行合一，重在身体力行。我们应当从身边的点滴小事着手，严格遵循社会公德、职业道德、家庭美德以及个人品德规范，持续提升自身的道德修养水平。唯有如此，才能够吸引更多志趣相投之人相伴同行。"一乡之善士，斯友一乡之善士；一国之善士，斯友一国之善士；天下之善士，斯友天下之善士。"恰如"物以类聚，人以群分"所说，相似的人总会自然地聚集在一起。同声相应，同气相求，人们在生活里总是在寻觅那些能够与自己同频共振、价值观相近的同类之人。

不仅如此，有德之人必能安于孤单与寂寞。即便在某些时候，他们未能获得周围人的理解，却依然还是能够在道德学养所构建的精神世界和独特的人格魅力中，找到心灵相通的挚友。从这个意义上讲，有德之人是不会陷入孤立无援的境地的。

从古代的文人墨客，到近现代的思想家，诸多名人的过往经历无不印证了一个深刻的道理：当一个人具备良好的品德修养时，无论其置身于何种环境之中，都能够寻觅到心灵相通的亲密伙伴。比如，古代的伯牙与子期。伯牙善鼓琴，子期善听琴，他们凭借着对音乐的共同热爱和彼此之间的理解与尊重，建立了深厚的情谊，这种基于品德与才情相契合的关系被传为千古佳话。

众所周知，唐代诗人李白与杜甫犹如中国文学史上两颗极为璀璨的明星。虽然二者的诗歌风格迥异：李白的诗风恰似天马行空般自由奔放、豪迈不羁，充满了浪漫主义的奇幻色彩；杜甫的诗作则以沉郁顿挫著称，字里行间满是对民生疾苦的深切关怀，透着现实主义的深沉与凝重。然而，如此不同的风格并未妨碍两人成为莫逆之交。据史料记载，在安史之乱那个动荡不安的时期，杜甫在自身颠沛流离的情况下，依然四处寻找流落他乡的李白。其间，他还创作了《梦李白二首》和《冬日有怀李白》等多首怀念李白的诗作。在这些诗篇里，杜甫以细腻而深情的笔触，淋漓尽致地表达了对友人深切的思念之情。这份跨越时空的情感交流，正是基于他们共同秉持的艺术追求和深厚的人文情怀。

李杜二人尽管性格、诗风各异，但在对诗歌艺术的执着探索、对世间真情的敏锐捕捉，以及对社会现实的深刻洞察等诸多方面有着高度的契合。这种契合完美地诠释了"德不孤，必有邻"这一哲理的精神内涵，即品德高尚、志同道合之人，即便身处不同的境遇，也必然能够相互吸引、彼此慰藉，在精神层面紧密相连。

近现代思想家们也同样如此。他们在风云变幻的社会环境中积极探索救国救民之路。在这个过程中，那些拥有坚定信念、崇高品德的思想家们彼此吸引、相互扶持。他们为了理想而并肩前行，在思想的碰撞与交融中建立起深厚的情谊，这种情谊的根基便是他们共有的品德修养。

这些实例充分表明，良好的道德修养就像一块极具吸引力的磁石，能够突破时空的藩篱，让人们在各种不同的环境中吸引到志趣相投之人，从而寻觅到心灵相通的知己。具备高尚道德品质的人，由于其内心深处的善良与正直，往往能够吸引那些同样追求真善美的人。这种基于共同价值取向的联结，比任何外在的以利益关系为纽带的联系都要更加牢固和持久。如隋朝的王通在《文中子中说》中所说："以利相交，利尽则散；以势相交，势去则倾；以权相交，权失则弃；以情相交，情逝人伤；唯以心相交，淡泊明志，友不失矣。"心即是人与人之间的真诚、理解与尊重，是能够"人生得一知己足矣，斯世当以同怀视之"的那种世间最珍贵的感情。

当然，"德不孤"的前提是自身必须具备高尚的道德品质。因此，对于我们每一个人而言，提升自我修养、培育良好品德是至关重要的。在道德品质的范畴中，有诸多重要的元素。例如我们需要具备的基本品德包括：诚实，它要求人们在言行上保持一致，不说谎、不欺诈，真诚地对待他人；守信，强调遵守承诺，言出必行，对自己所说的话负责到底；尊重他人，涵盖了尊重他人的权利、意见、个性以及生活方式等多个方面，体现出一个人包容和理解他人的胸怀；勇于担当，意味着在面对责任和困难时，不推诿、不逃避，积极主动地承担起自己应尽的义务等。

这些品质并非停留在理论层面，更重要的是要在日常生活中切实地实践。无论是在家庭生活、工作，还是社会交往等各种场合，都要时刻以这些道德标准来约束自己的行为，不断地反思和改进，从而逐步提升自己的道德修养水平。无论是现在还是将来，道德都将具有不可替代的价值，持续散发永恒的光芒。

30

天下大事必作于细，
天下难事必作于易

有一句广为流传的话：复杂的事情简单做，你就是专家；简单的事情重复做，你就是行家；重复的事情用心做，你就是赢家。此观点与《道德经》第六十三章中的"天下难事，必作于易；天下大事，必作于细"这句名言有着紧密联系，二者互相呼应。意思是说，天下的难事必须从容易处做起，天下的大事需要从小事着手。

《后汉书》里记载，东汉时有个少年叫陈蕃，他年少志高，一心想要干一番大事。一日，他的朋友薛勤前来看望他。一进他的屋子，只见里面杂乱无章、肮脏不堪，薛勤便劝他将屋子打扫干净些。未承想，陈蕃却仰着头回应道："大丈夫行事，当着眼于扫除天下祸患，而不在一间小小的屋子里。"薛勤听了，便反驳他说："一屋不扫，何以扫天下？"薛勤的话在今天看来，对我们同样具有重要的启发意义，告诫我们应当一步一个脚印，脚踏实地做人做事。切不可好高骛远，眼高手低，口气比力气大。这一点在《荀子》中也有着相同的体现："故不积跬步，无以至千里；不积小流，无以成江海。"没有涓涓细流的汇聚，就没有浩瀚的江河湖海；没有一砖一瓦的积累，就不可能建成摩天碍日的高楼大厦。

无论做什么事,都应先从点滴小事做起,通过逐步积累,方能成就大事。众所周知,SpaceX(太空探索技术公司)是一家很有影响力的太空探索公司。其创始人埃隆·马斯克曾说过:"我们从最容易的地方开始。"在火箭研发工作启动之初,他们并未直接着手建造火箭,而是先从一些基础的材料和初步的设计展开研究。在这个过程中,SpaceX不断进行各种各样的改进试验,最终成功取得猎鹰系列火箭和龙飞船等一系列在航天领域备受瞩目的研发成果。可见,当SpaceX在面对"天下难事"的波澜壮阔,在担负"天下大事"的千钧重担时,拥有"必作于易"的智慧和"必作于细"的耐力,这是其成就宏伟事业的根基所在。

在日常生活中,我们难免会遇到各种各样的困难与挑战。有时候,这些问题会压得我们喘不过气来,"老虎吃天,无从下口",茫然不知所措。然而,如果我们能够把问题分解成一个个小任务,从最容易的地方入手,就能逐渐解决这些问题。比如说,你想学习一门新的语言,那么你可以先从基本的单词和语法开始学起。每天坚持学习一点点,日积月累,你就会发现自己的进步越来越明显。再比如,如果你想锻炼身体,可又觉得每天跑步太累,难以坚持。那么你可以从简单的散步开始,之后再逐渐增加时间和配速,如此一来,最终就能够实现你的健身计划。难事做易,大事做细,这种方式适用于生活中的方方面面。

依照太极的阴阳转化之道,当遇到"难"事,应对的举措同样也是从"易"处着手。恰如《道德经》所言"浊以静之而徐清。"比如一个人心神不宁,做事轻浮毛糙,按照太极转化的办法就是"静之"。就似一碗浑浊之水,只要让其安稳下来,不去晃动搅扰,它很快就会自行变得澄清起来。人心也是如此,当你静下心来时,内心的世界也就随之变得清澈明晰。太极的阴阳转化,其实也就是矛盾双方的相互转化:阴与阳相对,难与易相对，高与低相对，黑与白相对，浊与清相对……世间万事万物皆处于两极的相互转化之中，一物降一物，此消必彼长。当我们把那些"易"的事情、"细"的部分，认真细致地做好，逐步积累，原本觉得异常艰难的事情也就能够轻松处理了。

曾国藩说："唯天下之至拙能胜天下之至巧。"其实说的也是同一个意思。无论是难事还是大事，都要脚踏实地地下苦功夫，不要总想着走捷径。世间上最近的路，往往也是最远的路，而看似最远的路，通常也是最靠谱的捷径。那么，有人会问"弯道超车"算不算走捷径？其实，"弯道超车"永远只属于那些稳扎稳打、苦心经营的人。在外行人看来那是"弯道超车"，其实，只有他们自己知道，那叫"厚积薄发"。

泰山不拒细壤，故能成其高；江海不择细流，故能就其深。反观当下社会，很多人都想做一番所谓的大事业，而不屑于琐碎小事。要做大事，必先做小事，切不可一心只想着做大事，而看不起那些小事。"难易相生，大小相成"，今天，我们全社会正在积极倡导的"工匠精神"，可谓正逢其时。

日本前邮政大臣野田圣子，年仅37岁即成为当时内阁最年轻的也是唯一的女性大臣。野田圣子刚参加工作时曾在帝国酒店担任基层工作。职业培训期间负责清洁厕所，被要求每天把马桶擦得光亮如新。从小接受贵族教育的圣子，认为这份工作既卑贱又低俗。第一天，一伸手下去就恶心得几乎要呕吐。有一天，正当她的心情糟糕透顶的时候，一位与她一起工作的前辈擦完马桶后，居然盛了满满一杯马桶水一饮而尽，意在向她表明，他清洁过的马桶干净得连里面的水都能喝，她顿时目瞪口呆。此事对圣子的教育极为深刻，她意识到，如果没有极度认真地把小事做到极致的工作态度，就没有资格肩负起任何社会责任。于是她下定决心："就算一辈子刷厕所，也要当一名最出色的厕所清洁工。"在结束培训的最后一天，她擦完马桶后，同样盛了一杯马桶水毫不犹豫地喝了下去。在很多场合，她都这样介绍自己的身份：最出色的厕所清洁工，最忠于职守的内阁大臣。这个故事蕴含着为人处世的两层含义：其一，倘若连简单的小事都难以做好，又怎会有能力做好繁杂的大事呢？其二，工作就是修行，做简单小事，也是为提升心性、磨炼灵魂提供道场。一个人能把简单的小事做到尽善尽美，这表明他的思维能力、逻辑水平和做事态度，都处于一个良好的状态，如此才能稳健地走好人生的每一步。这是一个从量变到质变，再从质变到量变的过程。

春秋战国时代，是我国思想和文化大爆发的时代。一时间诸子百家争鸣，道儒法齐头并进，盛况空前，呈现出一派欣欣向荣的景象。素有"万经之王"之称的《道德经》就诞生于这个时代。2000多年来，《道德经》里的很多名句被后世贤人从各种不同的角度进行解读。《道德经》里的老子思想以其深邃的哲理、独特的视角和简练的语言，成为中华文化宝库中的瑰宝，帮助无数人走出了人生的困境，实现了个人的成长，唤醒了沉睡的心灵。

不仅如此，在古今中外人类的思想宝库中，老子的道家和谐思想独树一帜，他对于指导人类摆脱利己主义、斗争哲学、"丛林法则"、强权政治和零和博弈的思维逻辑冲突与战争的窠臼，步入和平与和谐之大道，构建人类命运共同体，避免人类最终走向自我毁灭，具有深远的积极意义。

31

上善若水，
水善利万物而不争

"上善若水，水善利万物而不争。"出自《道德经》第八章。至高的品性像水一样，泽被万物而不争名利。不与世人一般见识、不与世人争一时之长短，做到至柔却能容天下的胸襟和气度。在道家学说里，水为至善至柔；水性绵绵密密，微则无声，巨则汹涌；与人无争且又容纳万物。水有滋养万物的德行，它使万物得到它的利益，而不与万物发生矛盾、冲突。生而不有，为而不恃，水也可谓是道的一种表现形式。老子将水视为最高尚的人格写照，是"善利万物而不争"的王者。

据传老子的母亲怀胎81载才生下他，所以老子"生而白首"。后人据此推断老子应该是一个白化病患者，一只眼睛还看不见，再加上一对又大又软的耳朵，这种颇为惊悚的长相注定了他的孤独。奇人必有异相，老子并没有因此空虚、愤懑，而是选择接纳，即使后来声名远播，他也依然享受近乎隐士一般的生活。他不喜社交，也没有广收门徒，更多的时候是独自一人与天地进行精神交流。这份孤独正是他创作《道德经》的基础。接纳远比愤懑来得勇敢，顺势而为远比无效抗争来得高明。

大道无形，大道无为。老子在《道德经》里阐明了水的两大德性："利万物"之善和"不争"之德。"不争"是道的最高境界，老子借水的形象来让世人领悟"不争"的深刻内涵。《道德经》第七十八章曰："天下莫柔弱于水，而攻坚强者莫之能胜，以其无以易之。"在老子的眼里，水是万物中最能适应环境的存在，遇山川就成小溪，遇平地就成江湖，看似随地赋形，实则水滴石穿、无坚不摧。老子认为，最好的善如同水一般，为而不争，利而不害，为民谋福，无私奉献，这是修"道"之德。老子还认为，最优秀的领导者，具有如水一样完善的人格。他们遵照"道"的规律行事，言行一致，治理有方，虑善以动，动惟厥时。这样的人，愿意到别人不愿意到的地方去，愿意做别人不愿意做的事情。他们具有骆驼般的精神和大海般的肚量，能够做到忍辱负重、宽宏大度。其所作所为正因为有不争的美德，所以没有过失，也就没有怨咎。

苏东坡曾说过一句很有意思的话："吾上可以陪玉皇大帝，下可以陪卑田院乞儿，眼前见天下无一个不好人。"意思是我能居庙堂之高，也能处江湖之远，高洁的地方我能待，泥沙俱下的地方我也能待，跟任何人都能愉快相处。苏东坡62岁时被流放到当时非常蛮荒僻远的海南，那里毒虫栉比、缺衣少药，条件十分艰苦。面对这样恶劣的环境，即使归乡无望，被贬谪到此的大文豪却能悠然自得，吟诗作赋。这种"随缘自适"的乐观精神，就是一种对环境的顺势而为。不纠结于那些无法改变的，好好把握那些能够改变的。顺势而为就是有所为，有所不为，是一个先接纳、再面对、最后有所作为的过程。做人之道，莫过于斯。

曾国藩说："不争一时之短，须争一世之长。"短期利益，争了不如不争；长期利益，不争即是最好的争。做人当如水，情绪柔软，不骄不躁，在慢中感受稳，在怒中学会静。"怒"字教会我们：上为奴，下为心，易怒之人，容易成为情绪的奴隶。

人生大多是赢在和气，输在脾气。为而不争，怒而不愠的道家思想所蕴含的为众生创造利益，与大地和谐共荣的终极智慧，也正是当今社会所倡导的积极入世观和全人类共同价值。

32

天地与我并生,万物与我为一

当秋毫之末在晨光中闪烁,泰山的轮廓在暮色里沉静;当蜉蝣的朝生暮死与宇宙的亿万年流转相遇,人类总在追问:我们究竟是天地间孤独的观察者,还是万物共生中的一粒微尘?两千多年前,庄子在《齐物论》中以一句"天地与我并生,而万物与我为一",将这种追问升华为哲学的顿悟。他以"齐物"的视角消弭了大小、寿夭、物我的界限,揭示出人与自然本是一体两面。

庄子生活在春秋战国时期,那是一个礼崩乐坏、战乱频繁的时代。社会的动荡不安促使庄子对人生、对世界进行深入的思考,道家思想也在这样的背景下逐渐形成。道家主张顺应自然、无为而治,追求个体内心的自由与精神的超越。"天地与我并生,万物与我为一"正是这种思想的集中体现。

在道家的宇宙观中,天地万物皆源于"道"。"道"是一种超越人类认知和语言描述的存在,它是宇宙的本体,是万物生存、发展的根源。《道德经》中说:"有物混成,先天地生。寂兮寥兮,独立而不改,周行而不殆,可以为天下母。吾不知其名,强字之曰道。"天地万物由"道"而生,遵循着"道"的规律运行和变化。人作为万物之一,同样是"道"的产物,与天地万物有着共同的根源。因此，从根源上讲，天地与我共生，万物与我本为一体。

从字面意义理解，"天地与我并生，万物与我为一"描绘了一幅人与自然和谐共生的美好画卷。天地与人类一同存在，共同发展；世间万物与人类相互依存，不可分割。

在庄子看来，人与天地万物的关系并非对立的，而是相互交融、互为统一的。人类不应该将自己凌驾于自然之上，肆意地征服和掠夺自然，而应该尊重自然、顺应自然，与自然和谐相处。自然界中的山川河流、花草树木、飞禽走兽都有着自己的生存之道和存在价值，与人类一样，都是这个丰富多彩世界的一部分。

这种思想在古代中国的文化和生活中有着诸多体现。例如，中国传统的农耕文明就非常注重与自然的节律相协调。农民们根据季节的变化安排农事活动，"春耕、夏耘、秋收、冬藏"，顺应天时地利，实现人与自然的良性互动。中国的传统建筑也充分考虑了与自然环境的融合，如江南水乡的民居依水而建，巧妙地利用自然景观，营造出一种天人合一的居住氛围。

在这方面具有代表性的有皖南宏村古建筑群，堪称融入自然布局的典范。宏村整体规划依牛形而建，村中的月沼是"牛胃"，南湖是"牛肚"，水圳则是"牛肠"，与周边的山水环境完美融合，形成了"山为牛头树为角，桥为四蹄屋为身"的独特景观，宛如一幅天然的山水画卷。其水系不仅具有观赏价值，还满足了村民的生活用水、灌溉、排水等需求，同时调节了村落的气候，起到了降温、保湿、通风的作用，体现了建筑与自然环境在功能上的和谐统一。

同样，还有苏州园林。以拙政园、留园等为代表的苏州园林，在有限的空间内，通过叠山理水、植树栽花、布置亭台楼阁等手法，营造出了"虽由人作，宛自天开"的艺术境界，将自然山水浓缩于园林之中，达到咫尺之内再造乾坤的完美效果。园林中的建筑与自然景观相互渗透、相互融合。亭台楼阁的位置和朝向都经过精心设计，以便人们在室内就能欣赏到窗外的自然美景。同时，通过漏窗、月洞门等元素，使园林内外的空间相互连通，打破了建筑与自然的界限。

无论是宏村古建筑群依牛形布局于山水，还是苏州园林以咫尺天地浓缩自然，二者皆使建筑与自然紧密相连，人在其间，仿若与天地共生，万物合一，它们都是"天地与我并生，万物与我为一"的生动注脚。

"天地与我并生，万物与我为一"还体现了一种极高的精神境界，即个体精神的超越与自由。当人们认识到自己与天地万物为一体时，就能够摆脱世俗的束缚和偏见，超越以自我为中心的局限，达到一种豁达、超脱的心境。

庄子在《逍遥游》中描绘了一种逍遥自在的境界："若夫乘天地之正，而御六气之辩，以游无穷者，彼且恶乎待哉！"只有当人们忘却物我的界限，与天地自然融为一体，才能真正实现精神的自由。在这种境界下，人们不再被功名利禄所困扰，不再被世俗的是非善恶观念所左右，能够以一种更加宽广、包容的心态去看待世界和人生。

历史上许多文人墨客都受到庄子这一思想的影响，追求精神上的超越与自由。如陶渊明，他厌倦了官场的黑暗与虚伪，毅然回归田园，在自然中找到了心灵的慰藉。他的诗句"采菊东篱下，悠然见南山"，生动地展现了他与自然融为一体的闲适心境，体现了对个体精神自由的追求。

再有王维，他在辋川别业隐居，写下诸多清新自然、意境深远的田园山水诗。"空山新雨后，天气晚来秋"等诗句，以自然之笔描绘宁静田园，展现出对自然的热爱与内心的淡泊，在诗意生活中实现与自然的融合，如同陶渊明归园田居般自在洒脱。

在当今时代，"天地与我并生，万物与我为一"的思想依然有着重要的现实意义。随着工业化和城市化的快速发展，人类对自然资源的过度开发和消耗，导致出现了一系列严重的生态环境问题,如全球气候变暖、生物多样性危机、环境污染等。这些问题不仅威胁着人类的生存和发展,也破坏了人与自然的和谐共生关系。庄子的这一思想提醒我们,必须重新审视人与自然的关系,树立正确的生态观和发展观。我们应该认识到,人类的生存和发展离不开自然环境的支持,保护自然就是保护人类自己。只有实现人与自然的和谐共生,走可持续发展的道路,才能确保人类社会的长治久安。

在实践层面,我们需要采取一系列具体措施来落实可持续发展理念。例如,加强环境保护和生态修复,推广绿色能源和低碳技术,倡导绿色消费和绿色生活方式等。同时,我们还需要加强生态文明教育,提高人们的环保意识和生态素养,让每个人都认识到自己在保护自然环境中负有不可推卸的责任。

置身天地,我们都是渺小的个体,却拥有与万物共鸣的力量。从山川的磅礴,到草木的葱茏,天地万物以其独特的姿态展现着生命的魅力。当我们领悟"天地与我并生,万物与我为一"的内涵,便能在自然的滋养下,打破心灵的枷锁,用爱与敬畏对待世间一切,我们的生命也将变得辽阔而丰富,与这广袤宇宙同频,绽放独有的光彩。

33

飘风不终朝,骤雨不终日

"飘风不终朝,骤雨不终日",语出《道德经》第二十三章。其字面意思为,狂风刮不了一个早晨,暴雨也下不了一整天。无论狂风暴雨怎么肆虐,终有云淡风轻、风和日丽的时刻。老子在此借陈述自然界的规律,来揭示"道"的普遍性、客观性、周期性和永恒性,并进而告诫世人,天地间万事万物都是遵循着"道"的法则,自然而然地存在、运动及循"道"而行,是我们无法凭主观意志改变的。

《道德经》第二十三章的全文是:"希言自然。故飘风不终朝,骤雨不终日。孰为此者?天地。天地尚不能久,而况于人乎?故从事于道者同于道,德者同于德,失者同于失。同于道者,道亦乐得之;同于德者,德亦乐得之;同于失者,失亦乐得之。信不足焉,有不信焉。"老子在这一章里指出,有学道、悟道、体道这个因,才能有行道、得道这个果;有重德、立德、修德这个因,才能有崇高的人格境界、家国情怀,并最终有德润天下这个果。当然,有失去道、失去德这个因,也必然会有违道而行,从而造成损德、缺德、败德这个果。在老子看来,这种因果联系非常紧密。因为这是由道作为万物的本体、本源和内在于万物之中的客观规律,以及德下落到人世间、表现在每个人身上，人不离德、德不离人的自然特征与规律所决定的。这一章可以看作老子在天道自然的前提下，对道与德在人类社会中以自然状态体现其价值与功用的形象描述。

"飘风不终朝，骤雨不终日"，这句话既是对自然现象的描述，也深刻揭示了事物的变化、发展和灭亡的过程。狂风和暴雨虽然猛烈，但它们不会一直持续下去，人生中的苦难也会有结束的时候。它告诉我们，这种自然现象虽天地所为，但不会长久；天地尚不能持久，何况人呢？在人生的道路上，我们会面临许多困难和挑战，我们应始终不忘初心、坚定信念，勇敢地朝着既定的目标昂首前行。一时的得意与落魄不要放在心上，痛苦和快乐都不是永恒的。跨不过去是千沟万壑，迈过去了就是平坦大道。《汉书》里载有一个故事：汉宣帝时，儒士夏侯胜违背皇帝旨意，遭到了群臣弹劾。有个叫黄霸的臣子，对夏侯胜一向景仰，也因此受其牵连，被一同打入了大牢。在狱中，黄霸请夏侯胜传授经学。夏侯胜心如死灰，苦笑着说道："我们说不定明天就死了，研究这些还有什么用呢？"黄霸却并不沮丧，反而引用孔子之言来鼓励对方："朝闻道，夕可死矣。当下痛快即可，何必忧心明天呢？"夏侯胜深受感动，便敞开心扉，与其侃侃而谈。就这样，两人谈经论道，熬过了整整两年的牢狱时光。后来朝廷宣布大赦，二人双双获释。他们终被皇帝再度召见，重新起用。正是有了坚定的信念，他们才从阶下囚熬到了座上客，迎来了真正的新生。

苏轼曾在《晁错论》中写道："古之立大事者，不惟有超世之才，亦必有坚忍不拔之志。"一个人最不可丧失的，就是战胜困难的信念和勇气。对于一个自暴自弃的人来说，即便一件微不足道的小事，都能扼杀其命运。人生不如意十之八九，在你撑不下去的时候，咬咬牙，坚持、坚持、再坚持一下。不忧不惑，把眼前的事情心无旁骛地做下去，哪怕今天再糟糕，也总能迎来明天新的转机。人生就像一杯茶，苦也只会是苦一阵子，不会苦一辈子。

《道德经》第二十三章的主旨是讲述自然之道，即万物的生成、变化、消亡都遵循着一种客观的、永恒的、不可违背的规律，这就是道。"道"的这种作用是自然而然的，不是有意志的。在该章一开头，老子就说："希言自然。""道"是不说话、不发号施令的，一切都是自然而然的。对此，法国思想家德里达也表达了对老子哲学思想核心的"道"的充分肯定："道是中华民族精神的最高概念。"德国著名哲学家莱布尼茨则认为："这（道）是一个宇宙最高的奥秘！""中国人太伟大了，我要给太极阴阳八卦起一个西洋名字：'辩证法'。"他还称，"道，人类思维得以推进的渊源！"而海德格尔由"道"联想到上帝，他表示："如果你想要用任何一个传统的方法——无论是本体论的、宇宙论的、目的论的、伦理学的，等等——来证明上帝的存在，你会因此把上帝弄小了，因为上帝就像'道'一样是不可言说的。"在道家的思想中，天地间万事万物的生长发育，都不是"天"有意志的作为，而是自然而然的生化过程。因此，从"天道"的角度来看，"飘风不终朝，骤雨不终日"这句话所蕴含的哲学意蕴就是，天地和天地间万事万物都是遵循"道"的法则自然而然地存在和运动着。认识自然之道，尊重自然之道，顺应自然之道，不强求、不强行、不强制，而要自然、无为、清净，方能达到"与道合一"的人生最高境界。

"飘风不终朝，骤雨不终日"这句话还带给我们人生态度上的启示，任何实践活动都应符合自然规律，否则不仅无法取得预期的效果，还会招致果报。生活、学习、工作等都是这个道理，不要指望一朝一夕之功，要长期坚持不懈地努力，既要有诚心，又要有恒心。即便你现在金玉满堂、富贵荣华，如果骄奢淫逸、铺张浪费，总有一天也会落得个"展眼乞丐人皆谤"；即便你现在穷困潦倒、家徒四壁，如果你胸怀大志、奋发图强，也总有一天会"金满箱，银满箱"。

34

流水不腐，户枢不蠹

"流水不腐，户枢不蠹"出自《吕氏春秋》："流水不腐，户枢不蠹，动也。"意思是说，积水往往容易发臭，但是河道里的活水，却不会发臭，为什么呢？因为它们时刻都在流动。木制的器物往往会被虫子蛀坏，但是门的转轴，却从未腐朽生虫，为什么呢？这是因为它们在不停地转动。寓意为经常运动的事物不易受到侵蚀，活力反而会不断得到增强。

晋人程本所著《子华子》里也有说："流水之不腐，以其逝故也；户枢之不蠹，以其运故也。""流水不腐，户枢不蠹"这句话形象地说明了"动"的重大意义：生命在于运动，思想在于开动，人才也需要流动，宇宙间万事万物都在运动，没有运动就没有世界。心理学上有个有趣的效应，被称为"鲇鱼效应"。据说挪威人喜欢吃沙丁鱼，但是因为鱼舱中缺少氧气，捕获的沙丁鱼容易窒息而死，而活鱼的价值是最高的。为了将沙丁鱼完美地运输到岸上，渔民就想到了一个好办法：在装有沙丁鱼的鱼槽里放进去一些鲇鱼。鲇鱼生性好动、凶猛。鲇鱼在鱼槽里不断搅动，激发了沙丁鱼的危机感和逃生欲望。因为沙丁鱼的加速游动，从而增强了其生命的活力。

还有一个故事，国外有一家森林公园里曾养殖了几百只梅花鹿，尽管环境幽静，水草丰美，也没有天敌，但几年以后，鹿群的数量非但没有增加，反而病的病，死的死，出现了负增长。后来他们买了几只狼放养在公园里。在狼的追赶捕食下，鹿群只得紧张地奔跑逃命。如此一来，除了那些老弱病残者被狼捕食外，其他鹿的体质日益增强，数量也迅速地增长着。物竞天择，适者生存。大自然的生灵都一样，尤其是在动物世界弱肉强食的"丛林法则"中，"生于忧患，死于安乐"更是被体现得淋漓尽致。危机意识缺乏，不思进取、安于现状，无论是人类还是动物，最终都会面临被淘汰、灭亡的结局。

《后汉书》记有三国名医华佗告诉他的学生吴普的一段话："人体欲得劳动，但不当使极耳。动摇则谷气得消，血脉流通，病不得生，譬犹户枢，终不朽也。"说的就是人要经常运动，但是不能超过极限，适度运动才能利于健康。俗话说，劳动益寿，运动延年。身体不活动，精气就不流通，精气不流通，气血就会郁积，气血郁积则会使人体出现各种问题，进而严重影响身心健康和肌体活力。

毛泽东在《论联合政府》一文中，从精神和思想层面赋予了"流水不腐，户枢不蠹"这八字箴言更广泛、更深刻的含义。他指出："有无认真的自我批评，也是我们和其他政党互相区别的显著的标志之一。我们曾经说过，房子是应该经常打扫的，不打扫就会积满了灰尘；脸是应该经常洗的，不洗也就会灰尘满面。我们同志的思想，我们党的工作，也会沾染灰尘的，也应该打扫和洗涤。'流水不腐，户枢不蠹'，是说它们在不停地运动中抵抗了微生物或其他生物的侵蚀。"可见，只有不断地学习、思考、创新，"吾日三省吾身"，才能保持心灵的清澈和思维的敏捷。如果停止学习和思考，人的思想和心灵就会变得陈腐不堪。

因此，我们应该像流水一样，永葆一颗不断学习、持续进取的心，让自己的思想和心灵始终保持旺盛的活力和创造力。人生没有捷径可走，只有通过不断的努力拼搏，才能在创造美好未来、追逐远大理想的征途中，源源不断地获得成就感和满足感。

第二篇
修身悟道

袁一茜 画

35

社交潜规则：贵人不可贱用

众所周知，这个世界上存在着两套规则体系，一套是显性的，为80%的人所认知；另一套则是隐性的，只有20%的人能够洞察。这两套规则在不同的场景下发挥着不同的作用，一阴一阳彼此影响、相互促进，共同推动万物生长和文明的发展与进步，显性的规则有法规制度和道德规范等，而那些隐性的规则在法律条文和规制设计中难觅踪迹。比如，在人际交往过程中，有些人就会遵循一些隐性的潜规则。深谙人际交往潜规则的人并不算太多，他们善用自己所掌握的人脉资源，不断优化、拓展社交环境，为实现自我价值和事业发展创造条件。

《红楼梦》里有一副对联："世事洞明皆学问，人情练达即文章。"其深刻揭示了处理复杂多变的人际关系是一门了不起的学问，也是当代人的必修课。有个热词叫"向上社交"，向上社交有一个潜规则叫"贵人不可贱用"，我们在跟优秀人士交往时，必须懂得这项规则。如果想要在人际交往中左右逢源、如鱼得水，就需透过规则去领悟里面所包含的了解人性、深谙人心的智慧，并具备善于倾听他人的意见、敏锐地洞察他人的情感需求、妥善协调各方利益关系等社交能力。

所谓的贵人，并不一定都是特别优秀的人士，但一定是愿意支持和帮助你的人。有些人也并不是刚认识就愿意帮你，除非你自身在品德修养、人格魅力或社会地位等方面让别人对你"一见如故，再见倾心，三见倾力"。在越来越讲"门当户对"的人际交往中，人脉在很大程度上已演化成一种价值关系，价值交换的属性越来越强。你自身不够优秀，缺乏引人瞩目的闪光点，即便偶遇所谓的贵人，也只会是一面之缘，不能产生任何化学反应。而当我们有幸与学识、能力或地位等方面远超我们的优秀人士相处时，我们往往迫切期望能和对方建立紧密联系或合作关系。然而，80%的人都会掉进一个"贵人贱用"的"坑"里，从而导致我们与贵人的关系渐行渐远。

"贵人贱用"其实通常是指一些人缺乏边界感，利用贵人的资源满足自己或亲友的一些低层次需求，诸如寻求帮助解决一些芝麻蒜皮的小事、不上台面的烂事等，凡此种种都是在消耗贵人，资源贱用。用不了多久，你就会喜提一个"格局太低，不堪大用"的差评，贱用贵人的结果就是被贵人弃之如敝屣。贵人贱用还容易让我们迷失自我、丧失原则。如果我们罔顾自身实力，过度依赖贵人的地位和资源，放松对自我的要求与成长管理，终将损害我们的职业声誉和长期发展。

除了不能贱用贵人，我们对身边的普通人也要避免贱用。微信朋友圈集个赞、砍一刀、拉个票、求转发等，本质上都是贱用他人。低端的欲望塑造了劣质的自我形象，一个人的社会评价就是其所有言行举止的总和。一旦你在圈子里被评价为格局不行，那你也就只能剩下一些低层次的酒朋肉友了。没有人会在干正事、干大事时，将一个格局低、不靠谱的人视为潜在合作伙伴。贱用朋友圈，结果必然导致被朋友圈弃用。

古人云："以利相交，利尽则散；以势相交，势败则倾；以权相交，权失则弃……唯以心相交，方能成其久远。"《论语》亦云："君子喻于义，小人喻于利。"古代先贤早已悟透了价值观决定人际交往质量的终极智慧。时至今日，这种不朽的智慧依然值得我们深刻学习和认真借鉴。

36

心外无物：构建人脉的高段位底层逻辑

明代大儒王阳明提出"心外无物"，其核心在于心是感知与认知世界的根源，外在事物的意义皆由内心赋予。当我们将这一理念融入对自我修养与人际交往的理解，便能拨开世俗关系的迷雾，洞察情感联结的本质。那些流于表面的礼敬仪式、充满功利性的交往算计，终究只是虚妄的泡沫，唯有回归本心的真诚与纯粹，才能构建起稳固而温暖的人际网络。

阳明先生在龙场驿悟道时，曾发出"吾性自足，不假外求"的慨叹。这不仅是个人精神境界的重大突破，更是对人类认知范式的颠覆。其揭示了人类认知的深层规律——外在的仪式、规则与表象，若脱离了内心的理解与认同，便失去了实际意义。战国时期齐国贵族孟尝君的故事，便是对这一理念的生动诠释。

孟尝君生性豪爽，喜欢招纳各种能人异士，号称门客三千，其中不乏鸡鸣狗盗之辈。他对宾客来者不拒，有才者各尽其才，无才者亦得衣食周全。秦昭王欲拜孟尝君为相被拒，便将其软禁起来，想寻找机会除掉他。孟尝君为求脱身，托人向秦昭王的宠幸燕姬求助，燕姬的条件是要一件和之前已被孟尝君当见面礼献给秦王的那件一样的白狐裘。孟尝君门客中一擅长偷盗的随从便自告奋勇，从宫中将这件白狐裘成功盗出。

孟尝君脱身后，一路逃至函谷关，发现城门已关，守门人一定要等到鸡鸣之时方可打开城门。正在焦急之时，随从的门客中有人便学起鸡叫，引得附近的鸡也都纷纷叫了起来，城门随之大开，孟尝君一行得以成功逃脱。

表面看来，孟尝君广纳三千门客，靠"鸡鸣狗盗"之徒脱险，堪称"人脉经营"的典范。但细究之下，实则是孟尝君平日真诚待人所积累的信任在关键时刻的爆发。真正让这些门客甘效犬马之劳的，并非孟尝君给予的物质供养，而是其礼贤下士的真心与广阔胸襟。若他只是将门客当作实现目的的工具，危难时刻又怎会有人舍身相助？这印证了一个真理：真正的人际联结，始于内心的尊重与接纳，而非功利的计算。孟尝君的门客正是感受到自身价值被看见、被尊重。

在现代社交语境中，许多人陷入"人脉即资源"的误区，将社交异化为"社交存款"——他们奉行"平时多烧香，急时有人帮"的实用主义哲学，为求急时"提款"，忽视了情感联结的本质是心灵共振。这种功利性交往如沙滩上建楼：觥筹交错间堆砌的关系网，一旦利益潮水退去，便会轰然崩塌。

反观健康的人际关系，恰如"君子之交淡如水"——摒弃利益杂质的纯粹，才是长久之道。在日常交往中，我们既要避免事事依赖他人，也要警惕以损人利己的方式麻烦别人。就像王阳明面对山中花树时的顿悟：当我们以真诚之心对待他人，对方能感知到这份纯粹，从而建立起无隔阂的联结。带着功利心与人交往，就像在彼此之间竖起一道透明的屏障，对方能清晰地感知到被利用，再高超的技巧也难掩算计的痕迹，关系也会因此变质。正如洛克菲勒在家书中告诫儿子："利益是光照人性的影子，在它面前，一切与道德、伦理有关的本质都将现形。"

孟尝君能凝聚门客，不仅因真诚，更因他本身具备"值得追随"的格局。人际交往中，能力与品格是吸引他人的核心磁场，"吾性自足"的前提是自我价值的坚实。想要在关键时刻获得他人相助，平日里更需要从自身做起，在能力提升、价值贡献和真诚品格塑造上下足功夫。脚踏实地努力提升自己，让自己的能力配得上理想和情怀。同理，人脉的基础是"自我价值配得上他人的关注"——唯有先成为"值得交往的人"，才能吸引同频共振者。古人云"礼云礼云，玉帛云乎哉"，强调的就是不能只注重形式上的礼仪，更要注重内心的真诚。我们平时也应该多帮助他人，多积累人情，多积攒人脉，如此，在关键时刻才有可能获得他人的支持和帮助。

俗话说"晴天留人情，雨天好借伞"，人脉的本质是情感的流动，而非冰冷的资源。在与他人建立了一定感情基础的情况下，遇事适当麻烦他人，非但不会让对方觉得你是在对其进行价值利用，也不会损害彼此的情感交流和关系基础，反而有助于双方进一步加深情感联结。"平时肯帮人，急时有人帮"，不仅在于积累人情，更在于传递"被需要"的温暖。因为这种求助的本质，是对对方价值的认可，是"我需要你"的真诚呼唤。而这种"被需要"的感觉往往是大多数人渴望得到的。由此可见，人脉绝不等同于银行里的存款，不能仅在需要时才去提取，而是温暖的情感纽带。我们应当像织网般耐心构建：日常的问候、用心的倾听、不计回报的帮助，皆是编织关系的"丝线"。付出真诚和努力，一点一滴地构建自己的人际网络。如此一来，在我们需要的时候，这张网便能成为我们坚实的后盾。

另一个方面，人际交往中的"投其所好"本是维系情感的正常方式，但毫无原则的讨好只会适得其反。一味迎合他人，却得不到真诚回应，不仅会让自己的付出被视为理所当然，还可能陷入《增广贤文》中"求人如吞三寸剑，靠人如攀九重天"的困境。唯有以平常心与他人交往，在保持自我的同时尊重他人，才能避免"平时不烧香，临时抱佛脚"的尴尬。平日里疏于情感联络，有事才突然热情接近，这样的交往注定难以长久。

高情商的社交从来不是技巧的堆砌，而是"阳谋"的践行。这里的"阳谋"，是坦诚的自我展现，是持续的价值输出，是不计回报的付出。就像孟尝君对待门客，无论有无才能都以诚相待，这种长期的真诚积累，在关键时刻会转化为生死相助的力量。他们绝不会去做临时抱佛脚的事。他们不玩弄心机，而是以真诚坦荡的态度示人。这种高段位的交往逻辑，看似简单直接，却蕴含着强大的感染力。他们懂得，人际交往的基本法则就是有来有往、互帮互助、互补互通，这也是稳固而和谐的人际关系赖以存续的基础。现代心理学研究表明，人类天生对真诚具有敏锐的感知力，任何技巧性的伪装最终都会被识破，唯有本心的光芒能穿透人心。

战国时期管仲与鲍叔牙的"知遇之交"，之所以被奉为典范，正因鲍叔牙能透过表象看见管仲的内在才华：临阵脱逃是因家中老母需养，经商多分钱财是因家境贫寒。这种超越功利的"心灵看见"，正是"心外无物"的现实映照——当我们以本心观人，看见的不是标签与利益，而是真实的灵魂。反观当下，社交软件虽让联系变得便捷，却也让关系流于浅表。人们沉迷于"有效社交"的技巧，却遗忘了最本质的道理：所有长久的关系，都始于"我欣赏你"的纯粹，成于"我愿意"的付出，终于"我懂你"的默契。

回到王阳明的哲学，"心外无物"最终指向的，是对生命本真的回归。当我们放下对外在形式的执着，摒弃功利的算计，以澄明之心待人接物，便能在人际交往中收获真正的温暖与力量。就像他在临终前所说"此心光明，亦复何言"——内心的光明，才是照亮世界的终极光源。这也正是人脉的底层逻辑，无论是自我修养还是人际交往，外在的一切皆是内心的投射：你如何看待世界，便会收获怎样的关系；你以何种态度待人，便会得到何种回应。

在这个纷繁复杂的时代，"心外无物"的智慧恰似一盏明灯，唯有守护内心的真诚与纯粹，才能在社交的迷雾中，构建起经得起考验的精神家园与人脉网络。毕竟，真正重要的，从来不是外界的喧嚣浮华，而是内心的清澈坚定——这，才是一切关系与价值的根源。

37

与其锦上添花,不如雪中送炭

有一个人刚走出一片炎热的沙漠,口渴极了,于是他买了六瓶矿泉水。喝完第一瓶时,他还是觉得非常渴,于是就一瓶接一瓶地喝了下去,当喝到第四瓶时,口渴的感觉已经得到缓解。而等喝完第五瓶,不但口不渴了,肚子也感觉很饱了。这时他想,既然还剩下最后一瓶,不如也一起喝完算了。当这个人勉强喝完第六瓶水时,肚子便被撑得很难受。于是,这个人对刚喝下去的第六瓶水产生了深恶痛绝之感,也把开始喝水时的那种畅快淋漓的舒爽感给忘了。这就是德国经济学家戈森提出的"边际效用递减法则"。

戈森认为:人类为满足欲望,需不断增加消费次数,而获得的快乐随消费的增加而递减,快乐为零时,消费就应停止,如再增加,则成为负数,快乐即变为痛苦。这说明,锦上添花的效果,远比不上雪中送炭。《增广贤文》里有一句话:"渴时一滴如甘露,醉后添杯不如无。"说的就是,想要赢得他人积极的情感反馈,一定要选择在他最需要的时候给予最贴切、最实用的帮助。在他人处于危难之时及时援手救济,别人会一辈子感恩戴德、铭记于心。人生之路本就跌宕起伏,"三十年河东,三十年河西",谁也无法预料,日后当自己跌入低谷、遭遇困境的时候，他人会不会袖手旁观、踩上一脚。

1941年，著名作家钱钟书留学归国后受困于上海沦陷区，由于学术文稿一直无人愿买，只得改写小说。在写《围城》时，经济已经十分窘迫，每天仅500字的精工细作，自然不能马上换来银圆，房子也越住越小，已到了"举家食粥"的地步。这时候，爱国艺术家黄佐临将钱钟书夫人杨绛的四幕喜剧《称心如意》和五幕喜剧《弄假成真》两个剧本买下来，及时搬上自己的剧团上演，并提前按最高标准全额支付了稿酬。黄佐临的义举救了钱钟书一家。钱钟书向来不喜欢与人交往，却对黄佐临始终心怀感激。数年之后，钱钟书凭借长篇小说《围城》名满天下。当众多影视公司找上门，欲与钱钟书协商改编影视事宜，钱钟书均不为所动，婉言谢绝。1991年，黄佐临之女，导演黄蜀芹找到钱钟书，表达了想将《围城》拍成电视连续剧的意愿。闲聊之下得知黄蜀芹的父亲就是黄佐临，钱钟书二话不说，欣然同意。随后，电视剧《围城》历经艰辛拍摄完成，并取得巨大成功，被誉为"精英电视剧的绝唱"。现实生活中这样的例子不在少数。对于他人来说，有时候你的"滴水之恩"，不经意间却可能成为别人的"救命稻草"。

《道德经》里说的"天之道，损有余而补不足。人之道，则不然，损不足以奉有余"和著名的"马太效应"都揭示了同一种普遍的社会现象：人们往往只热衷做锦上添花之事，而不愿雪中送炭。在"向上社交，才是有用社交"的趋利避害的思想驱动下，人们对一时春风得意的所谓成功人士趋之若鹜，而对暂处困境之人则嗤之以鼻，甚或幸灾乐祸。俗语"穷居闹市无人问，富在深山有远亲"便是人情冷暖、世态炎凉的真实写照。其实，锦上添花的人太多了，你一厢情愿的付出，未必能激发被添花者的尊重与好感。孔子曰："君子周急不济富。"在别人处于危难关头提供力所能及的帮助，正是赢得对方真挚友情的最佳时机，也更能彰显自己高尚的道德情操。岁寒知松柏，患难见真情。所谓的"人脉投资"，在他人跌落谷底的时候"雪中送炭"，往往有事半功倍之效。

但是，交朋结友也考验一个人的处世智慧和价值观。俗话说"救急不救贫"，不是什么人都值得你去援手，现实版"农夫与蛇"的故事屡见不鲜。可怜之人必有可恨之处，尤其是遇到那些终日不思进取、牢骚满腹、口气比力气大的人，选择敬而远之，远胜于"雪中送炭"。

还有一种"雪中送炭"，那就是突遇大灾大难，急需为受灾地区捐款捐物的情形。这种"雪中送炭"既能彰显"舍小家为大家"的家国情怀，也能弘扬中华民族扶危济困、守望相助、同舟共济的精神。

38

你永远没有第二次机会树立第一印象

在《三国演义》中，鲁肃向孙权推荐庞统，当孙权看到庞统不但相貌丑陋，而且狂妄不羁，当即拒绝了这位堪比诸葛亮的奇才。是孙权瞎了眼，还是庞统不明智？其实，这两者都不是，只是庞统给孙权的第一印象不够好。在现实生活中，我们对某人的第一印象不是很好时，可能需要很长时间才能逐渐改变。换句话说，对某人的坏印象将长久持续下去。

实验心理学研究表明，外界信息输入大脑时的顺序，在决定认知效果的作用上是不容忽视的。最先输入的信息作用最大，大脑处理信息的这种特点是形成首因效应的内在原因。你永远没有第二次机会树立第一印象，就是因为"一见如故""一见钟情""一笑倾国，再笑倾城，三笑倾我心"这些顽固的首因效应。首因效应是指交往双方形成的第一次印象对今后交往关系的影响，即"先入为主"带来的效果。虽然这些第一印象并非总是正确的，但却是最鲜明、最牢固的，并且决定着以后双方交往的进程。

1960年，心理学家J·怀斯纳实验证明，首因效应依附于认知者主体价值选择和评价。1964年，心理学家C·梅约和

W·克劳克特的实验进一步证明，认知结构简单的人身上，容易出现首因效应。美国著名小说家霍尔·凯恩是一位铁匠的儿子，一生中接受的学校教育不足8年，然而他去世时已成为那个时代最富有的作家。凯恩在年轻的时候，喜爱著名诗人但丁·加百利·罗塞蒂的诗作，他就写了一篇稿子，高度赞扬但丁伟大的艺术成就，并将这份稿子寄给了但丁本人。但丁在阅读到这份稿子后说：一个能对我的才华给予如此高评价的年轻人一定也是出类拔萃的吧！于是但丁就邀请凯恩来做他的秘书。从此，凯恩的事业出现了转机，他在工作、生活中可以接触到很多出名的文学家和艺术家。在这个环境中，凯恩开始投身于文学创作事业，身边有很多可以学习并给予他宝贵指导的人，最终，凯恩的写作成就扬名全世界。李敖曾经讲过一句话："你去做一个演讲，一定要在开头五分钟就抓住听众的心，如果在演讲开头五分钟内抓不住听众，那你的演讲就是失败的。"而实际上，演讲开始的一分钟内听众就会产生"首因效应"。写作也一样，如果文章的第一段吸引不了读者，就别想用后面的长篇大论打动读者。尤其在这个快节奏的新媒体时代，一定要做到先声夺人。

　　首因效应本质上是一种优先效应，当不同的信息结合在一起的时候，人们总是倾向于重视前面的信息。即使人们同样重视了后面的信息，也会认为后面的信息是非本质的、偶然的，人们习惯于按照前面的信息定向解释后面的信息。也就是说，人们总是以他们对某一个人的第一印象为背景框架，去理解他们后来获得的有关此人的信息。短时间内的寥寥话语，甚至举手投足，都会形成牢固的第一印象。第一印象是在短时间内以片面的资料为依据形成的印象，心理学研究认为，与一个人初次会面，45秒钟内就能产生第一印象。这一最先的印象对人的知觉产生强烈的影响，并且在对方的头脑中占据主导地位。所以说，没有打造第一印象的第二次机会。

社会心理学家艾根在1977年研究发现,在与人相遇之初,按照SOLER模式来表现自己,可以明显增加他人的接纳性,使得在人们的心中建立良好的第一印象。SOLER是由五个英文单词的开头字母拼写起来的专业术语,其中S表示坐或站要面对别人,O表示姿势要自然开放,L表示身体微微前倾,E表示目光接触,R表示放松。用SOLER模式表现出来的含义就是"我很尊重你,对你很有兴趣,我内心是接纳你的,请随便"。卡耐基在名著《如何赢得朋友》中也总结了六条给人留下良好印象的途径,即:真诚地对别人感兴趣;微笑;多提别人的名字;做一个耐心的倾听者,鼓励别人谈他们自己;谈符合别人兴趣的话题和以真诚的方式让别人感到他自己很重要。

第一印象主要由性别、年龄、衣着、姿势、谈吐和面部表情等外部特征决定,这些外部特征能在一定程度上反映出这个人的内在素养和某些个性特征。因此,在交友、招聘、求职等社交活动中,我们就要充分利用这种效应,紧紧抓住初次会面的前45秒,展示给他人一种好的形象,为以后的交流打下良好的基础。

不过,第一印象往往具有一定的欺骗性,所以,我们在与他人的交往中,注意不要仅凭对他人的第一印象来对其定性。我们应在后期的交往过程中,根据所获信息,随时更新对其印象和看法,尽力做到客观看人和理性识人。

39

认识你自己，
凡事勿过度，妄立誓则祸近

　　位于希腊福基斯地区德尔斐小镇的帕那索斯深山里，有一座世界闻名的神庙——阿波罗神庙，其入口的门廊（前庭）上镌刻着三句流传千古的铭文，译成中文分别是"认识你自己""凡事勿过度"和"妄立誓则祸近"。资料显示，这些箴言来自阿波罗神庙的神谕，世人称之为"德尔斐神谕"，是古希腊人的精神支柱。

　　据说"德尔斐神谕"最早起源于公元前8世纪，其中最著名的传世神谕包含147条道德格言，为前苏格拉底时代古希腊民族的道德指导方针，蕴含着古希腊的智慧与品格教导。"德尔斐神谕"是古希腊神话中的光明、预言、音乐和医药之神阿波罗赐给人们的教诲，忠告人们要虔诚地生活。德尔斐箴言由古希腊七贤书面成文，所以又称"七贤诫令"。也有当代学者认为其很有可能来自当时民间流行的谚语，后来被归功于古希腊七贤。

　　"认识你自己"被视为人类社会最具价值的格言之一，是自我探索的永恒命题。苏格拉底深入探索自我，在与柏拉图的对话中提到："我还不能像德尔斐碑文所写的那样认识自己，在我还没有认识自我的时候，去研究自我认识是荒谬的。"他将这句箴言提升为哲学命题,实现了哲学主题从神到人、由自然到社会生活的转变。苏格拉底认为,人初到世界,无知是我们的底色,是我们唯一的所有。他那句"我只知道一件事,那就是我什么都不知道"广为流传。正因如此,我们必须从无知出发去认识世界和自身。然而,人们往往刻意回避自我审视,不敢直面自己的不足、错误、惰性和丑恶,容易放松对自己的要求,陷入自我麻痹。

中国古代思想家老子说:"知人者智,自知者明。"了解他人叫作聪明,认识自己才是智慧。尼采也指出,离每个人最远的就是他自己。东西方圣哲在自我意识的根本问题上达成共识,展现出人类最高智慧的相通性。

"凡事勿过度"告诫人们行事要保持适度,避免走向极端,是平衡思维的智慧彰显。中西圣哲虽表达方式不同,但都体现了平衡思维。中国哲学极为讲究平衡之道。作为东方哲学的精髓,儒家的中庸思想、道家的阴阳观念、释家的因果学说,以及中华传统文化的代表作《易经》,都运用了平衡思维。从简单的点、线、面思维到立体思维,再到混沌思维,平衡贯穿其中,而平衡思维是人类思维的重大飞跃。

相比西方一些哲学、宗教宣扬的极端思想,东方的平衡之道显得尤为高明。《史记》中提到"欲而不知止,失其所以欲;有而不知足,失其所以有",辛弃疾在《沁园春·将止酒戒酒杯使勿近》中也说"物无美恶,过则为灾",月满则亏、过犹不及的道理自古便深入人心。杨绛先生曾感慨:"我们曾如此渴望命运的波澜,到最后才发现,人生最曼妙的风景,竟是内心的淡定和从容。"以适度心态面对一切,懂得退而求其次,做到不以物喜、不以己悲,追求适量、守度、得当,不偏不倚、恰到好处,这不仅是一种人生境界,更是成熟与智慧的体现,无论是治国还是修身都离不开这种理念。

"妄立誓则祸近"提醒人们不要轻易承诺,一旦承诺就要尽力践行,是关于诚信与责任的深刻教诲。在人际交往中,我们应慎重考虑自身能力和目标，确保承诺合理可行，只有这样才能成为值得信任的人。心理学家阿德勒说："人的一切烦恼，皆源于人际关系。"人际交往能力对生活的方方面面影响重大，而诚实严谨、温良可信的个人形象是构建良好人际关系的基石。

　　狂妄自大、信口开河，随意许诺且不尊重誓言，久而久之，不仅会在人际交往中造成恶劣的后果，还会严重打击自身的自尊心和自信心，引发破罐破摔的消极思想。正如《道德经》所言："夫轻诺必寡信。"那些随意承诺、把信用当儿戏的人，履约能力往往较低，与之交往应谨慎，不可盲目信任。

　　德尔斐阿波罗神庙的这些箴言，历经几千年岁月洗礼，不仅在古希腊文明中影响深远，对现代社会也意义重大，引导我们在人生道路上做出正确的选择，成就更有意义、更为成功的人生。这些箴言是跨越时空、永不磨灭的精神财富，持续启迪着人类不断探索自我、追求平衡、坚守诚信。

40

山不过来，我就过去

有一位智者带着一群学生在山中的寺庙里讲道。当他跟学生说，信念是成功的关键时，一位学生说："老师，您能通过信念，让那座山过来，让我们站上山顶吗？"智者满怀信心地对学生表示肯定的答复。他领着学生们来到寺庙门口，对着大山高喊："山啊，你过来！"山谷里响起了他的回声，却什么都没有发生。这时，智者道："山不过来，我们过去吧！"于是，他带领学生开始爬山，经过一番辛苦劳累，他们终于爬上了山顶。

人们常说，想成功，先要疯，头脑简单往前冲。一个人如果总是端着面子，揣着里子，放不下身段，就无法在人际交往中激发社交潜能。

有一位摄影师，专门给各类大会拍大合影。可有个问题一直困扰着他：照片上总是有人闭眼。为了统一步调，摄影师按照常规做法，不断叫喊："大伙请注意，我喊一、二、三，喊三的时候，千万不要闭眼睛！"可是不管怎么强调，总会有人闭眼睛。后来，这位摄影师换了一种思路：他请所有参加拍照的人都闭上眼，听他的口令，同样喊一、二、三，在喊到三时一起睁眼。果然，照片冲洗出来一看，一个闭眼的人都没有，大获成功。"山不过来，我就过去"就是最好的态度，我们无法改变别人，但我们可以改变自己。我们无法改变某些事物，但我们可以改变对某些事物的态度。

"山不过来，我就过去"，尽释了人与人之间的相处之道，以谦卑的姿态主动去接近比自己优秀的人，不断为自己创造机会，实现尽享优质人脉加持的愿望。这个法则既是与人主动示好的方式，也是释放我们的善良和包容的途径，可有效缓和一些紧张的人际关系。

"山不过来，我就过去"这句古老箴言，不仅仅是一种解决问题之道，更是一种积极向上的人生态度。在生命的征途中，我们总会遇到各种各样的困难和挑战，但只要我们保持这种灵活变通、主动出击的精神，就没有什么能够阻挡我们成长的步伐。

41

利他，是最高境界的利己

稻盛哲学认为：人生最大的快乐，莫过于利他；人生最大的痛苦，莫过于利己。在生活中，我们常常会陷入只注重自我利益、患得患失的场景中。在这样的心理状态下，我们的人生一定不会有什么真正意义上的快乐可言，利己思想会阻碍我们感受身心灵的愉悦和持久的幸福感。因为我们缺乏了爱的能力，并且丧失了帮助他人的动力，这是人性的两大悲哀。青少年教育专家李玫瑾教授曾指出，助人就是助己。人之所以活得有意义，就是因为人活得有情有义，情义就是人和人之间活下来的那种非常有味道的东西。人生的起源就是情，没有情的话，生命就不存在。

日本的公共卫生间是出了名的整洁，干净程度给每一个去过日本的游客都留下深刻的印象。在日本的很多公厕里，都能够看到这样的一句话："谢谢上一位使用者维持整洁，我们也要让下一位使用者有个干净的空间"。稻盛和夫也曾说过："利己则生，利他则久。敬人者人恒敬之，爱人者人恒爱之，利他是一种高级的'利己'。"只有尽可能地关心和帮助他人，我们才能获得更多的福祉和善报。尽管实验经济学家研究发现，大约有20%~30%的人被称为"理性利己主义者"，他们是自私自利的人，无论别人如何善待他们，这些人都不会有所回报。其实，有70%～80%的人能够产生同频共振就已够多了。凡是认真履行社会责任，特别是在扶危济困、关爱弱小方面做出贡献的个人和群体，都能得到社会的尊重、认同和赞誉。

科学家通过观察人脑发现，经过漫长的演化，人类已经长出了"利他脑"——一块由前扣带回、前脑岛与腹侧纹状体构成的神经回路。利他也从一种增加适应性的外部行为，演化成了我们的本能，而人脑的构造对利他也显得最为适应。《自然·通讯》（Nature Communications）上发表的一项研究也印证了这个结果，比起自己花钱，把钱花到别人身上能让与快乐有关的脑区（如颞顶联合区）得到更大程度的激活。也就是说，人类在帮助他人的时候，自己也会感受到快乐和满足。神经化学领域的科学家研究发现，当人心怀善念、积极思考时，人体会分泌出令细胞健康的神经传导物质，免疫细胞因此变得活跃，免疫系统也变得更加强健，这从免疫学角度揭示了"善有善报"规律的存在。由此看来，利他，实际上既是一个人的高配，也是一个人的标配，而不是选配。

事实上，利他并不是人类的"专长"。从目前的研究来看，无论是传统观念中被认为"充满灵性"的动物（猩猩、猴子、海豚、大象、狗等），还是那些乍看起来"情商不高"的动物，诸如老鼠、鱼类、鸟类等，都具有利他倾向。在动物行为学中，利他也意味着动物愿意做一些事情以帮助同伴获益，即使做这些事需要付出一定的代价。《科学》（Science）杂志曾发表过一项有趣的研究：如果将一只老鼠关进铁笼子里面，那么另一只老鼠会想尽一切办法打开笼子来营救它。如果一只老鼠和老鼠最爱的巧克力被同时关进两个笼子里，那么"营救者"并不会因贪嘴而罔顾同伴的存亡，它会以相同的速度打开两个笼子，之后还会拿出约30%的巧克力分给"被救者"。这大概说明了一件事，利他行为并非我们概念中人类独有的高级行为。

模型类比结果显示，一个群体或社会中如果有3%的利他主义者,整个社会的风气就会出现可喜的变化。个体的利他行为,是群体间开展广泛合作的基础。如果我们以自我为中心,我们的人际关系会变得异常脆弱,这对我们的生活、工作和社交都有害无益,这就是所谓"利他则快乐,利己则烦恼"。利他之心、利他之行,才是我们摆脱烦恼、获得真正快乐的良药。中国有句古话:"爱出者爱返,福往者福来。"为善的结果是善终究会回到自己的身上。

由此可见,利他,其实也是为自己铺路,不仅能带来短期的收益,更重要的是能在更长的时间范围内收获更多的关爱、友谊和欣赏,实为一种高级的利己。

42

大礼不辞小让,细节决定成败

伏尔泰说:"使人疲惫的不是远方的高山,而是鞋子里的一粒沙子。"一粒沙子看似不起眼,却决定着你能走多远,走多久。大节固然能够左右大势,但是,如果忽略日常的微小细节,无论大节如何,结果一定会以失败而告终。老子的智慧早就告诉我们:"图难于其易,为大于其细。天下难事,必作于易;天下大事,必作于细。"意思是谋划难事,先从容易处入手;要干大事,先从细小处做起。一鸣惊人的大事,正是由一件件小事支撑起来的,那些不经意的细节,正是拉开差距的关键。

《韩非子》有云:"千丈之堤,以蝼蚁之穴溃;百尺之室,以突隙之烟焚。"那些不起眼的细节,经过长时间的累积,最终会成为压垮骆驼的最后一根稻草。英国有一首著名的民谣:"失了一颗铁钉,丢了一只马蹄铁;丢了一只马蹄铁,折了一匹战马;折了一匹战马,损了一位国王;损了一位国王,输了一场战争;输了一场战争,亡了一个帝国。"这个也称"铁钉效应"的寓言故事,足以证明细节决定成败。成功有时会在一些微小的细节中毁于一旦,所谓"一着不慎,满盘皆输"。

人们常说:性格决定命运。就个体而言,你的性格里藏着你对日常细节的态度和追求,很多人一直苦苦寻求的、成就人生的发展机会,其实就隐藏在你的性格里。在非洲草原上,有一种身形极小、很不起眼的动物叫吸血蝙蝠,靠吸动物的血生存,就连强悍的野马也会成为它的牺牲品。这种蝙蝠常附在马腿上,用锋利的牙齿刺穿马腿,然后舔食血液。无论野马怎么蹦跳、狂奔,都无法驱逐这种蝙蝠。蝙蝠可以从容地吸附在野马身上,直到进食完成,才肯满意飞离。而野马常常在暴怒与狂奔中无可奈何地死去。动物学家分析这一情形后发现,吸血蝙蝠的吸血量微不足道,远不致野马毙命,野马的死亡是其暴怒狂躁的性格所致。古人云:"胸有激雷而面如平湖者,可拜上将军。"说的就是对情绪的超强控制力,也是一种良好的性格修养。控制情绪,需从调节日常生活中的各种细节入手,做到敬畏细节及增强对细节的把控力。

　　大礼不辞小让,细节决定成败。细节如同一滴水,无数滴水汇聚起来,就会成为江河湖海;细节就像一颗星,无数颗星汇聚起来,就会撑起璀璨星河。"泰山不拒细壤,故能成其大;河海不择细流,故能就其深。"芸芸众生能做大事者确实很少,多数人只能做一些具体、琐碎、单调的小事,但就是这些平凡的工作和生活,是成就大事不可或缺的基础。随着经济的高速发展,社会分工越来越细,专业化程度越来越高,专注的工作态度和精细的流程管控,已成为各行各业所遵循的基本工作准则。在工业化社会中,每一个庞大的系统都是由无数个细节结合起来的统一体,忽视任何一个细节,都会带来意想不到的灾难。因此,把简单的事做好,就是不简单,把平凡的事做实,就是不平凡。

　　洛伦兹提出著名的"蝴蝶效应":一只蝴蝶在巴西振动翅膀会在得克萨斯引起龙卷风。正是"风起于青萍之末,浪成于微澜之间"。思考着苹果为什么会从树上掉下来,牛顿发现了"万有引力";注意到水烧开后水壶的盖子会跳起来,瓦特改进了蒸汽机……这些伟大的发现与发明,都离不开科学家们对生活的思考和对细节的观察。不要忽视那些看似微不足道的细节,正是这些细节,决定你的成败和命运。

43

知行合一：
知是行之始，行是知之成

　　立身行世，以学为基。纵览中华民族五千年文明史，历代贤达豪杰所铸就的璀璨文明与辉煌成就，都离不开"知"与"行"。王阳明先生在继承宋代大儒陆九渊的思想的基础上，在其《传习录》里提出"知是行之始，行是知之成"的知行合一理念，为中国古代思想史添上了浓墨重彩的一笔。此意在告诫人们，知乃行之开端，学为用之先导，求知时不可无视实践的重要作用，行动时也不可漠视知识的指导效用。

　　为什么明明知道很多道理，却依然过不好这一生？这一句直击灵魂的叩问，已然成为当下许多人内心深处的一大困惑。其实，如果我们只是单纯地知道很多道理，而未经过深入地思考与实践，使之内化于心，那便意味着这些道理并未成为自我真正的认知。在中国的传统哲学观念中，"知"与"行"向来相互依存、彼此促进，二者相辅相成、缺一不可。它们互相影响，呈现出整体统一性，也是同一个事情的两个方面，就好比一枚硬币有两面，就是我们常说的一体两面。从古代儒家思想到现代哲学思考，阳明先生的"知是行的主意，行是知的功夫；知是行之始，行是知之成"这一观点，便深刻地揭示了知与行之间的辩证关系。

阳明先生既是知行合一理念的倡导者,也是实践者。弘治十二年(1499年),他第三次参加会试高中第二名,并在随后的殿试中被赐二甲进士出身第七名。正德元年(1506年)十月,阳明先生呈《乞宥言官去权奸以章圣德疏》,为被陷害入狱的戴铣等言官鸣冤。正德十一年(1516年),他担任都察院左佥都御史,负责围剿九连山地区的匪寇事宜,取得了圆满成功。正德十四年(1519年),他受命前往福州处置守卫官兵哗变的事件,当途经南昌的时候,恰逢宁王朱宸濠起兵叛乱,他仅用43天时间便生擒了宁王朱宸濠。嘉靖七年(1528年),他通过招抚与威慑相结合的方式,迅速平息了"思田之乱"以及八寨、大藤峡等地的叛乱。阳明先生一生坎坷,饱经磨难,然其崇德尚义,文韬武略,功绩卓著。尤其是他创立的"心学"体系,在明代以后的思想界占有重要地位,影响颇为深远,也因此与儒学创始人孔子、儒学集大成者孟子、理学集大成者朱熹,并称为"孔孟朱王"。其学术流传至今,堪称学界巨擘、"百世之师"。

晚清思想家梁启超说,中国历史上有两个半圣人,阳明先生是其中之一。他文能开宗立派,武能安邦定国,故被称为"千古完人"。清初名臣王士祯称赞阳明先生"立德、立功、立言,皆居绝顶,为明朝第一流人物"。"立德、立功、立言"也是古人实现自己人生价值的最高境界,阳明先生以一己之力实现了古今圣贤的最高人格理想。直至今天,他提出的"知行合一""心即理""致良知"的"心学"体系学说,在500年后的我们读来,仍觉醍醐灌顶、茅塞顿开。阳明先生临终前,他的学生周积问他还有什么遗言,他自信而乐观地说:"我心光明,亦复何言!"后人从中不难品味出他的满足感与成就感。

知行合一的理念并非阳明先生首创,而是儒学原本就具有的。《大学》中就有提及"修身、齐家、治国、平天下",其中"修身"正是阳明先生所说的"知",而"齐家治国平天下"便是阳明先生所言的"行"。实际上,儒学义理的核心体系即为

"立己达人"。其中,"立己"与"达人"分别对应所谓的"知"和"行"。"达人"必然要以"立己"为前提,这种一以贯之的思想,也是儒家学派中关于知行合一的渊源。由此可见,阳明先生独树一帜的"心学"体系是对"孔孟之道"的知行合一思想进行了继承、提炼,以及再发展。

儒家经典著作《尚书》中也广泛涉及立己达人的两个层面,尤其是在治国之道方面更是讲得颇为详尽。但治国的前提是自己先要具备"至善"的德性,然后才有资格"治国、平天下"。也就是阳明先生在《传习录》中所说的:"至善是心之本体。只是明明德到至精至一处便是。然亦未尝离却事物。"可见阳明先生认为的"知",并非单纯的晓得与理解之意,乃是知识、认知、良知,是我们对世界的理解与感悟,是我们内心深处的道德准则和价值判断,是源于人的纯粹德性生出的一种智慧。也就是说,人必须德性纯粹才有实现知行合一的可能。若是德性不够纯粹,甚至无德,乃至坏德,便无法做到知行合一。

也就是说,我们在道德观念的指导下产生的意念活动,才是真正意义上的"行"的开端。因为,只有受到道德指引的意念,才能确保行为的正确方向与价值意义。而那些符合道德规范的具体行为,便是"知"的圆满实现,因为"知"与"行"本就是一个紧密相连的整体。因此,"知"并非局限于书本上的学问,它更是对生活的深刻洞察、对人性的深切体悟。阳明先生倡导的"致良知",即是引导人们通过不断地反思与内省,去发掘我们内心本有的良知。阳明先生认为,知而不行,只是未知,真正的知识不能孤立存在。这也意味着,如果仅仅停留在理论认知层面,而没有付诸实践,这种认知是既不完整,也不深刻的。"行"则是将这些认知运用到实践中的过程,是人类基于已有的认知,对客观世界予以改造和适应的具体行为。在这样的逻辑关系中,我们可以清晰地看到,知识是认识的起点,是行动的基础、先导和指南。行动则是知识的验证、延伸和发展。这种相互依存、相辅相成的关系,使得知与行犹如一对不可分割的双翼,在人类的实践与认知活动中发挥着不可替代的协同作用。

在现实生活中,我们常常会陷入知易行难的窘境。很多时候,我们虽然明白很多道理,却很难将其付诸实践。为此,《论语》里就有提到:"君子欲讷于言,而敏于行。"意指君子应当言语审慎,行动敏捷果敢。其强调了言行一致、知行合一的重要性。倡导少说多做,注重实际,避免空谈。《荀子》进一步启发我们:"不闻不若闻之,闻之不若见之,见之不若知之,知之不若行之。"说的是没有听到不如听到,听到不如亲眼见到,见到不如知晓其中道理,而知晓道理又不如付诸实践,学习的进程到了实践便终止了。这段话强调了实践和行动在获取真知过程中的重要意义,学习与认识事物需要循序渐进地进行。闻、见、知、行便是四个阶段,唯有通过笃行,才能真正地认识并掌握事物。一个人若要取得进步,则必须平衡思考与行动的关系。若只是一味埋头做事,而不适时停下来思考,就容易偏离正确的方向。

南宋诗人陆游在《冬夜读书示子聿》中留下了大家都很熟悉的一句名言:"纸上得来终觉浅,绝知此事要躬行。"在这首诗里,诗人殷切地勉励自己的儿子在做学问时,要尽早下苦功,坚持不懈,他特别强调,做学问不能只满足于书本上的知识,必须做到"躬行"。也就是说,要在实际生活中学习和运用知识,只有通过这样的实践,才能真正实现学有所成。

有一个叫《小马过河》的寓言故事,同样深刻地诠释了知行合一的理念。故事中的小马想要过一条小河,可它不知道河水的深浅。它先问老牛,老牛告诉它:"河水很浅,才到我的小腿。"接着它又问小松鼠,小松鼠却警告它:"深得很呢!前几天我的一个同伴就是掉进这条河里淹死的。"小马陷入了困惑,它不知道该相信谁的话。后来,在妈妈的鼓励下,小马在走进河里亲自尝试后,发现河水既不像老牛说的那么浅,也不像松鼠说的那么深,最终顺利地过到河对岸。在这个故事中,小马最初只是听到老牛和小松鼠关于河水深浅的不同说法，这些信息属于"知"的范畴，但它并没有真正了解河水深浅的实际情况。直到它亲自尝试过，也就是"行"，才获得了对河水深浅的真实认知。这表明，仅仅依靠他人的经验是不够的，只有通过自己的实践，将"知"与"行"结合起来，才能获得真知，从而达到知行合一的境界。由于个体差异，即便面对相同的情况，不同的人在应对的时候，也应当有所区别。正所谓"吾之良药彼之砒霜"，说的就是这个道理。

在实践的过程中，我们将知识转化为行动的同时，可以借助实践来检验并修正知识，这正是"行是知之成"这一观点所着重强调的。也唯有通过实践，我们才能将知识转化为实际成果，从而实现知识的价值。实践中，我们会遭遇各种各样的问题与挑战。这些问题和挑战会激发我们不断地进行思考和探索，进而加深我们对知识的理解与认识。与此同时，实践还会为我们提供新的经验和教训，助力我们修正并完善知识。所以，实践不仅是检验真理的唯一标准，它也是知识的重要来源，更是知识发展的动力。

一代"完人"王阳明先生凭借阳明心学，达到了"我心光明"的境界。阳明心学的强大之处，体现在一旦顿悟便能广泛应用于生活的各个方面。因此，阳明先生不仅是一代伟大的思想家、哲学家、教育家、文学家，也是明朝最出色的军事家之一。"知行合一"这一他心学体系里的一个要点，在他各个领域都得到完美展现。他的"知是行之始，行是知之成"绝不仅仅是一种哲学观点，更是一种生活态度和实践智慧，指引我们实现个人和社会的共同进步与发展。

44

假话全不说，真话不全说

"假话全不说，真话不全说"，这句话简单易懂，却包含了极其丰富的内涵，体现了一种圆融与审慎、智慧与策略并存的沟通原则和处世态度。它告诉我们，在与人交往和沟通时，应尽量避免说谎或编造事实，同时也要注意真话的表达方式。它涉及沟通交流、人际关系、自我保护和道德诚信等多个方面，是一种高度凝练且实用的生活智慧和人际交往法则。这句话所蕴含的智慧，可以帮助我们在复杂的社交环境中更好地保护自己，同时也能维护与他人健康、和谐的人际关系。

"假话全不说"体现了诚信和道德的重要性。诚信是人际关系的基石，只有真诚待人，才能赢得他人的信任。如果经常说假话，不仅会破坏自己的信誉，还会迷失自我。坚决避免说假话，始终保持诚实和可信，但这并不意味着所有的真话都要毫无保留地说出来。有时候过于坦诚可能会暴露自己的弱点或对不利的一面，所以，在说真话的同时，也要学会适当地保留，以免给自己带来不必要的麻烦。

"真话不全说"体现了沟通和交往中的智慧与技巧，是出于自我保护和人际关系的考量。在某些情况下，直接说出全部真相可能会伤害他人的情感或利益，甚至可能引发不必要的冲突。因此，在沟通时，我们需要根据情境和对方的接受能力，适当地选择说话的内容和方式。这并不是要我们撒谎或隐瞒事实，而是要我们学会用更加委婉、圆融的方式表达自己的观点和看法。

同时，"真话不全说"也意味着我们需要有选择地分享信息或观点。对于有些涉及个人隐私或敏感信息的真话，需要我们权衡利弊后再决定是否分享，或以何种方式分享。这种智慧需要我们不断地学习和实践，才能逐渐掌握并运用自如。

45

成人不自在，自在不成人

读到唐诗名句"不经一番寒彻骨，怎得梅花扑鼻香"，就自然让人联想到宋代罗大经所著的《鹤林玉露》第九卷中广为流传的一句话："谚云：'成人不自在，自在不成人。'此言虽浅，然实切至之论，千万勉之。"朱熹也曾引用过这句话。此谚表述浅显直白，但却蕴含着深刻的道理，揭示了奋斗与安逸之间存在的辩证关系，鼓励人们在追求成功的道路上持之以恒、不懈努力。

这句话表达了一个看似矛盾却充满智慧的观点：若想要成为一个有才能、有成就的人，就必须刻苦努力、顽强拼搏。反之，如果沉溺于安逸和舒适而放任自流，结果必然一事无成。

贪图安逸、渴望自由是一个人的本能。自由是一个美好而高贵的词，拥有了自由，就拥有了生命的活力和价值。然而，安逸的下一站是颓废，自由也不是绝对的。在现实世界中，无论是人类还是自然界的其他生命体，从诞生的那一刻起，直至生命的终结，无不经受着各种束缚和制约。

没有规矩不成方圆，没有束缚，何谈自由？风筝飞得高，是靠线的牵引；河水流得快，是靠岸的约束；人们安全穿行马路，是靠交通信号灯的指引。当一个人彻底摆脱了束缚他的环境和羁绊，常常会变得手足无措、焦躁不安。很多时候，适当的约束，反而是对身心健康成长的有力呵护和无形帮助。有句话说得好："每个成功的人背后，都是苦行僧般的自律。"高段位的人都深有体会：自律者自由；越努力，越幸运。

自由生长的生命，就像那田野间肆意蔓延的野草，总是充满着蓬勃的生机与活力，无拘无束地舒展着，一眼望过去，就能让人感受到那自由、洒脱和野性的力量，使人在心底不由自主地涌起对自由的向往和对浪漫的憧憬。然而，自由生长并非生命最美好的状态，它也不一定就是最具诗意、最有价值的呈现。

我们看那平凡无奇的山野树木，原本只是在山林间随性地自然生长。可一旦经过园艺师的精心修剪和巧妙造型后，就像被注入了灵魂，瞬间展现出独特的姿态和气质。生命在承受了这些看似额外的羁绊和束缚之后，虽然在一定程度上牺牲了部分自由，但却像是被挖掘出了更深层次的潜力，从而拥有了不可估量的美感和深厚的内蕴。这种美，不再仅仅是自由生长所呈现出的原始活力，而是一种融合了艺术与匠心的独特魅力。这种价值，也不再局限于生命本能的蓬勃，而是附加了人类智慧与审美后的升华。

"成人不自在，自在不成人"是曹雪芹在《红楼梦》第八十二回里引用过的，是贾代儒规劝贾宝玉专心读书时说的话。这句话虽与当下网络上"成年人的世界哪有'容易'二字"的意思不完全一致，但两者有异曲同工之妙。从学生到职场职员，从单身到结婚生子，不同的人生阶段被赋予了"自在"与"成人"不同内涵。那句"天将降大任于是人也，必先苦其心志，劳其筋骨"，为我们道尽"成人"天机，更是一种对人生智慧的深刻洞察。而更高级的"成人"，其实就是"为人"，为人处世的态度，彰显你成了什么样的人。

"苦其心志"，是要让一个人在精神层面历经磨炼，学会在困境里坚守信念，在挫折中砥砺前行。当生活的风暴来袭，不被恐惧和沮丧所吞噬，能以积极的姿态应对内心的惊涛骇浪，这是走向"成人"的重要一步。"劳其筋骨"则意味着身体的劳累，无论是为了学业孜孜以求，抑或为了生计奔波忙碌，还是在追求梦想的道路上挥洒汗水，都意味着放弃舒适区的安逸。每一滴汗水都是成长的印记，每一丝疲惫都是力量的积蓄。

"华人船王"赵锡成的六个女儿，全部毕业于"常春藤"名校，其中四个从哈佛大学毕业，每个人的事业都大放异彩。而这些成功，离不开赵锡成从小就为她们立下了严苛而让人不自在的规矩。赵家的规矩十分严格，且事无巨细。吃饭时，父母未动筷，孩子不能先吃；孩子要做家务，不能依赖他人；孩子在外面的花费需带回收据报账；家里宴请宾客时，六个女儿都要参与招待，像上菜、斟酒之类的活计都得做……赵锡成曾说："孩子不能太早被伺候，不然很难独立。"正是这些规矩，才成就了赵家六女自律的性格和在学业上的优异表现。

吃不了苦中苦的人，自然成不了人上人，这也恰是"成人"的要义所在。那些创业者们，在创业初期无不是承受着巨大的压力。面对资金短缺、市场竞争激烈等重重困难，他们日夜操劳，放弃了娱乐休闲的机会，没完没了的工作挤占了陪伴家人的时间。正是一次次打怪闯关的经历和饱受艰辛的"不自在"，成了他们通往"成人"之路上的铺路石。

"自在"与"成人"在表面上看似矛盾，但实际上它们是相互依存、互相促进的。一方面，"成人"需要个体承担起责任和义务，这可能会在一定程度上限制个体的自由和自在；另一方面，"成人"过程中的成长和历练，又会使个体更加成熟、睿智和自信，从而更好地享受"自在"的生活。

个人对社会的责任与贡献，是实现自我价值的前提和基础。所以，"成人"不仅仅是个人立足社会、谋求自我实现的最基本的追求，更是一种社会责任的担当，比如"为天地立心，为生民立命，为往圣继绝学，为万世开太平"就是高层次的"成人"担当。一个人在自己的职业领域中，不仅要追求个人的成功，还要关注行业的发展和社会的进步。例如科学家们为了攻克一项科研难题，会面临一次又一次的失败，耗费大量的时间、精力和金钱，但他们依然夙兴夜寐、顽强拼搏。因为他们深知自己的努力不仅是为了个人的荣誉和利益，更是为了推动全球科技领域的发展进步，为人类解决贫穷、疾病与环境等问题。

　　也有一些人追求所谓的"佛系"生活，想要逃避社会的竞争与压力。但这样的生活态度，真的能带来内心的安宁与满足吗？其实，真正的自在，并非逃避责任与挑战，而是在面对困难时，能够不畏艰难、迎难而上，勇敢地承担责任。通过不断地努力奋斗，以实现自我价值的提升，并为促进人类社会发展贡献自己的力量。

46

小善如大恶，大善似无情

西汉思想家扬雄说过："人之性也，善恶混，修其善则为善人，修其恶则为恶人。"人性中既有善的种子，也有恶的倾向，这种共存状态使得人们在后天的修养与选择中决定了自己的道德品质。通过培养善行，人们可以成为善人；反之，若放任恶行，则可能沦为恶人。但人性是多面的，并不只有简单的善恶二元对立。现实中，还存在着"小善如大恶，大善似无情"这样的复杂情形。

《庄子》提出"大仁不仁"，《道德经》也讲"天地不仁，以万物为刍狗"。生活中，小善常似大恶，大善反像无情。有些行为表面看起来充满善意，但实际上可能是缺乏深思熟虑、只凭一时冲动或盲目同情，被情绪左右所做出的；而那些真正出于无私和大爱、能够带来长远积极影响的善行，往往看起来有些薄情寡义、不近人情，实际上，这是因为他们遵循了更高的道德准则，不轻易被情感所左右。

星云大师曾提出："身要做好事，口要说好话，心要存好念。"在生活中，存善念、行善事固然是好的，但"好心帮倒忙"的事确实时有发生，有些看似善举的行为甚至会变成作恶。稻盛和夫曾讲过一个故事，有一位老人住在湖畔，每到冬季，野鹅南飞避寒，都会在湖中短暂停留。有一年，寒潮来袭，两只野鹅被困在湖中，无处觅食。老人顿生恻隐之心，就每天前去喂食。次年，两只野鹅又回来了，还带了几只野鹅朋友。老人继续喂养。一年又一年，飞往此地的野鹅越来越多，而不再继续南下避寒。聪明的野鹅，都来老人这里，靠老人的喂养存活。可忽然有一年，老人意外去世了。结果这一年，数百只前来乞食的野鹅，活生生地被饿死了。稻盛先生说，这就是小善造大恶，那数百只野鹅，都是死在老人的小善之下。

每个人都是南飞的野鹅，必须用自己有力的翅膀，度过人生的寒冬。你对别人的点滴小善，看似给予了对方一些温暖与帮助，但有时候却可能在不经意间将对方留在舒适的泥沼之中，让其丧失追求远方的能力和勇气，而那原本应该用来翱翔天际的翅膀也会逐渐退化。老人看似有心的"小善"之举，实则是酿成无意的"大恶"行为。我们在决定做一件善事的时候，关键不在于简单的给予或凭感性"做好事"，唯有善于理性地行善，才能让自己的行为展现出最大的善意，从而成就最有价值的善举。

《吕氏春秋》记载了"子贡赎人"与"子路救人"的故事。春秋时期，许多鲁国人因战乱流落外国，沦为奴隶。鲁国的法令规定，如果有人能够将被奴役的鲁国人赎回，那么这个人可以从官方的库府里拿回赎金。孔子的弟子子贡，是当时的天下巨富，他在各国遇到沦为奴隶的鲁国人，就将这些人赎回，却不肯接受鲁国为此支付的赎金。孔子得知此事后，便批评了子贡。孔子说："子贡啊，你以为你不拿回赎金是高尚之举吗？错！你是有钱人，但更多的人没有多少钱，你开了赎回奴隶却不拿回赎金的先例，那些没多少钱的人就无法效法。如果只赎奴隶却不拿回赎金的风气流行开来，就没多少人肯赎回那些奴隶了。行善之人必须得到回报，否则就没人肯学做善事了。"子贡行了一个小善，却无形中犯了大恶。因为一旦不求回报的风气占了上风，谁还会花钱去赎人呢？子贡以自我标准倡导的善,势必阻碍更多的奴隶被解救回国。后来从国外赎回的奴隶数量果真渐渐减少了。

时隔不久,孔子的学生子路救了一个落水的人,那个人为了感谢子路的救命之恩,就把自己家的牛送给子路,子路也不推辞就收下了。孔子听到这件事,大为赞赏,他说:"子路这件事做得好,做了善事而获得回报,以后必定会有更多人勇于救助那些落水的人。"孔子鼓励学生去做的乃是真正的大善事,孔子教导学生的不仅是要把事情做对,更重要的是要把事情做好。

做一件善事,并不意味着这个人就必然是高尚的,接受善意的人也未必都会感恩戴德。实际上,双方在人格上并无高低之分。然而,我们在做善事的时候应该考虑到由此产生的长远影响,并深入分析自己的行为到底是在帮助对方,还是在不经意间害了对方,这需要我们具备理性的认识。《了凡四训》里也有个故事,明朝有个宰相叫吕文懿,为官公正廉洁,名声非常好,后来他因年老辞官还乡。有一天,一个醉汉对着他家门口破口大骂。有人将此事告诉了吕公,吕公心地仁厚,并未追究。但不久后,那个人犯了更严重的罪行,被处以死刑。吕公心生愧疚:没想到当时自己的一念之仁竟纵容他加速堕落,以至犯下死罪。当时若惩戒他一下,说不定能够促其回归正途。为人处世,当秉持一颗善心,但并非所有的善心都能带来好的结果,很多"小善"反而酿成了大恶。这些故事都是在告诉我们,盲目的善良,有可能就是作恶。

善,是人的本性之一,是一种本能。这种本能并非人类所独有,而是广泛存在于世间生灵之中。相较于其他的存在,人的善意显得更为复杂,也更难把握。行好事而独善其身,这只是小善,只能算做了对的事情。不以小恩小惠为善,而是助人时全面考虑,用发展的眼光审视自己的行为。俗话说,一斗米养个恩人,一升米养个仇人。在生活中,我们要明白,善是有前提条件的。那种盲目的善,并非真正的善,而是一种恶。所以人们常说:"授人以鱼,不如授人以渔。"

在人类历史上，小善如大恶的例子不胜枚举。莎士比亚说过："人生就像是一匹用善恶的丝线交织成的布"。对待善，我们不应局限于单一的评判标准，而是要认识到善恶是相互交织、相互贯通的。善与恶并非简单的非黑即白的关系。这就要求我们必须拥有一双能够明辨是非、清晰厘清二者关系的慧眼。

在某些人看来，放生是一件具有功德的善举。经常会有人花钱买来一些外来物种，然后将它们带到野外的江河湖泊里去放生。这种行为会导致较为严重的生物入侵现象，对生态环境会造成极大程度的破坏。需要强调的是，盲目放生是一种缺乏科学依据和环保意识的不当行为，即使自认为是善举，也应该遵循科学规律和保护生态环境的原则。还有一个类似案例。在20世纪90年代，美国人怜悯落基山脉的凯巴伯森林中的4000头野鹿，希望它们能够免受野狼的捕杀。于是，当时的美国总统下令捕杀森林中的野狼。野狼很快被捕杀殆尽，野鹿的数量开始直线上升。十多年后，野鹿数量增长到10万余头。由于鹿群数量庞大，它们吃光了野草和林木，开始一批接一批地饿死。眼看野鹿就要灭绝，当地政府部门被迫制定了"引狼入室"的计划。他们从加拿大运来一批野狼，将它们重引入凯巴伯森林，鹿群终于重新焕发出生机。

对于规范放生的问题，人们可以选择本地物种进行放生，并且要确保放生的地点和方式不会对当地生态造成不良影响。同时，相关部门也应该加强对放生行为的监管，通过宣传教育提高公众的环保意识和科学素养，引导人们以正确、积极、理性的方式践行善念和保护生态。在凯巴伯森林案例中，由于人类行为，森林的生物链被破坏，生态失衡。但当人们转而开始尊重自然界的客观规律时，凯巴伯森林的生态也就恢复了往日的平衡状态。

好心办坏事，是人们常犯的一种错误。在此过程中，即便做了违反自然规律的事情，自己也浑然不知。有一个人在路上看到一只蛹茧，就把它带回家想要观察幼蝶从蛹茧中破茧而出的奇妙景象。过了一段时间，蛹茧终于有了动静，开始微微晃动起来。这个人就开始耐心地观察幼蝶用小小的躯体艰难地冲破茧壁的过程。然而，好几个小时过去了，似乎还是没有更大的进展，这个人就决定出手相助。他拿来剪刀剪开了蛹茧，帮助幼蝶顺利地脱壳而出。但没想到，幼蝶只能挪动着卷曲的身躯，根本无力飞翔，仅仅片刻工夫就死掉了。

　　这个人虽出于好心，但是却办了坏事。因为挣扎破茧是每只蝴蝶在生命中必经的艰难历程，唯有如此，它幼小的生命体才能展现出强大的活力，以便更好地适应自然界的生存环境。由此可见，真正的善良应该是理性的，必须审慎考虑事物背后的因果链。这如同当下许许多多父母由于"望子成龙、望女成凤"心切，对孩子错误地施加了过度干预和过度关怀的溺爱式家庭教育，导致不少孩子产生包括自我认知模糊、社交能力缺失、性格自私敏感，以及团队合作意识淡薄、独立生活能力偏弱等问题，甚至有越来越多的孩子出现心理健康问题。

　　《道德经》有言："善行无辙迹。"为人处世，我们应当秉持一颗善心。同时，我们也应该认识到，真正的善行，就好像风过无声、雁过无痕。因其遵循正道，所以不留任何祸患、不露任何踪迹。相对于行"小善"的人来说，那些越是有能力的人，越能够洞悉人心，也就越会对自己的"善行"能给对方带来正面或负面的影响做出谨慎判断。

　　其实，最高级的善良，是一种看似无情的表现，一定是带有锋芒的；最高级的善良，它首先应该是为自己而活，然后让他人在自己的成就中获益。"小善济一物，大善惠一方。"所谓"大善"，需要与大智慧相匹配。以智慧的眼光，遵循自然天地法则，洞悉世相人心。唯如此，我们的善行才能既合乎天道、又不违背人之常情。

47

善不积不足以成名，
恶不积不足以灭身

《易经》上讲："善不积不足以成名，恶不积不足以灭身。"其意为：一个人若不坚持不懈地做大量有益于社会和他人的善事，就不能成为一个声名卓著的人；而一个人落得身败名裂、自我毁灭，是他长期作恶的结果。这句话告诉我们，善恶无论大小，都不可轻视。积小善可以成大善，积小恶可以酿大祸。在日常生活中，我们应当时刻注意自己的言行举止，多行善事，避免作恶。

这句话中的"积"字尤为关键。在物质日益丰富的当代社会，人心却趋于浮躁，不少人变得目光短浅，忽视了"积"的深远意义。善行需积累，若期待即时回报，一旦未能如愿，或遭遇偶然的不幸，便轻率地怀疑"善有善报"的道理。同样，恶行的影响也是逐渐累积的，若未立即受到惩罚，便轻易否定"恶有恶报"的观念。实际上，世界上没有一件事是偶然发生的，每一件事情的发生都有其背后的原因。"因果律"告诉我们，种什么因，得什么果，"不是不报，时候未到"，善行或恶行最终都会得到相应的报应，这也是宇宙运行的基本法则。

人的思想、语言和行为，皆为"因"，并且都会产生与之相应的"果"。"因果律"的思想源头可追溯至古希腊哲学。大科学家牛顿也通过精确的数学语言和实验验证了"因果律"广泛存在于物体运动中，使得人们能够基于这些规律来预测和解释自然现象，而不再需要依赖神学的解释。在牛顿的时代，神学目的论仍然在很大程度上影响着人们的思维方式，认为宇宙中的一切都是由某种超自然力量有目的地创造和支配的。而牛顿对"因果律"的科学验证在很大程度上颠覆了神学目的论。

从"因果律"的角度看，如果种下的是善因，那么收获的往往是善果；反之，若种下恶因，相应地也会收获恶果。人们只要具备思想意识，就不可避免地会持续种因，至于种下善因还是恶因，则取决于人们自己的选择。所以，想要塑造自己命运的人，必须先留意并且清楚地知晓自己的每一次起心动念会引发何种语言和行为，而这些语言和行为又会致使什么样的结果产生。要知道，报应并非虚妄的存在。我们需要用长远的眼光去看待事物，以足够的耐心等待积累的结果逐步呈现。也正如古人所讲，福之将至，观其善而必先知之矣；祸之将至，观其不善而必先知之矣。

明代大学士徐溥在少年时代就性格沉稳，举止老成，他在私塾求学期间，从来都不苟言笑。他曾效仿古人，在书桌上放两个瓶子，分别装黑豆和黄豆。每当心中产生一个善念、说出一句善言、做了一件善事，便往瓶子里投一粒黄豆。相反，若是内心有什么不好的念头，言行有什么过失，便投一粒黑豆。开始时，黑豆多黄豆少，他就不断地反省并激励自己；渐渐地黄豆和黑豆数量持平，他就再接再厉，更加严格要求自己；久而久之，瓶中黄豆越积越多，黑豆越来越少。凭着这种持久的自律和自我激励，他不断修炼自我、完善品德，终成德高望重的一代名臣。

《孝经》上说："立身行道，扬名于后世，以显父母。"一个人若能获得社会的认可与大众的尊敬，便能使祖上增光、父母欣慰。如果我们的好名声足够大，大到能够影响国际社会乃至整个世界，那就是为国家争光、为民族添彩了。但这样的人生并非一蹴而就，一定是从小到大，从每一个日常生活中的点滴小善不断积累而成。所以，刘备临终前告诫其子刘禅："勿以善小而不为，勿以恶小而为之。"那么，刘备为什么要对儿子说这句话呢？要知道，作为卢植的学生，刘备的书也读得不错。刘备的目的是劝勉刘禅进德修业，有所作为。对照我们今日社会的主流价值观，就是不要因为好事小、哪怕举手之劳也不愿去做；更不能因为坏事小、对他人不会构成实质性伤害就故意去做。

生活中，人常认为小恶无所谓，然而小恶成了习惯便敢为大恶。俗话说，小时偷针，大时盗金。小善积多了就成为利天下的大善，等到水到渠成的时候，自会功成名就。而小恶积多了则可能危害国家和社会，等到恶贯满盈的时候，就会招致灭身之祸。

在古代社会，因为作恶多端而身败名裂，甚至殃及家人，遭满门抄斩的案例不在少数。比如，汉朝末年的董卓，利用汉末战乱和朝廷势弱占据京城，挟持汉献帝，导致东汉政权从此名存实亡。董卓生性凶残，丧尽天良，干了很多坏事，犯下诸多罪行，最后被朝内大臣联合其部下设计诛杀，满门抄斩。甚至连他九十多岁的母亲，都被拉往刑场诛杀。其不仅给自己招来灭顶之灾，还连累了宗族。

武则天执政时的著名酷吏来俊臣，年少时性格凶残，不从事正常的生产劳动。因告密而获得武则天信任，先后任侍御史、左台御史中丞、司仆少卿。其任职期间设推事院大兴刑狱，撰写《罗织经》，制造各种刑具，采取逼供等手段，捏造罪状置人于死地，开启了武周时期长达14年的"酷吏政治"。最终，他被武则天下令处死并诛其全族。这就是"恶不积不足以灭身"，坏事做绝，才遭受这样的恶报。这也正应了《易经》里的那句话："积善之家，必有余庆，积不善之家，必有余殃。"修善积德的个人和家庭，必然有更多的吉庆；作恶坏德的个人和家庭,必然有更多的祸殃。

  《春秋》更是进一步告诫我们:"人为善,福虽未至,祸已远离;人为恶,祸虽未至,福已远离;行善之人,如春园之草,不见其长,日有所增;做恶之人,如磨刀之石,不见其损,日有所亏。"无论善恶,皆在一念一行之间。无论大善小善,都要尽心尽力去做;不管大恶小恶,都要时刻警醒反思、知错即改;不管人前人后,都要坚守底线、防微杜渐,切不可滋生恶念。古人云:人为善,福虽未至,祸已远离;人为恶,祸虽未至,福已远离。无论善恶,往往就在一念之间。无论大善小善,都要尽心尽力去做;不管大恶小恶,都要时刻警醒反思,知错即改。人前不伪善,独处不藏恶,坚守内心底线,对恶念防微杜渐。

48

闻道有先后,术业有专攻

"闻道有先后,术业有专攻"出自韩愈的《师说》。韩愈在唐德宗贞元十七至十八年(801—802年)间担任国子监四门博士时创作了《师说》。韩愈此前辞去徐州官职后,曾在洛阳传道授徒,之后获得国子监职位。彼时正值中唐时期,社会动荡不安,儒学的发展逐渐式微,而佛道思想却盛行一时。

由于科举制度存在严重的腐败现象,导致众多学子对科举望而却步,从而失去信心,学业也逐渐松懈下来。韩愈看到这种情况后,决心借助国子监这一平台重振儒学。韩愈作为唐代古文运动的倡导者,深刻察觉到当时社会对教师职业的轻视以及教育的荒废状况。在这种背景下,他毅然挺身而出,撰写了《师说》一文。这篇文章旨在重振师道尊严,大力倡导尊师重教的社会风气。

在当时,士大夫阶层普遍看不起教书先生,不愿求师和"羞于为师"两种不良现象相互交织,在很大程度上对国子监的教学工作产生了负面影响。鉴于此,韩愈在《师说》中对人们关于"求师"和"为师"存在的误解进行了澄清。

韩愈被尊为"唐宋八大家"之首,与柳宗元并称"韩柳"。在唐元和十四年(819年),韩愈因反对"迎佛骨",触怒了宪宗皇帝，被贬为潮州刺史。然而，即便身处逆境，韩愈依然积极为潮州人民谋福祉。他驱除鳄鱼，为民除害；奖劝农桑，促进当地农业发展；兴办教育，提升民众文化素养；大修水利，改善灌溉条件；延选人才，为潮州的长远发展注入活力。在他的努力下，潮州发生了翻天覆地的变化。

《师说》强调了教师的重要性和学习的必要性，批评士大夫对从师的偏见，倡导学习的风气。作者韩愈指出任何人都应该虚心学习，不应该因为身份或年龄而有所顾忌。"师者，所以传道受业解惑也。"他指出，老师就是传授道理、教授学业、解疑释惑的人。其强调老师在"传道、授业、解惑"中的重要作用，明确老师不仅是知识的传递者，更是学生成长的引路人。从师是为了学道、解惑，无关身份地位，对于耻于下问的风气应该予以批评和摒弃。

"弟子不必不如师，师不必贤于弟子，闻道有先后，术业有专攻，如是而已。"这段话强调了在学习和教育中，师生之间的关系是相对的，学生不一定不如老师，老师也不一定在所有方面都比学生强。韩愈认为，每个人的知识结构、专业特长各不相同，学习别人的长处可以弥补自己的短处。

每个人获取知识的路径与时间有所不同。"闻道有先后，术业有专攻"意味着人们获取知识有先有后，强调在学习上不应以年龄或地位来判断一个人的能力。在学习的过程中，由于个人经历、教育背景和生活环境等差异，获取知识的时间、深度和广度会有所不同。这并不意味着先知先觉者就一定优于后知后觉者，而是强调了学习的持续性和终身学习的理念。

在医学领域，被后人尊称为"医圣"的东汉末年医学家张仲景，广泛搜集医方，写出了传世巨著《伤寒杂病论》。其确立的"辨证论治"是中医临床的基本原则，乃中医的灵魂所在。在方剂学方面，他也做出了巨大贡献，其创造了很多剂型，记录了大量有效的方剂。他所确立的六经辨证的治疗原则，受到历代医学家的推崇。这是中国第一部从理论到实践确立辨证论治法则的医学专著，是中国医学史上影响最大的著作之一，也是后世学者研习中医必备的经典著作，广受医学生和临床大夫重视。后世无数的医家，在张仲景的理论基础上坚持不懈地探索。张仲景去世后约1300年，明代著名医药学家李时珍耗费毕生心血编写的《本草纲目》广泛参考前人的医学成果，包括张仲景的医学著作。《本草纲目》成为当时最系统、最完整、最科学的一部医药学著作，不仅为中国药物学的发展做出了重大贡献，而且对世界医药学、植物学、动物学、矿物学、化学的发展产生了深远的影响，被誉为"东方医药巨典"。张仲景先于李时珍对医学有了深入的认知，并为后世开启了医学探索之路，而李时珍在后续的开拓与发展中又有了新的建树。

再如，2017年诺贝尔化学奖授予了理查德·亨德森、雅克·杜波切和约阿莱姆·弗兰克，表彰他们在生物分子结构研究方面的贡献。这三位学者虽然主要是物理学家，但他们通过交叉学科的研究获得了化学奖，展现了诺贝尔奖对交叉学科的重视。这些都是"闻道有先后，术业有专攻"的充分体现。

我们再看艺术领域，达芬奇是文艺复兴时期的绘画巨匠。在他之前，已经有许多画家在绘画技巧、色彩运用等方面进行了大量探索。达芬奇最初也是学习前辈们的技法，但是他凭借自己的天赋和努力，在绘画的写实、人体结构剖析等方面达到了前所未有的高度。他的专攻之处在于，以对人体解剖学的深入研究服务绘画，他还对光影有独特把握。

在现代社会也是如此。一个刚入行的程序员可能要向经验丰富的老程序员学习编程的基本逻辑和规范，这是闻道的先后顺序。老程序员可能在传统软件开发方面有专长，而新程序员如果对新兴的人工智能算法有独特的研究，那就是他的专攻领域。我们既要尊重闻道的先后顺序，虚心向先行者学习，也要努力在自己擅长的领域深入钻研，这样才能推动各个领域不断发展进步。

这些例子都很好地诠释了"闻道有先后，术业有专攻"的深刻道理。在当今这个信息飞速发展、知识不断更新迭代的社会，这一观点依然具有不可忽视的重要意义。它时刻提醒着我们，在面对纷繁复杂的知识和技能体系时，应当始终保持一颗谦虚和开放的心态。因为，人们在知识和技能的掌握上，由于受到诸多因素的影响，存在着各种差异。每个人都有自己的优势和不足，没有人可以在所有领域都做到尽善尽美。只要人们能够找准自己擅长的领域，并全身心地投入其中，不断钻研和探索，就能在自己的专业领域里绽放光彩，收获属于自己的成功。

我们要尊重他人取得的成果和积累的宝贵经验。无论是在校园里的师生之间，还是在职场中的同事之间，抑或是生活中的朋友之间，都应当以平等的态度去对待彼此。老师不应因自己的知识储备而轻视学生的创新思维，学生也不应因老师的权威而不敢提出自己的见解。大家应该互相学习，相互借鉴，共同进步。

49

庸者谋事，智者谋局

电影《教父》里有一句经典台词："花半秒钟就看透事物本质的人，和花一辈子都看不清事物本质的人，注定有截然不同的命运。"庸者，做事只会把眼光和思维局限在某一件事情上，这样的人关注的通常是事物的表象，在他们眼中，世界是孤立的、片面的、静止的；而智者能窥探事物的本质，拥有超乎常人的洞察力，善于把单个事件加上时间、空间的维度，全面系统地研判。

曾国藩说过："凡办大事，以识为主，以才为辅。"意思是真正做大事的人，才华只是辅助，见识和格局才是最重要的。见识超绝的人，往往比别人看得更远，成就也比别人更大。清末，曾国藩奉命平叛太平天国。当时他正在组织安庆会战。朝廷却命曾国藩不要盯着安庆打，要求他先保全苏杭这些财税之地，殊不知安庆才是太平天国的命脉。作为太平天国的西线屏障和粮源要地，拿下安庆，湘军就能乘胜东下，直逼南京。就像下棋一样，安庆就是棋眼，只要拿下棋眼，整盘棋才能活。曾国藩的战略是站在全局的角度考虑，朝廷却一直盯着一城一地的得失。这就是格局上的差距。后来战局也确如曾国藩所料，湘军拿下安庆后，节节胜利，直逼南京，让太平天国失去了最后的翻盘机会。欲做人事，先明大局。智者把力气用在刀尖上，而庸者则把力气都用在刀背上。自古不谋万世者，不足谋一时；不谋全局者，不足谋一域。谋事与谋局，是庸者和智者的最大区别，也是成败分水岭。

庄子的《齐物论》里有一个"朝三暮四"的寓言。战国时期，宋国有一位叫狙公的老人养了一群猴子，猴子很贪吃，时间一长，他不胜负担，就打算减少猴子的食物。因此，他想了一个办法，他对猴子们说："以后给你们橡子，早上三个晚上四个，好不好？"猴子们听了，又跳又叫，异常暴怒。于是，狙公改口说："好吧，那就早上给四个，晚上给三个吧！"猴子们听了，都高兴得手舞足蹈。现实中有很多庸者往往对事物不加深入了解，容易被表象所迷惑。因为轻信他人，而掉入各种陷阱，导致倾家荡产，甚至家破人亡。《大学》有云："物有本末，事有终始。知所先后，则近道矣。"智者赢在底层思维，其直达事物本质，洞察深层次价值规律。他们看问题十分透彻，善于从容化解人生的种种迷局。

韩非子讲过一个典故。春秋时，晋国有个叫重耳的公子流亡国外，途经郑国时，大臣叔瞻看出他的潜在价值，希望郑国君主对其以礼相待。但是郑国君主却不屑一顾。叔瞻便再次劝说："若不好好待他，那不如杀了他，否则日后必成祸害。"郑国君主仍然不听，觉得叔瞻是杞人忧天。后来，重耳重返晋国，上位国君，并起兵伐郑，一举夺下郑国八座城池。这位重耳，就是春秋五霸之一的晋文公。如老子所云："其安易持，其未兆易谋"。意为，当事态处于安定时，比较容易掌控和维持；当事情还没有出现迹象时，比较容易图谋。智者在事情没有显露的时候，就已看出端倪。进，可用最小付出获得最大回报；退，则可遇难成祥，逢凶化吉。

"庸者谋事，智者谋局。"《孙子兵法》里的这句古训，穿越2500多年的时空隧道，历久弥新。正如人们在追求成功的过程中，有人因为愚蠢而陷入困境，有人因为勇敢而突破重围，还有人因为智慧而运筹帷幄。他们在面对困境时，采取不同的策略，最终也迎来不同的结局。

50

多读好书,就是多交贵人

据说,站在金字塔尖的人,几乎都有阅读的习惯,也无一例外都有贵人相助。阅读,既是拓宽认知和视野的捷径,也是实现自我价值、结交人生贵人的最佳通途。每读一本书,实际上就是在进行一次名人访谈,在和先贤圣哲进行思想碰撞和灵魂交流。通过大量阅读各类书籍,用这些贵人的思想精髓,丰盈我们的内心世界。周国平说:"只有你走进了书籍的宝库,品尝到了与书中优秀灵魂交谈的快乐,你才会知道不读好书是多么大的损失。"读书可以开茅塞、除鄙见、交贵人、广识见、养性灵。

曾国藩是一位酷爱读书治学的晚清名臣,他曾说:"吾辈读书,只有两事,一者进德之事,讲求乎诚正修齐之道,以图无忝所生,一者修业之事,操习乎记诵词章之术,以图自卫其身。"曾国藩在京为官期间,博览史书,兼及辞章,注重经世之学,后在为父守孝期间研读《道德经》。这些读过的书促成了曾国藩的悟道。思云馆是曾国藩在为父守孝期间建起来的,思云馆旁有一副对联"不怨不尤,但反身争个一壁静;勿忘勿助,看平地长得万丈高"。这副对联透露出的时时反省、从容淡定的人生态度,正是书中的贵人促使他完成的深度蜕变。

在浩瀚无垠的历史长河中，无数杰出的先贤圣哲如璀璨的星辰，照亮过去，启迪未来。通过读书这一奇妙的桥梁，我们可以与古往今来的那些智者展开跨越时空的对话。这种对话不仅是心灵的交流，更是智慧的碰撞和思想的激荡。比如读《论语》，我们感受到儒家文化的深厚底蕴和人文精神的强大内核。我们仿佛能看到孔子孜孜不倦地教导弟子，向我们传授着"知之为知之，不知为不知，是知也"的治学处世智慧。孔子无疑成了我们人生的贵人。再如读《物种起源》，达尔文的进化论思想如同一道强光，照亮了我们对生命演化的认知，让我们对世界有了全新的理解。在这位伟大的科学家身上，我们看到了做事严谨，善于思考，敢于挑战权威，将毕生献给科学事业的献身精神。谁说达尔文不是激励我们不畏艰难、勇毅前行的贵人呢？从李白的"君不见，黄河之水天上来，奔流到海不复回"这雄奇飘逸的诗句中，我们能领略一种浪漫豁达的人生境界。李白也如同一位隔着时空的贵人给予我们心灵的慰藉。

读书也是一场与自己的对话。读毛姆的《阅读是一座随身携带的避难所》，让我们给自己找到了可以逃避人世间几乎所有悲哀的避难所。再如他的《人性的枷锁》，深刻洞察人性、坦诚地向内而行梳理自我，在不知不觉间让我们产生情感共鸣。人生总会遇到挫折和迷茫，毛姆教会我们如何去思考和抉择。海伦·凯勒在《假如给我三天光明》中展现出的顽强与乐观，激励着我们勇敢面对生活的困境。我们可以从海伦·凯勒的身上汲取到坚韧不拔的力量。他们都是我们前行路上当之无愧的精神贵人。

通过阅读，我们还能结交现实中难以遇到的贵人。乔布斯的传记让我们深刻体会到他对创新的执着和对品质的极致追求；爱迪生一生完成2000多项发明的故事告诉我们"天才来自勤奋"。他们都俨然成为我们追求卓越的榜样，犹如贵人指引我们在事业上不断突破。这些贵人以书为媒，与我们建立起特殊的联系,他们的人格魅力,永世散发着光芒。

把读书当作结交贵人的途径,需要我们葆有持之以恒的精神,静下心来沉浸其中。古人说得好:"为之须恒,不恒则不成。"同时,养成用心体会、勤于思考的良好阅读习惯,只有这样,才能真正与书中的贵人产生共鸣,方可从他们身上获得宝贵的财富,让那些隐藏在字里行间的贵人,成为我们人生道路上不断探索、成长的引路人。

第二篇 修身悟道

51

感恩使人成长，报恩助人成功

"投我以桃，报之以李。"感恩是贯穿人生旅程的重要课题。小时候，感恩是父母睡前的故事，是老师赞许的目光，它自然而然地融入生活，成为一种习惯；长大后，感恩是对他人帮助的铭记，是对社会善意的回馈，演变成一种素养；到老时，感恩是历经沧桑后的豁达，是对人生馈赠的珍视，升华成一种智慧。

在漫漫人生路上，成功与失败如影随形。成功时，我们被鲜花与掌声簇拥，感恩之情油然而生，感谢那些在背后支持、鼓励我们的人。然而，当失败的阴霾笼罩，很多人往往陷入怨天尤人的泥沼。其实，失败是成长的催化剂，它让我们清晰地看到自己与他人的差距，收获宝贵的经验教训，从而实现自我提升。学会感恩失败，是一种难能可贵的品质，它能让我们在挫折中砥砺前行，让人生的底色更加厚重。当我们真正学会感恩、懂得报恩，生活便会从单调的黑白转变为五彩斑斓，成功的喜悦也将如期而至。

一个人对幸福的感知力，并非取决于事物本身，而是源于内心对事物的认知和解读方式。拥有一颗感恩的心，便是开启幸福之门的钥匙。积极心理学中一个重要的特质就是感恩。神经科学研究也揭示了其中的奥秘：感恩能够重塑大脑前额叶皮层与边缘系统的联结，促使多巴胺分泌量提升27%，让我们体验到更多愉悦；当个体以感恩视角重构经历时，杏仁核活跃度降低30%，压力激素皮质醇浓度下降15%，帮助我们缓解压力。这种生物化学机制充分印证了积极心理学的结论：感恩不仅是一种美德修养，更是可量化的心理资本，实实在在地影响着我们的身心状态。

科学研究为感恩的力量提供了有力佐证。一项针对三万余人的大规模研究表明，懂得感恩的人拥有更高的主观幸福感，他们更容易满足，更能发现生活中的美好。另一项针对患有创伤后应激障碍（PTSD）的战争老兵的研究发现，感恩可以增强他们对创伤的适应能力，帮助他们走出心灵的困境。感恩还能够增进彼此之间的关系和认同感，性教育学家埃米莉·纳戈斯基在《成功恋爱的科学指南》中提到，每天向另一半表达感激之情，能让感情更加长久，让家庭充满温馨。

感恩不是一种为人处世的技巧，而是一种内在的心理能力，这种能力的核心就是善良。一次，日本歌舞伎大师勘弥在一部戏里扮演一位古代徒步旅行的百姓，正当他要上场时，一位门生提醒他说："师傅，您的草鞋带松了。"他回了一声："谢谢你！"然后立刻蹲下，系紧了鞋带。当他走到门生看不到的舞台入口处时，却又蹲下，把刚刚系紧的鞋带又弄松。显然他想以松垮的草鞋带子来表现一个长途旅行者的疲惫。一位记者在后台采访时，亲眼看到了这一幕，他好奇地问勘弥："您为什么不当场教那位门生呢？他还不懂演戏的真谛。"勘弥答道："要教导门生演戏的技能，机会多的是。在今天的场合，最要紧的是教导他学会感激别人对自己的关心。"心理学家埃蒙斯通过研究发现："感恩的情感肯定了自己生活中的善或好的东西，认识到这种善至少部分来源于他人的给予。当一个人意识到自己从别人那里得到帮助的时候，随之产生的感激之情就会调节彼此之间的关系。"这些研究揭示，心怀感激之情既有利于个人的身心健康，又能增强个体的精神活力，并促进和谐人际关系的建立。

吸引力法则告诉我们，凡是你所感恩的，你将拥有的会越来越多；凡是你所认为理所当然的，你将拥有的会越来越少。我们的成长需要无数人的支持和帮助。唯有心怀谦卑和敬畏之心，饱含感激和热爱之情，我们才能不断赢得更多人的帮助，这也是我们能够取得成功的基石。据说，美国前总统罗斯福的家里曾被盗贼光顾，丢失了许多财物。一位朋友闻讯后，写信安慰他。罗斯福在回信中写道："亲爱的朋友，谢谢你来信安慰我，但我现在很好，我要感谢上帝，因为第一，盗贼偷去的是我的财物，而没有伤害我的性命；第二，盗贼只偷走了我的部分财物，而不是全部；第三，最值得庆幸的是，做贼的是他，而不是我。"对任何一个人来说，失盗绝对是不幸的事，而罗斯福却找出了三条感恩的理由，这种豁达的心态令人钦佩。

中国古代也有"一饭千金"的典故。汉代开国名将韩信，出身贫困，父母早亡，生活艰苦，时常忍饥挨饿，曾经有一段时间，靠一位好心的阿婆接济度日。后来，韩信替汉高祖打下江山，被封为楚王。他想起从前曾受过阿婆的恩惠，便命人送上酒菜和黄金千两答谢。这则典故告诉我们：受人恩惠，切莫忘记；滴水之恩，涌泉相报。这种感恩之情是人性的光辉。脍炙人口的歌曲《感恩的心》中唱道："感恩的心，感谢有你，伴我一生，让我有勇气做我自己……"歌词虽无华丽的辞藻，却打动了无数人的心。它那真挚感人的旋律，深深地刻在了我们的脑海中。为什么这首歌能让无数人喜欢呢？因为它让我们懂得知恩、感恩和报恩的重要意义，它让我们获得丰厚的精神滋养，从而能够一次又一次地从"山重水复疑无路"的艰难险境中，成功登顶"柳暗花明又一村"的人生巅峰。

唐代诗人白居易的外祖父陈润写过一首《阙题》诗："丈夫不感恩，感恩宁有泪。心头感恩血，一滴染天地。"知恩感恩，有恩必报，这是一个人为人处世最具闪光点的人格品质，更是中华民族的传统美德和拥有健全人格的根本保障。

2024年国庆节期间，我有幸被香港中文大学（深圳）金融EMBA项目组及戈友会推荐，加入第十九届玄奘之路戈壁挑战赛B队。这场耗时四天三夜、全程121.8公里的商学院顶级赛事，途经沙漠戈壁、山川河流、浅滩峡谷等，赛道的复杂程度远超想象。但我在心怀感恩母校、为母校增辉的强烈使命感驱动下，以玄奘大师西行取经"宁向西天一步死，不向东土半步生"的矢志不渝、百折不回的浩然之气和"不东"的信念为激励，在"理想、行动、坚持、超越"的玄奘之路精神感召下，经受了体力与毅力的双重极限考验，向来只坚持每天五六公里短跑、配速每公里8分钟左右的我，最终顺利完赛。同时获得了三天正赛（第一天为体验日，不计成绩）2金1银（1银距金标规定时间相差约1分钟）的好成绩。更是以超乎寻常的意志力，在赛程最后一日肩扛学校大旗逆风奔跑半个多赛程，直至以金标成绩顺利出线，成为当天赛道上唯一坚持扛旗到最后的选手。母校也在我们全体"戈友"一而再、再而三、三而四的顽强坚持及倾注血、汗、泪的奋力拼搏下，成功晋级本届戈赛前十强，斩获第十名的佳绩。这是母校第二年参赛，不仅赢得克尔顿奖等多项荣誉，首A成绩也十分亮眼。

　　跑完戈壁挑战赛，我完成了一桩心愿，也深刻理解了戈友常说的："每一次挑战戈壁，都能获得一次心灵的重生；每一次超越自我，都能明心见性见自己。"感恩，在这场征途中成为推动我的强大动能。当我的双腿僵硬重若千斤时，是感恩赋予了我超越生理局限的能量；当汗水反复浸湿周身衣物时，是报恩的信念支撑着我坚持不懈。感恩不是终点，而是觉醒的起点。懂得感恩，让我汲取身边优秀队友的经验与智慧，给予我一场由内而外、破茧成蝶般的淬炼，感恩化作支撑我不断超越自我的精神滋养；践行报恩，使得我有幸站在队友们的肩膀上，仰仗他们倾尽全力的托举，完成了一次重塑自我的深度修行，并同大家一起助力团队，创造出新的辉煌。

　　当我们将感恩内化为生命操作系统的基础协议，成长便成为自动运行的程序；当报恩升华为文明传承的源代码，成功自然显现为系统运行的必然结果。就像沙漠中的胡杨树，根系深扎于感恩之地，枝叶方能触摸星辰。

"爱出者爱返，福往者福来"的感恩文化，千年来，一直浸润着中华儿女的心灵，春风化雨、润物无声地影响着中华儿女的处事态度、思维方式、生活习惯和民风民俗，成为中华民族恪守至今、世代传承的文明标签和文化特征，激励着我们在人生路上心怀感恩，砥砺前行。

52

恭敬别人，庄严自己

在中国传统文化中，尊重与恭敬他人被视为一种基本的礼仪和道德修养。恭敬不仅仅是表面的礼貌，还体现了对他人发自内心的尊重和认可。每个人都有自己的尊严和价值，无论他们的身份、地位和财富如何。

当我们以恭敬的态度对待他人时，我们传递了对他人价值的肯定，通常也会得到他人的尊重和信任，同时，这种尊重和信任，还会反过来激励我们通过不断地修炼自己的内在品质，逐渐提高修养水平，使自己变得更加谦逊、有礼，进一步提升个人形象和社会声誉。

投进沧海，谁都是一粟，能够正视自己的渺小的人，才会虚怀若谷，谦虚谨慎。平实待人，对高贵者来说是一种品格，对卑微者来说是一种骨气。

屠格涅夫出身于俄国一个极其富有的地主家庭。有一次，屠格涅夫在街上散步，一乞丐跪倒在地求道："先生，给我一点食物吧！"屠格涅夫寻遍全身无一点可充饥之物，只好说："兄弟啊！对不起！我没带吃的！"这时，那乞丐站起身，脸上挂着泪花，紧握作家的手说："谢谢您！我本已走投无路，打算讨点吃的后就离开这个世界。您的一声'兄弟'让我感到这个世间还有真情，您给了我活下去的勇气。"恭敬别人，就是庄严自己。这既是一种人际交往的原则，更是一种人生态度和价值追求，提醒我们要时刻保持一颗敬畏之心，尊重他人、尊重自己、珍爱生命。只有这样，我们才能真正成为一个有价值、有尊严的人。

恭敬别人是一种内在修养和智慧的体现，需要我们具备一颗谦卑、宽容、善良的心，以及对他人的同情和理解。恭敬别人还能帮助我们建立和谐的人际关系。

反之，一个不懂尊重别人的人，也不会得到别人的尊重，甚至会因为自己粗鄙的言行举止而自取其辱。马克·吐温一贯以言辞犀利、刻薄著称，他经常在演讲台上抨击那些为富不仁的富豪们。那些富豪也都对马克·吐温恨之入骨。一天，马克·吐温出去散步，在一条只能通过一个人的小路上，迎面碰到了一个不友好的富豪。富豪横在路中间，趾高气扬地说："我从来不给畜生让路！"马克·吐温微笑着说道："而我恰恰相反。"说完就退到了一边。物理学告诉我们，力的作用是相互的。只有当我们待他人以热忱和尊重，我们才有可能得到正反馈。这个故事中的富豪待人以粗暴无礼，得到的自然是负反馈。

在社交场合中，如果我们能够尊重他人的观点、感受和需求，我们就能不断增强与他人的友谊和信任。这种和谐的人际关系不仅能给人带来愉悦，还能为我们的职业发展和人生成功创造更多的机会。

恭敬别人也是维护社会和谐与稳定、推动社会发展和进步的重要因素。在一个充满尊重和敬意的社会中，人们更容易相互理解、包容和合作。

恭敬他人也是一种责任。这个地球上，人与人都息息相关。因此，我们要学会承担起关心他人的责任，尊重他人的权益。只有这样，我们才能得到他人的尊重，从而共同构建一个和谐的社会。

53

慈悲生祸害，方便出下流

南怀瑾先生说："慈悲生祸害，方便出下流。"意思是如果不能善用你的慈悲，那就很容易被人利用而生出祸害来。假若不加区分地处处与人慈悲和方便（即帮助和宽容），最终的结果是自己不但没有帮助到对方，反而助长了对方的贪婪和无度。自己的社交形象也会因此受损，导致自己失去他人的尊重。

"斗米恩，升米仇"，慈悲和方便本无错，但一定要在智慧的观照下去处理。而方便也应建立在必要的自我保护和坚守原则的基础上，否则后患无穷。如果我们过于迁就他人或过于方便他人，可能会被视为软弱或缺乏原则，对恶人滥用慈悲和方便，可能会纵容他们作恶，造成祸害。滥慈悲是缺乏智慧的慈悲，只是感情用事而已，还常被当事者自认为是大慈大悲、功德无量。

滥慈悲并非真正的慈悲。真正的慈悲是基于对他人成长的帮助，发心是利他的。中国有句古话"慈母多败儿"，通常表现为父母对子女过度溺爱与纵容，对其错误行为不及时予以教育和纠偏，这实际上对子女的教育有害无益，是一种滥慈悲行为。过度的慈爱最终只会导致子女教育的失败。真正的慈悲应该是恩威并施，包括在必要时对其错误行为进行批评教育和帮其及时纠正，这种关爱和帮助才是理智和负责的。

我们在面对恶行时，需要有智慧地运用慈悲和方便，以达到抑恶扬善的目的。这样，一是防止更多的人受到伤害，二是阻止其造下更多的恶业，这才叫真慈悲。这样的理解和应用可以避免造成更大的祸患和道德滑坡。宽容和忍让是美德，但要有一定的限度，否则就是懦弱了。如此，我们的行为才能真正地受到他人的尊重和欣赏，而不会被视为不负责任的滥慈悲行为。

54

你能爱多少人，
你就能领导多少人

你能爱多少人，你就能领导多少人。这句话强调了爱与领导力之间的紧密联系。在领导力模型中，"爱"不仅指情感上的喜欢或热爱，它更多地涉及一种关怀、理解和尊重的态度。曾国藩说过："驭将之道，最贵推诚，不贵权术。"这是因为领导力不仅仅是关于权力和地位，更是关于建立和谐的组织关系、互信的工作氛围和影响力。

唐太宗贞观四年（630年），突厥大将阿史那·思摩归附唐朝。李世民知道此人忠义，而且非常能打仗，因此委以重任。后来李世民北伐高句丽，阿史那·思摩随军出征。在一次战斗中，阿史那·思摩不幸被流箭所伤，伤情很严重。李世民听说此事之后，立刻来到阿史那·思摩的营帐，解开他伤口上的包扎，一口口地将脓血吸出来。旁边的将领们看到此举十分感动，而阿史那·思摩更是感激涕零。这个故事告诉我们，优秀的领导者不仅要关注团队的整体业绩，还要主动关心团队每个成员的个人成长，愿意投入时间和精力去了解他们的需求和期望，并给予他们细致入微的人文关怀。

事实上，这种理念在很多领导力理论和实践中都有体现，如以人为本的管理思想和服务型领导者等。然而，这也并不意味着领导者需要对每一个成员都有深厚的个人情感。因此，这种"爱"更多的是一种职业精神和责任心的体现，包括公平、公正、关心下属福祉，以及重视为他们提供培训、指导和晋升等机会，为帮助他们实现职业目标提供协助，这样彼此之间的信任关系就会不断得到增强。他们会更加认同企业文化，并愿意理解、尊重和支持领导者的决策。这样才能建立起一个善于协作、勇于创新和富有活力的高效团队。这样的团队无疑具有更强的执行力，更容易实现共同的目标。相反，如果领导者只关心自己的利益和目标，而不关心团队成员的需求和期望，那么，他们就会感到被忽视和被利用，领导者就无法赢得他们的尊重、理解和支持。整个团队则会弥漫着消极怠工的氛围，并对领导者的管理产生反感和抵触情绪。

东汉建安十三年（208年），曹操率领众兵追杀刘备。刘备寡不敌众被迫逃亡。当时刘备把自己的妻儿交给手下大将赵云保护。赵云奋力血战，异常神勇。据说在曹营中杀了七进七出，险些将性命丢在曹营，费尽九牛二虎之力方将刘备的幼子阿斗救出。当赵云浑身是血地站在刘备面前，并从怀里托出还在熟睡中的阿斗时，刘备不仅没有表现出应有的高兴，反而将自己的亲生儿子掷之于地，并说因为这黄牙孺子险些折损了一员上将，要之何用。见此情景的赵云立马被感动得不行，眼泪直流，抱起被刘备抛掷于地的阿斗，并说："我赵云就是肝脑涂地，也不能报主公的知遇之恩。"刘备为人忠厚谦恭，注重礼贤下士，素以仁德为世人称赞。亲者悦，远者来。刘备通过多年的奋斗和长期以来树立的形象，赢得了资源和民心，为蜀汉政权的建立打下基础。

说起阿斗刘禅，当人们形容一个人没有能力，烂泥扶不上墙时，就喜欢用一句俗语"扶不起的阿斗"，使刘禅的形象变得十分负面，让世人觉得他一无是处。其实，这只是小说《三国演义》为神化诸葛亮而有意贬低、丑化刘禅。刘禅被称为"扶不起的阿斗"，一多半是因为他"乐不思蜀"的典故。实际上，"乐不思蜀"的故事彰显了刘禅明哲保身的大智慧。真实的历史是，刘禅在位长达42年，即便诸葛亮死后，刘禅还做了29年的皇帝。如果没有一定的治国之智和驭将之才，后世史学家也不会称其为"仁明之君"。刘禅继承了父亲刘备的遗志，尊崇汉室正统，听从贤臣辅佐，专心于内政和文化的发展，对国家和百姓均有所贡献。

哈佛商学院教授弗朗西斯·弗赖和著名领导力专家安妮·莫里斯在《赋能型领导》一书中列出了"赋能型领导"的"信任 + 爱 + 归属感"三大基石，其中，最核心的基石就是"爱心"。从领导力的角度来看，"爱心"被视为领导者与被领导者之间建立信任和连接的基石。领导力大师库泽斯和波斯纳在《领导力——如何在组织中成就卓越》中强调了领导者应对五大挑战、建立五个卓越习惯的能力，其中包括实行承诺和行动。而爱心被看作领导力的一个核心要素，它不仅关乎领导者的个人品质，还直接影响团队的凝聚力和工作效率，以及组织的成功与失败。

领导力的发挥不仅仅依赖个人的能力和技能，更重要的是懂得如何与人相处，如何激发团队的潜能。孟子曰："仁者爱人，有礼者敬人。爱人者，人恒爱之；敬人者，人恒敬之。"爱心是领导者最根本的能力，你能够爱多少人，你的领导力就有多强大，你就能够得到多少人的尊重、信任和支持。领导者应当注重培养自己的爱心，以此来提升自己的领导力和影响力。

心灵珠峰

55

阅读,是一个
让生命变得更加辽阔的过程

读书是改变命运的最好方式,一个有浓浓书香的家庭能够培养出优秀的子孙后代。读书就是用最低廉的成本,获取最高回报的成长策略,它也是人们改变气质、拓宽视野、提升自我的最佳途径。曾国藩曾说:"人之气质,由于天生,很难改变,唯读书可以变其气质。古之精于相法者,并言读书可以变换骨相。"那些读过的书,会不知不觉帮你升华自我,成就你的气质和风骨。

科学研究发现,人是唯一能接受暗示的动物。和勤奋的人相交,你不会懒惰;与乐观的人为伴,你不会悲观。将一个得过且过的人投进积极向上的群体中,他也会变得积极进取。读好书,我们能够有幸与那些伟大的历史人物相遇相知,与他们的思想结伴同行,汲取他们的智慧和力量,借鉴他们的成功和经验,反思他们的失败和教训,我们也得以更深刻地理解历史的复杂性和人性的多样性。你在阅读中结交的那些伟大的历史人物,也终将成为你人生路上的灯塔和导师。

《当你学会独处》里有一句话:"一个人的成长,基本上得益于自己读的书。"读书与思考，是一个人格局的最原始积累。你读过的书，最终都会成为决定你人生高楼大厦的钢筋混凝土。一个人人生的高度，就是他脚下书本的厚度，从书中收获的每一处思想，都是历久弥新、坚固实用的。读书的人，就是修行的人，在阅读上花的每一分每一秒，都会沉淀成将来更好的自己。真正读书的人，他们从来都不缺少自由而丰富的灵魂，他们在遇到痛苦或迷茫时，总是能够以顽强的意志和坚忍的毅力自我治愈。他们的心灵无须设防，却永远不会决堤。

帕斯卡尔曾说："人只不过是一根芦苇，是自然界最脆弱的东西；但他是一根能思想的芦苇。用不着整个宇宙都拿起武器来才能毁灭；一口气、一滴水就足以致他死命了。然而，纵使宇宙毁灭了他，人却仍然要比致他于死命的东西更高贵得多；因为他知道自己要死亡，以及宇宙对他所具有的优势，而宇宙对此却一无所知。"人的全部尊严在于思想，思想才是人类有别于芦苇的地方。通过读书，你获得的既有知识的拓展，也有常识的更新，更有智慧的启迪与独立思考的能力。"书中自有黄金屋，书中自有千钟粟。"多读书对于我们的成长和发展至关重要，能帮助我们重塑"三观"，使我们永葆思想的活力，让生命变得更加辽阔。

宋代词人黄庭坚曾说："人不读书，一日则尘俗其间，二日则照镜面目可憎，三日则对人言语无味。"许多时候，你自己可能以为许多看过的书都成过眼云烟，不复记忆，其实，春风化雨，潜移默化，经过日积月累，它们会偷偷地潜藏在你的气质里、你的谈吐上、你的胸襟中。但也许就像黑塞说的一样，你读的书再多，也不可能带给你好运，也不能直接让你成功，哪怕像伽罗华和普希金这样的天才，不也在一场决斗中送掉了性命？但作为芸芸众生中的一分子，只有多读书，你才能找准自己在这个世界的位置，也才能让你悄悄成为更好的自己。

因为读书,你可以体验一万种人生。而不读书,你只能囿于一种狭隘的思想,以自我的低认知误解这个世界。人生不如意十之八九,哪怕身陷命运的犄角旮旯,会读书的人总能扼住命运的咽喉,突破苦难的重围,创造人生的拐点。毛姆说:"阅读是一座随身携带的避难所。"谁说不是呢?

56

学有所思,思有所悟,悟有所行,知行合一

孔子曰:"学而不思则罔,思而不学则殆。"这句话的意思是,一味读书而不思考,就会因为不能深刻理解书本的知识,无法将其变成自己的行动指南,从而陷入迷茫状态。而如果一味空想而不去进行实实在在的学习和钻研,则终究是沙上建塔,一无所得。学习、思考和实践三者应该相辅相成,才能达到学以致用、用以促学、学用相长的境界。

从整体来说,人类知识的总量越来越大,而真正堪称经典的东西所占比例却越来越小,这就是清末张之洞在《輶(yóu)轩语》中所说的:"大约秦以上书,一字千金;由汉至隋,往往见宝;与其过也,无亦存之。唐至北宋,去半留半。南宋迄明,择善而从。"假如说知识量太大、学习选择之难在张之洞的时代就已经成为一个很严重的问题,那么在今天这个信息大爆炸时代,这个问题简直就到了令人崩溃的程度。我们一方面必须要学习新知,否则就会被时代甩在后面;另一方面则必须有所选择,因为人的时间和精力都是有限的。

在现实生活中,我们有很多重要的技能和能力并非通过读书学会的,大部分是在实践中自我总结、反思、体会到的,而

后通过看书，产生共鸣和印证，再顺藤摸瓜查找相关的书籍资料来深度研读，总结提高，系统整合。在毛泽东看来，"读书是学习，使用也是学习，而且是更为重要的学习"。可见，"读万卷书"是用来构筑人格"底部"的精神殿堂，犹如汽车的底盘，底盘厚重了，平时虽不显山露水，但在车辆加速时、遇到坑洼路面时，就能保证车辆的稳定性和安全性。倘若缺少这个人生的"底盘"，人的心灵一旦决堤，就会沦为"精致的利己主义者"。孔子曰："行有余力，则以学文。"尽信书不如无书。在具体事情上学，在具体事情上思，在具体事情上磨，事教人，胜于人教事。虚心涵泳、切己体察、知行合一、自成体系，这才是科学的学习观。

　　书本作为知识输出的一部分，并非凭空产生。实践产生真知，实践是书本知识的源头。书是按照实际生活的背景进行的二次创作和幻想，任何题材都有对应的现实，甚至连神话幻想，也是按照人类的认知而创作的。我们站在巨人的肩膀上看世界，但巨人所思考的问题和得出的结论，也与实际息息相关。爱因斯坦提出相对论，抗日战争中的持久战理论都是巨人结合现实实际情况与所学知识思考出来的。"我思故我在"，在学习的过程中要注意培养思考的习惯，如果说学习是人类进步的途径，那么，思考就是给学习插上飞翔的翅膀。

　　当学习和思考完善我们的思想体系后，我们需要将这种大脑里的思维具象化，积极联系并充盈到我们的现实生活中，只有这样，学习和思考才能发挥实际价值。古人云："学有所思，思有所悟，悟有所行。"学习与思考促成认知，认知水平决定行为结果。

　　陶行知先生也强调，只有知识的学习是不够的，更重要的是将所学的知识融会贯通并运用到实践中去。只有通过实践，人们才能将知识转化为能力和技能，从而达到知行合一。只有实现知与行的结合与统一，学、思、行三头并进，才是真正的德才兼备，止于至善。

57

破山中贼易,破心中贼难

明正德十二年(1517年),时任都察院左佥都御史、巡抚南赣汀漳等处的王阳明先生奉旨率军南下,平定困扰明廷多年的南赣八府一州的"流民之乱"。到任后,王阳明先生凭借卓越的军事才能,剿抚并用,声东击西,仅用一年零三个月的时间,就平定了盘桓在闽粤赣湘四省边界九连山脉数十载的众多寇贼匪患,一时震惊朝野。"破山中贼易,破心中贼难"这句名言即出自他在剿匪途中写给弟子的书信。

作为明廷直派过来的剿匪大员,完成任务本可复命,然而,王阳明先生却深刻地意识到,山贼的问题只是表面的社会现象,人们内心的贪欲、自私等诸多不良思想诱因才是致使社会动荡不安的根源所在。他认为,民虽格面,未知格心。所以他在当地办社学,颁布《教约》《南赣乡约》《谕俗四条》《申谕十家牌法》,又通过《告谕浰头巢贼》《祭浰头山神文》等多篇告谕,规劝、引导父老乡亲和睦邻里、谨言慎行、德义相劝、过失相规、知礼守礼,希望以此化育人心,改善民风。

在"与杨仕德薛尚谦"(丁丑)的信中,王阳明先生写道:"即日已抵龙南,明日入巢,四路兵皆已如期并进,贼有必破之势。某向在横水,尝寄书仕德云:'破山中贼易,破心中贼难'。"杨仕德，即杨骥，薛尚谦，即薛侃，二人皆为王阳明先生的弟子。他说道，以往我曾说过"破山中贼易，破心中贼难"。阳明先生基于自己荡寇除匪的经历，继续写道"区区翦除鼠窃，何足为异？"接着他话锋一转，说"若诸贤扫荡心腹之寇，以收廓清平定之功，此诚大丈夫不世之伟绩。数日来，谆已得必胜之策，捷奏有期矣。"山中贼，横行于世间，戕贼百姓，是有形的祸害，靠兵力镇压当然能荡除干净。可是如果老百姓心中的贼依然存在，就有放下锄头，钻进山林，再次成为贼寇的可能。所以，阳明先生花更多的时间和精力去化育人心，就是为了荡除百姓心中贼寇。

心中贼，即贪、嗔、痴、慢、疑，以及恐惧、仇恨、烦恼、痛苦、无聊、孤独等种种负面情绪，这些看不见的"心中贼"，其实并非仅存在于匪贼身上，普通百姓有，为官为吏者也难以避免被其困扰。这些内在的敌人极为狡猾，常常在我们的不知不觉中悄然滋生，不断地侵蚀着我们的意志，扰乱着我们的心灵，无疑是人心最隐蔽也最严重的祸害。很多时候，当它们开始作祟时，我们并不能真正意识到问题的根源在于自身，而是习惯性地将责任归咎于外界，企图从外部寻找解决之道。然而，若我们内心无贼，无论外界如何纷扰，我们的内心都能始终保持那份宁静与平和，不被外界的各种干扰所左右。

为此，阳明先生冥思苦想，总结出"欲成大事，先破心贼"的三句箴言："坐中静，破焦虑之贼；舍中得，破欲望之贼；事上练，破犹豫之贼。三贼皆破，万事皆成。"所谓"真传一句话，假传万卷书"。"破心中贼"如同醍醐灌顶，为无数人的心灵打开了一扇窗，为思想推开了一扇门。

为了破"心中贼"，阳明先生于军政之余讲学赣州，四方弟子云集，声名远播。1520年，阳明先生又戡平宁王之乱，但却遭朝中"小人"构陷。阳明先生于是离开权力旋涡，再次回到赣州，与诸弟子数次游览位于赣州城西的名胜古迹"通天岩"，寄情山水，振铎布道。正是在"通天岩"讲学过程中，阳明先生开始揭示其心学思想的重要命题——致良知。阳明先生在讲学授徒和推行心学的过程中，着重强调人们应当内省自己的心灵，努力克服那些与生俱来的私欲。通过这种自我提升，不仅能够增强个人的品德修养和道德境界，还能够促进社会的整体和谐与安宁。

在平定九连山匪乱时，阳明先生就坚信，那些通匪的百姓和山匪心中也是存有良知的。于是，他推行"十家牌法"，以此来对百姓进行有效约束，从源头上切断了百姓与山匪之间可能存在的联系。与此同时，他还广泛张贴告谕，向那些"一时错起念头，误入其中，后遂不敢出"的人发出呼吁，劝诫他们弃暗投明、改正自新。在这一系列举措的施行下，山匪的活动范围逐渐缩小，他们获取情报的渠道也被有效切断。如此一来，便动摇了山匪的斗志，瓦解了他们的势力。

以心路历程来体悟，"破心中贼"一语当是阳明先生学问大成的关键节点。精神领域的鏖战，正处于人神交战、仙凡大劫最为激烈之际，迈过这一步便是自身学问的大成之境。故而，"破心中贼难"，既是心理鏖战时那种艰难困苦的感慨，亦是对自身大功日进的真切体会。阳明心学，乃是直指人心的一种心修之功。他所言的"心中贼"，确切所指便是坏其道心的邪念，是盗其正信的贪欲，是毁其大法的妄念。

阳明先生着重指出，人必须在具体的事务中去磨砺，才能够真正站稳脚跟，做到在安静时心境平和、笃定，行动时从容淡定、果决。就个人成长而论，自"龙场悟道"之后，阳明先生始终践行"知行合一"的理念，他在各个方面都有所作为。在政务方面，他大力整顿吏治，使官场风气得到改善；减免赋税，减轻百姓的经济负担；严格禁止骚扰客商，维护正常的经济秩序；兴办书院，推动文化的传承与发展；积极赈济灾民，保障民众的基本生活。在军事上，他巧妙运用剿抚并用的策略，在军中赏罚分明，使军队纪律严明，增强了军队的战斗力等。在这充满艰难险阻的历程中，他不断体悟良知，逐渐达到了一种不为外界事物所牵动的"不动心"的高深境界。

阳明先生用兵之术，关键在于"学问纯笃，养得此心不动"。"此心不动"，仿若澄澈之镜，使其于诸事之中，皆能顺良知之径而行，不为欲望之尘所蔽。而这种"不动心"的境界，并非凭空而来，乃是源于在内心深处持续用功、在具体实践中不断磨炼的"致良知"过程。在良知所具备的知善知恶的指引下，积极践行善举、坚决摒弃恶行，不为外界的各种干扰和诱惑所左右，从而养成一种理性且自觉的道德品格。

阳明先生认为，每个人心中都有一个"圣人"，其本质都是向善的。即便如盗贼般嚣张跋扈、残忍无情，内心同样有廉耻之心。只是"圣人心如明镜"，心体纯净、无污无染，能够清晰地照见是非善恶。而"常人心如昏镜"，常被私欲与贪念所遮盖。这使得常人难以凭借本心判断是非，导致行为易偏离正道。有鉴于此，常人需不断对内心进行"切、革、琢"。

"切"是对自己的言行举止进行细致的审视与反省。当察觉到自己有私欲、贪念滋生时，要像匠人拿着刀具小心翼翼地剔除玉石上的瑕疵一样，将那些不良的念头斩断，不让其进一步滋长。"革"意味着要彻底地改变自己的不良习惯和行为模式。对于那些长期被私欲与贪念养成的不良习气，要下定决心，毅然决然地进行革新。同时，要积极践行良知所指引的正确行为，通过不断努力来重塑自己的品性。"琢"如同雕琢美玉，需要耐心、专注。在修养身心的过程中，要不断地雕琢自己内心的良知，使其更加晶莹剔透。

如果对比这两种修行的方式，"心上用功"强调通过静坐反省、反求诸己等方式，养心、正心，以及探寻内心的良知。要求修行者向内观照自己的起心动念与圣人之心的差别，继而按照圣人之心去除心中的私欲，从而恢复心之光明，"明得自家本体"，明确以"省察克己"见功夫。而"事上磨炼"则强调要将良知贯彻到具体的事务中，让其与现实万物产生紧密的联系。倘若仅仅是在脑海中的念头，而没有与实践相结合，就如同架着一口空锅烧火，做着无用之功，自欺欺人而已。在历史上，阳明心学有着深刻的现实意义。它旨在批评和改变明代中叶士人那种只沉溺于训诂辞章，以沽名钓誉为目的，注重形迹比拟，以及过度追求私欲的不良风气。这种风气使得知行分离、学风浮躁。而阳明心学正是对这种知行脱节现象进行的一种补偏救弊的尝试。

《道德经》说："胜人者力，自胜者强。"诚然，战胜外界的困难有时并不十分艰难，但要战胜内心滋生的贪欲，以及那些隐匿于心灵的障碍，才是人生真正要面对的艰巨挑战。所以，我们必须深入自己的内心，审慎地检视自己的欲望，寻找那些影响我们精进的"心中贼"，并勇敢地将其击败。

破"心中贼"难，致良知更是难上加难。这也意味着我们要在日常生活的点滴中去磨炼，通过不断地自我反思、自我修正、自我改造，使我们的心体之镜澄澈光明，让内心的良知如明镜高悬，方得"天下大丈夫不世之伟绩"。

58

正心，取势，明道，优术

正心、取势、明道、优术，分别代表四个层面的东西，其内涵包括《道德经》里的中国古代哲学思想，以及《孙子兵法》中的军事谋略思想等。其中《孙子兵法》十三篇精髓所概括的，一个字，势；两个字，正、奇；六个字，以正合，以奇胜。"势、正、奇"也可以理解为：正心、取势、明道、优术。这几个字揭示了个人或团队发展所必须具备的要素和能力，其中蕴藏的丰富哲理，值得个人和团队细细品味与深思。

正心。"心"是根本。一个人的所作所为、所思所言均由心生，所谓"起心动念"。思想是行为的边界，一个人的"心"决定了其品格、行为和状态，所谓"相由心生"。一个人倘若葆有一颗积极向上之心，那么，他始终会以满腔热忱对待生活中的一切事物；倘若抱着一颗阴暗邪恶之心，那么，他的一生注定将与正义为敌。正心才能明道，心不正，则道不明。

宋代林逋在《省心录》中写道："心不清则无以见道，志不确则无以定功。"林逋的意思是说，心里不清净，多贪欲，就不能明白事理；志向不坚定，多妄念，就不能建功立业。人要有所成，必先正其心。"正"就是要不被歪风邪气所沾染，在面对诱惑与威胁时能够不为所动，坚持原则；"正"就是要有坚如磐石般的信念，在面对逆境和顺境时能够从容应对，不疾不徐、不骄不躁。

取势。在生活中，虽然每个人都在努力工作，但有的人成长缓慢，而有的人却能飞速发展，两者之间的区别在于会不会取势。只有深谙取势之道，自己才能获得快速成长。取势，即把握趋势，发挥优势，顺势而为。顺势而为，事半功倍；逆势而动，事倍功半。势虽无形，但具有方向性。凭空造势有害无益，但我们能做的就是发现趋"势"，预见趋"势"，然后借"势"而起。

大多数人对于势的理解，都还停留在外部之势上。比如很多人会抱怨，我没有赶上这个风口，也没赶上那个风口。其实，势包含了两个部分：一为外部之势，二为内部之势。所谓外部之势，就是来自你自身之外的地方。如果把你比作一个"点"，那么你这个"点"就必然存在于一条"线"上，而这条"线"又必然存在于一个"面"上，这个"面"又肯定是"体"上的"面"。所以，我们每一个人，都不是孤立的"点"，而是"线"上的"点"，"面"上的"线"，以及"体"上的"面"。所以，借外部之势，说的正是从自身这个"点"之外的线、面、体中获得势能。如果我们忽视了外部之势，那就会出现当别人乘着飞机到达目的地的时候，你刚刚出发。

那什么是内部之势呢？内部之势既有与生俱来的，也有后期形成的。它是每个人本就拥有的，同时也是凭自身之力可以把控的，可统称为天赋。天赋并不是只有爱因斯坦的物理天赋、莫扎特的音乐天赋、毕加索的绘画天赋、华罗庚的数学天赋，或是科比的篮球天赋。天赋指的是我们每一个人都有的东西。它是我们每一个人自然而然、反复出现的思维模式、心灵感受、行为方式等。从"势"的定义上——趋势和倾向来看，我们每一个人身上的这些特质正是一种趋势和倾向。这种趋势和倾向最终能否变成确定的、持续的能力或结果，就要看你对它们的发展和运用了。所以，你的天赋，就是你的内部之势，而每个人的内部之势都不一样。取势的关键在于洞察和把握外部环境的变化,以及利用这些变化来推动个人或组织的发展与成功。

明道。《道德经》里有74处提到"道"(经题除外,据王弼本统计)。老子认为"道"是宇宙的本体,是万物的本源,世界上万事万物的形成都是由"道"转化和生成。"道"是客观存在的规律,不以人的意志为转移。太阳东升西落、四季轮转等自然现象背后都有一套"道"的法则在支撑其运行。正所谓"有物混成,先天地生。寂兮寥兮,独立不改,周行而不殆,可以为天下母""道生一、一生二、二生三、三生万物"。"道"字由"首"和"走之底"构成,"首"表示头脑、思想,今日之"道"的另一层意思也可以理解为:想好了再走。道就是我们通常所说的规律、原则、战略或是价值观,也可以把它理解为底层逻辑。

对于道,可学、可思、可悟。对于个人而言,道就是思想理念、价值观,指导我们什么该做,什么不该做;对于团队而言,可以理解为所要走的战略路线和方向。明道,就是要确立自己的价值观,明确自己的战略和方向。它决定了我们的选择,尤其是选择不做什么。万变不离其宗,万变是术,宗是道。道是一定要被参悟才能提高的,具有抽象性、规律性和相对稳定性。

优术。《汉书》中说:"术以明道。"这指的是一种方法论的优化。《孙子兵法》有云:"道为术之灵,术为道之体;以道统术,以术得道。"再如《道德经》:"有道无术,术尚可求;有术无道,止于术。"《孙子兵法》用"灵"与"体"的关系来类比"道"与"术"。灵,就是灵魂,大脑思维;体,就是肢体行为。灵魂指挥肢体行为,肢体行为反过来又能令灵魂开悟。"术"是知识、方法、经验,以及策略、能力和战术的集合体,是运营层面上解决实际问题的操作手法。大家都知道的方法和道理,那不叫"术"。

《人物志》里说:"思通造化,策谋奇妙,是为术家。"大家都知道太阳东升西落,那就是"道";你能偷天换日,就叫作"术"。如果说,选择走什么路取决于你的"道",那么,"术"则决定你在这条路上能走多远。有道无术是纸上谈兵,有术无道是盲人摸象。优术强调的是不断提升个人的方法论,探索和积累实用的经验和策略。这涉及将智慧转化为具体的方法,并不断提高效果和效率的技巧,各行各业皆有不同的经验和方法。对于组织和个人而言,优术意味着不断更新知识、经验和技能,讲究因时因地因人因事而变,以适应不断变化的新环境和新趋势。

"正心、取势、明道、优术"这四个要素共同构成了一个完整的战略框架。它们不仅是一种哲学思想,也是一套非常实用的行动指南,指导个人或组织在复杂多变的环境中明确自己的方向,不断提升自己的能力,顺势而为,做出正确的决策,实现稳健成长和长效发展。

59

敬畏自然，尊重自然，和谐共生

著名作家米兰·昆德拉在1985年耶路撒冷文学奖颁奖典礼上发表演讲时，引用了"人类一思考，上帝就发笑"这一广泛流传的警句。这句话宛如一面镜子，映照出人类在思考维度上的诸多困境。我们不妨探寻这句谚语背后更深层次的含义，去思索人类的思考与世界之间的微妙关联。

思考，无疑是人类作为万物灵长的独特标志，是创造的源泉，更是尊严的基石。从古老文明中对宇宙运行规律的仰望思索，到现代科学对微观粒子世界的深度探究，思考贯穿人类发展的每一个进程。然而，为何人类的思考仿佛总会引发某种"嘲笑"呢？

这是因为人类的思考与世界的宏大、复杂相比，实在是微不足道，往往显得力不从心。即便人类社会已步入高度文明的时代，科技成果日新月异。从运算速度惊人的超级计算机，到与人类极为相似的高仿真机器人，再到击败顶尖棋手的"阿尔法围棋"，智能创造不断涌现，令人惊叹。然而，与孕育了世间万物、蕴含着无尽奥秘的大自然相比，人类的智慧依旧如同沧海一粟。大自然以其精妙绝伦的生态系统、严谨有序的物理规律，展现出远超人类智识的精妙与深邃，其创造力远超人类。

但令人痛心的是，人类常常陷入自不量力与急功近利的泥沼。在对待大自然时，不是以敬畏之心去尊重、爱护并遵循其规律，而是肆意地无视、违背甚至破坏。比如，人类在所谓的"保护环境"的思考与行动上，其行为往往充满了矛盾与荒谬。一方面，将人与自然和谐共生的理念挂在嘴边；另一方面，工业化的滚滚浓烟、城市化的无序扩张、过度开发的贪婪索取，以及各种污染物的肆意排放，正无情地吞噬着自然，导致无数物种逐渐灭绝。在所谓"保护环境"的思考与行动中，人类一边破坏环境，一边又在问题严重后采取亡羊补牢式的措施，这种本末倒置的做法，最终只会让人类自食恶果。

自近代以来，随着知识力量的崛起和人类理性主体地位的确立，人们逐渐从对自然的顺从与敬畏，转变为以主人身份对自然进行操控和支配。在近现代，人类对大自然盲目开发和攫取的趋势愈发强烈，大自然的报复也接踵而至。全球煤炭、石油等资源的过度开采和使用，带来了严重的大气污染、气温持续上升以及堆积如山的工业垃圾；乱砍滥伐等野蛮行径，使得森林大面积消失、江河干涸断流、土地荒漠化加剧、水资源短缺、沙尘暴频繁肆虐、生物多样性急剧减损，生态环境陷入岌岌可危的境地；农药、化肥等的大量使用导致有害残留物超标，直接污染了土壤、水质和物种，对人类与其他生物的生命安全和健康构成了严重威胁。正如恩格斯所指出的："不要过分陶醉于我们对自然界的胜利。对于每一次这样的胜利，自然界都对我们进行报复。每一次胜利，起初确实取得了我们预期的结果，但是往后和再往后却发生完全不同的出乎预料的影响，常常把最初的结果又消除了。"在这个过程中，人类的生存和发展受到了严重威胁，并以自己破坏自然的方式遭到反噬。

在此，我们不禁联想到尼采的那句名言："你凝视深渊时，深渊也在凝视你。"当人类毫无节制地向大自然索取、肆意破坏生态平衡时，就如同凝视着深渊。而大自然的报复，便是深渊的回应。人类对自然的每一次伤害，最终都会以各种形式反馈到自身，这种相互作用深刻地揭示了人类与自然之间紧密而又微妙的联系。人类在追求发展的道路上，若是一味地忽视自然规律，将自身的欲望凌驾于自然之上，那么等待我们的必将是更为惨痛的教训。

在社会生活中，人们同样存在着诸多不合理的"思考"。在利益的驱使下，一些人往往心术不正、恶念丛生。为了追求个人的财富、权力和地位，不惜采用欺骗、掠夺、压迫等手段。这些行为看似只是为了满足个人的私欲，实则还破坏了社会的公平正义与和谐稳定。从商业领域的欺诈行为，到政治舞台上的权力争斗，再到社会关系中的冷漠与自私，这些都是不良"思考"的体现。在这种情况下，人类社会仿佛也在对这些错误的思考方式发出无声的"嘲笑"，它以社会矛盾的激化、人际关系的紧张等形式，让人们认识到错误思考所带来的恶果。

笛卡尔说："我思故我在。"思考是人类存在的重要方式，人类不能停止思考，也不应停止思考。但在思考的过程中，我们必须保持清醒的头脑和敬畏之心。克制私欲，弘扬浩然正气，做出符合道义的举动。我们需要意识到，我们的每一次思考都可能产生深远的影响，无论是对自然还是对人类社会。当我们以正确的态度和方式去思考时，我们才能更好地认识世界，实现人类与自然、人与人之间的和谐共生。

米兰·昆德拉认为，人在思考的时候总是存在知识的短板和时代的局限性。人们越思索，有时似乎离真理越远。思考的目的应是找出自身弱点并加以改进，若只是空想而不行动，或是不想却假装接受，这才是"思考"被诟病的真正原因，因为这种思考是在自我欺骗。就如同在追求成功的道路上，许多人只是一味地幻想成功后的荣耀，却不愿意付出实际的努力去提升自己、克服困难。他们沉浸在自己编织的美梦中，对自身的不足视而不见，这种自欺欺人的思考方式，最终只会让他们与成功渐行渐远。

我们应该明白，大自然的规律和法则，是无法被人类轻易打破或改变的。当我们自以为真理在握而沾沾自喜时，或许正是最可笑之时。我们需要时刻保持谦逊，不断反思自己的思考方式和行为准则，以更加理性和客观的态度去面对世界，这样才能在思考的道路上不断进步，避免陷入被"嘲笑"的尴尬境地。

在未来的社会发展中，人类将面临更多挑战，如气候变化、资源短缺、社会矛盾激化和地区冲突等。这些问题的解决，离不开人类的思考。但我们需要的是更加全面、深入、理性的思考。我们要从过去的错误中吸取教训，尊重自然规律，关爱他人，以实现人类社会的可持续发展。只有这样，我们才能在思考的道路上走得更远，让人类的智慧真正为世界带来福祉，而非引发大自然的"嘲笑"与"报复"。

60

仗义每多屠狗辈，
负心多是读书人

中国历朝历代流传的"骂读书人最狠"的名句，当数"仗义每多屠狗辈，负心多是读书人"。这句话大概的意思是，讲义气的多半是从事卑贱职业的普通民众，做出背信弃义、违背良知的事情的往往是有知识的人。这是明代诗人曹学佺的经典名联。曹学佺是官员，也是著名的学者、诗人、藏书家。他藏书万卷，著书千卷。毕生好学，对文学、地理、天文、禅理、音律、诸子百家等都有研究。那么，身为读书人的曹学佺，为何会悲愤地写下"仗义每多屠狗辈，负心多是读书人"这样一句充满争议的千古名联呢？

据史料记载，曹学佺这副名联的背后隐藏着一段耐人寻味的故事。曹学佺出身贫苦家庭，母亲在其幼年早逝，父亲靠做小生意艰难维持一家生计。直至万历二十三年（1595年），曹学佺考中进士，家庭状况才逐渐得以改善。所以，曹学佺这种不是富贵家庭出身的读书人，特别了解底层民众的疾苦。天启二年（1622年），曹学佺被起用为广西右参议。他刚正不阿，一身正气。赴任前他就对当地的皇亲宗室骄横跋扈的所作所为有所耳闻，到任后几经实地探访才知果不其然，于是便暗下决心要好好地杀杀这帮恶棍的威风。

明朝时期，桂林流行一种叫斗犬的赌博娱乐游戏，尤其是皇室宗亲更是热衷于此项活动。他们让自己的家奴豢养一些斗犬，用作赌博娱乐。这些家奴们仗着自己是皇亲奴才，经常带着斗犬到大街上耀武扬威、欺压百姓，就连官府都拿他们没有办法。一日，有一皇亲的家奴带着斗犬出门遛街，并故意放出斗犬，让其任意撕咬路人。一秀才躲避不及，惨遭斗犬凶狠撕咬。任凭秀才如何求饶，这些奴才非但不进行制止，反而饶有兴致地在一旁观看。眼看秀才就要被恶狗活活咬死，在此紧要关头，一位屠户连忙冲过来，手起刀落就把斗犬的脑袋给砍了下来，救了秀才一命。此时，一旁的皇亲家奴气急败坏，于是，他们把屠户五花大绑起来押送到了官府，要求屠户以命抵命。

负责审理此案的正是曹学佺。曹学佺在认真查明案情的原委后，不仅判屠户无罪，还责令皇亲赔偿秀才的医药费用。这位皇亲见曹学佺铁面无私、不通人情世故，顿感如此判决会让自己脸面不保。于是在花费重金贿赂了秀才后，要求重审此案。再审时，作为受害方的秀才更改了口供，称他与斗犬早就相熟为友，那日只不过是在玩耍嬉闹，没想到屠户无事生非，无故宰杀了斗犬，理应偿命。屠夫闻之顿时面如土色。而堂上的曹学佺听后更是勃然大怒，不禁拍案而起："人证、物证俱在，好你个狼心狗肺的东西，屠户救你一命，你不思回报，反而要置屠户于死地，就算天容你，我都不能容你！"曹学佺被气得七窍生烟，直接命衙役杖责秀才。那弱不禁风的秀才挨不过杖罚之苦，于是便将被皇亲威逼利诱而违心翻供的实情和盘托出。曹学佺为此重判：屠户无罪；秀才，与狗相好、认狗做友、恩将仇报，革去功名，给皇亲当狗！而后，曹学佺愤然在案卷上写下了"仗义每多屠狗辈，负心多是读书人"这句千古名联。1646年9月17日，清军攻陷福州后的次日，曹学佺香汤沐浴，整顿衣冠，在西峰里家中（另有说法是在鼓山涌泉寺）

自缢殉国,死前留下绝命联:"生前单管笔,死后一条绳。"曹学佺死后,其家被清兵所抄,家人也遭逮捕,藏书被清军抢光。鲁王监国追谥他为"文忠"。清乾隆十一年(1746年),即曹学佺逝世100年之后,清政府追谥他为"忠节"。

在古代,人们的职业、身份和地位被划分成三六九等,"屠狗辈"一般代表文化层次较低,从事各种底层职业的普通人。"读书人"是指书香满腹的士林才子。士农工商的"士"排在首位,但他们的道德水准竟然比不上排在最后的"屠狗辈",这种反差使得这句话充满嘲讽意味,并广为流传。清朝吴敬梓的《儒林外史》也讽刺了不少读书人。比如范进中举前被胡屠户骂得狗血喷头也只得说"岳父见教的是",而中举后称胡屠户为"胡老爹",态度马上转变为居高临下。范进在母亲死后居丧守孝期间(丁忧),与张静斋去汤知县处赴宴。宴席上的范进不动那些"银镶杯箸",汤知县就"换了一个瓷杯、一双象牙箸来。范进又不肯举。""换了一双白颜色竹子的来方才罢了。"可见范进真是"如此尽礼",但是接着范进"在燕窝碗里,拣了一个大虾圆子送在嘴里"。前后行为不一真是自己破了自己的表面功夫,让人觉得滑稽可笑,从而使作品产生了强烈的讽刺意味。

其实,我们从客观的角度来讲,这种观点并没有多大现实意义。但是我们从另外一个角度来理解,有些没有读过书的人,考虑问题往往可能会偏向简单直接一些,那些路见不平一声吼的侠义之士,多是性情中人,他们从来不会考虑太多。书读得越多的人,思想和行为上难免会更加趋于客观、理性,遇事会三思而后行,不会因一时冲动去拔刀相助。当然,一个人不管是市井之徒还是读书之人,他是选择"仗义"还是选择"负心",很大程度上在于利益诱导的方向,以及这种利益有多大。如果利益诱导他"仗义",只要这个利益足够大,他可能就会选择"仗义";反之,如果利益诱导他"负心",只要这个利益足够大,他也可能会选择"负心"。中国近代历史上那些层出不穷的汉奸,无不是受到利益诱导,铤而走险,选择了背叛国家和民族，被永远钉在了历史的耻辱柱上；而那些像丁汝昌、林则徐、杨靖宇等伟大的民族英雄，他们则是受到伟大理想的引导，甘愿为民族和国家的前途命运赴汤蹈火、献出宝贵的生命也在所不辞。

人性之复杂、人心之叵测，难以用善恶来界定，一个看起来淳朴善良的老实人，也有可能行过不为人知的恶，一个看起来蛮横霸道的人，也可能内心温软良善，时有行善。一个人是"仗义"还是"负心"，和他的出身贵贱无关，和他的文化程度高低也无关。每个人生下来都是白纸一张，没有善恶、美丑之分，后天之所以会形成巨大差异，是因为他在成长过程中所接受的各种教育和社会影响等，有的人渐渐变得冷酷无情，而有的人却成为正直善良的人。

61

由俭入奢易，由奢入俭难

"由俭入奢易，由奢入俭难"这句古训是北宋著名的政治家和史学家司马光在《训俭示康》中的名句，后被收录于《增广贤文》。它的字面意思是，从简朴的生活方式转变到奢侈的生活方式比较容易，而从奢侈的生活方式转变到简朴的生活方式却比较困难。这句话简洁而深刻，涉及消费观、道德观和人生态度等多个层面，跟人的修为和对欲望的管理有关。它提醒我们，节俭是中华民族的优良传统和美德，弘扬节俭精神，不仅关乎个人和家庭的福祉，也是经济社会高质量发展的重要保障。

人都有欲望，本无可厚非，其中物欲是较具诱惑力的一种欲望。由俭入奢易，是因为人们在面对物质的诱惑时，往往难以抵挡这种欲望。随着生活水平的提高和消费不断升级，各种商品和服务层出不穷，并日益完善，人们很容易在不知不觉中陷入奢侈的生活状态。此外，因为虚荣心的驱使而滋生出的消费攀比心理和畸形的享乐主义风气盛行，也在一定程度上助推了这种转变。在现实生活中，如果大家的生活状况都不相上下，不存在谁比谁过得好，缺少激发物欲的契机，物欲或许会一直沉睡。但凡有人过得比别人好，就会使得其他人心生羡慕，以及追赶甚至超越的念头，人们对物欲的追求也就被激发出来了，从而深陷过度消费的泥潭。

物欲不是单纯想让自己过得好，而是跟别人做对比之后，认为别人的生活比自己更好，从而产生的攀比心态。在这种情况下，一旦经济条件有所改善，就会瞬间由俭入奢。还有一些人由俭入奢、追求更高的生活品质，则是为了显示自己的社会地位和某种成功。由俭入奢是一种对欲望的放纵和对虚荣心的自我满足，而由奢入俭则是对欲望的克制，和对铺张浪费的生活习惯的节制。

"由奢入俭难"不仅体现在个人层面，更体现在整个社会的消费观念上。一方面，习惯了奢侈生活方式的人们会形成贪图享受、追求物质的心理惯性。在这种惯性的支配下，人们往往会把物质享受视为衡量生活水平的唯一标准，将不断追求更高层级的物质享受视作生活的理想。对于已经习惯了高品质的消费和服务的人们来说，一旦回归到节俭的生活状态，会顿感不适和失落。他们难以再接受物质上的匮乏和心理上的落差，也难以调整自己的心态。毕竟对于一个尝过欲望甜头的人来说，克制欲望需要一定的勇气和意志力。正如经济学有一个名词叫"棘轮效应"所指出的：人的消费习惯一旦形成，具有不可逆性。在收入达到某个水平以后，人们的消费会固定在某一层次，而随着收入的增加，人们的消费会往更高的方向发展，但却不会随着收入的减少而往更低的方向去，尤其在短期内很难向下调整。消费水平一旦上去了，便很难再降下来，就像"棘轮"一样，只能前进，不能后退。

另一方面，自我修养、社会环境和文化因素也在一定程度上给由奢入俭设置了一种无形的障碍。如果说由俭入奢是顺其自然、合乎本我天性的话，那么由奢入俭则是反天性的，需要借助超我的力量介入。随着经济的发展和社会的进步，消费主义逐渐盛行，人们的消费需求不断膨胀。在这种情况下，节俭的观念往往被忽视或边缘化，被视为一种不合时宜的生活方式，节俭的人可能会受到他人的嘲笑和排斥。他们可能会因此感到焦虑、不安和失落，甚至还会产生自我否定和自卑情绪。奢侈的生活方式一旦被大肆宣扬和推崇，这种社会氛围使得人们更加难以摆脱奢侈生活的诱惑，回到节俭的生活状态。这种心理障碍使得人们难以做出改变，即使他们意识到节俭的重要性。此外，奢侈的生活方式会使人逐渐丧失理想信念，以及对节俭生活的适应能力。长期的奢侈生活会让人们变得娇气、脆弱，难以忍受任何形式的艰苦和挫折。

"饥而欲食，寒而欲暖"，这是人的本性，也是人与生俱来的欲望。人一旦有了欲望就会千方百计地去满足。如果收入能跟得上消费的步伐，每一笔钱都花得值倒还好，但如果是"打肿脸充胖子"、挥霍无度，甚至为了满足欲望，以身试法，铤而走险，结果只会坠入万劫不复的深渊。社会学有一个新名词叫"隐形贫穷人口"，意思是有些人表面看上去有吃有喝有穿，但实际上过得很拮据。由于每一笔收入都没有好好规划，最后免不了"月光"的结局。短时间内消费水平上不去了，也不想退而求其次。生活中不乏这样收入跟不上消费步伐的鲜活例子。

当今社会，随着人类对资源的过度消耗，环境污染和资源匮乏的问题日益严峻，节俭成为一种非常必要的生活方式，这已成为人类共识。事实上，对于理性的社会，奢侈的生活方式不仅会增加个人和家庭的经济负担，还会腐蚀人的意志，败坏社会风气。对于习惯了奢侈生活的人，尽管由奢入俭难，但这并不意味着我们应该放弃尝试。树立正确的消费观，自觉抵制奢侈浪费现象，倡导节俭文明新风，既利国利民利己，又利子孙后代。

为了从奢侈的生活转变到节俭的生活，我们可以采取一些具体的措施。首先，政府可以加强对消费市场的监管和规范，防止过度消费和浪费现象的发生。同时，也应该通过宣传和教育等手段，提高公众的节俭意识和环保意识，倡导使用可再生资源，减少能源消耗，推广绿色低碳消费理念，并教育公众日常如何更好地利用资源等。其次，企业应该承担起社会责任，推动绿色生产和可持续发展，减少资源浪费和环境污染。最后，个人也应该自觉树立正确的消费观念，理性对待物质需求。我们可以逐步调整自己的生活方式，减少不必要的消费，从而降低自己的物质需求，避免盲目追求奢侈和浪费。此外，我们还需要努力克服"由奢入俭"过程中的心理障碍，不断提高心理适应能力，注重在平淡俭朴的生活状态下修炼内心世界的平和与富足。

"俭开福源，奢起贫兆"，无论任何时候我们都应以俭素为美，而不以奢靡为傲。我们必须认识到，节俭是一种美德，也是一种智慧。在资源有限的世界里，节俭不仅有助于个人的财务健康，更有助于社会的可持续发展。因此，我们应该重新审视自己的消费观念，摒弃奢侈浪费的不良生活习惯，回归节俭的健康生活方式。居安思危，忧盛危明。当我们在富足中保持谦虚和谨慎，在贫苦中保持信心和勇毅，即使身处任何场景都能够轻松应对各项挑战。

总结起来，"由俭入奢易，由奢入俭难"这句古训告诉我们，节俭和节制对我们的日常生活至关重要。我们要时刻保持清醒的头脑和坚定的信念，在追求美好生活的同时不忘节俭之本。只有这样，我们才能在享受物质文明的同时保持精神文明的进步，实现个人和社会的和谐共荣。我们才能更好地适应现代社会的需求，为人类自身和环境的可持续发展创造更好的未来。

62

"特里法则"改变人生

美国田纳西银行前总经理特里曾说:"承认错误是一个人最大的力量源泉,因为正视错误的人将得到错误以外的东西。"这句话也被称为"特里法则"。"特里法则"告诉我们,承认错误具有很高的价值。掩盖错误是人性的弱点,承认错误需要很大的勇气,但比被别人批评的心情要舒畅得多。承认错误是避免再次出错的前提,从错误中总结经验教训,是不断进步、不断成长的必要条件。

记得笔者在跑第十九届玄奘之路戈壁挑战赛的最后一天早上,天未亮就在戈壁上检录开跑。因为刚跑出不久,赛道上还较为拥挤。情急之下我本想贴着人少的赛道外沿奔跑,这样可以跑得稍微快一些,但随身装备的头灯电池快要耗尽,此时只散发着微弱的光线,不足以让我看清赛道的路况。我就这样深一脚浅一脚地跑着,一不留神踩到一个尖尖的小土堆上,险些崴脚。我当时被吓了一跳,第一反应是,都最后一日了,折戟沉沙就太冤了,不是埋怨这个小土堆的时候,因为戈壁上的赛道本来就异常复杂。我转而意识到我的选择存在很大的风险,还是跟随众人一起走赛道中间比较靠谱,虽然暂时慢下来了,但安全完赛才是最重要的。就这样,我跟着"戈友"们左冲右突直至天色微明，最终顺利跑完整个赛程，并取得金标成绩。通过这次亲身体验，我充分领悟到"特里法则"的深刻内涵。歌德曾说过："最大的幸福在于我们的缺点得到纠正和我们的错误得到补救。"犯了错误，承认得越及时，就越容易改正和补救，使损失减到最小。承认自己犯过的错误，才能在反省中获得帮助我们成长所需的智慧和经验。如果一直沉迷于错误之中，并且把犯错的责任都归咎于自身以外的因素，则难以获得成长。

人们更钦佩一个敢于主动承认错误、承担责任的人，因为当众人没有勇气承认错误的时候，就会对主动站出来承认错误、承担责任的"勇士"格外尊敬。领导者也更重视这类人，因为他们最值得信赖，而对于喜争功诿过的人则会鄙夷不屑。俗话说，贤人争罪，愚人争理。为自己的过错负责是君子，为他人的过错负责是贤人。愿意为自己或他人的行为负责的人，更容易得到人们的信任和支持。虽然承认错误有可能要承担相应的责任，但是，正视错误的人，能够得到错误以外更加宝贵的东西，那就是经验和教训。承认错误虽然可能会暴露自己的短处，但是从长远来看，想方设法地掩盖错误、推诿责任，即使这一次能够蒙混过关，日后遇到类似的问题，可能还会犯同样的错误。所以，回避问题、逃避责任，才是一个人致命的错误，更容易让人怀疑他的勇气和品质。在职场中，一般情况下下属敢于承认自己的错误，上司不但不会责怪，反而会欣赏他的勇气和责任感，并对他另眼相看，未来也将给他更多的升迁机会。

《史记》记载，春秋时期，晋文公的司法官李离因误听下属汇报而错判了一例死刑，他主动将自己拘禁起来，请求以死谢罪。晋文公劝他："官职有高低之分，处罚也有轻重之别，这是下级官吏的过失，并非你的罪责。"李离却坚持道："臣居高位而不与下属分权，享厚禄而不与百姓共享利益，如今误判杀人，若将罪责推诿给下级，实为不义。"他最终拒绝赦免，伏剑自尽以明法纪。李离面对误判的后果,没有逃避或推卸责任,而是以生命为代价践行了"失刑则刑,失死则死"的原则。这种主动担责的行为,不仅维护了法律的尊严,更赢得了君主的敬重与民众的信服。李离的抉择体现了"法大于权"的精神。他的行为虽看似极端,却深刻诠释了"贤人争罪"的内涵——真正的担当不仅是对自身过错的坦诚,更是对职守与道义的坚守。这种责任感在古代政治伦理中尤为珍贵,也为后世树立了"为官者当以责为重"的典范。

在我们的生活中,大多数人都有很强的自我保护意识,一旦听到对自己不利的言论,或遇到不妙的情形,往往会采取对抗和逃避的方式。励志大师卡耐基认为,在与他人相处时,在与他人交换意见时,如果你是对的,就要试着温和地、有技巧地让对方同意你;但如果你错了,就要迅速而真诚地承认。这样做,要比为自己争辩有效和有趣得多。卡耐基在《人性的弱点》一书中还讲述了自己经历过的一件事。他住的地方,步行约一分钟就可到达一片森林。他常常带他的小波士顿斗牛犬雷斯到公园散步,雷斯是一只友善而不伤人的小猎狗。因为在公园里很少碰到行人,他常常不替雷斯系狗链或戴口罩。有一天,卡耐基和他的小猎狗在公园遇见一位骑马的警察,警察申斥卡耐基道:"你为什么让你的狗跑来跑去,不给它系上链子、戴上口罩,难道你不晓得这是违法的吗?"卡耐基回答:"是的,我晓得。不过我认为它不会在这儿咬人。"那位警察继而说道:"假如下回再让我看见,你就自己去跟法官解释吧!"卡耐基恭恭敬敬地表示下不为例。过了几天,卡耐基带着还是没戴口罩的小狗出门,又碰到了一位警察。卡耐基不等警察开口就先说:"警官先生,这下您当场逮到我了,我有罪。我没有托词,没有借口了。上星期有警察警告过我,若是再带小狗出来而不替它戴口罩就要罚我。""好说,好说,"警察回答,"我晓得在没有人的时候,谁都忍不住要带这么一条小狗出来玩玩。"最后,警察对卡耐基说:"你只要让它跑过小山,到我看不到的地方——

这事儿就算了。"卡耐基处理这件事的方法是，不和警察发生正面冲突，并爽快地、坦白地、真诚地承认错误。如果我们在生活中犯了一些小错误，与其等着遭受斥责，颜面尽失，还不如抢先一步，坦然承认自己的错误。事实上，主动承认错误会比别人提出批评后再认错更能得到别人的宽容和谅解，主动承认错误也比被他人指出来再加以指责有面子得多。

生而为人，谁都有力所不及或思虑不周的时候。格局小的人会顾及所谓的自尊，想尽一切办法逃避责任，不敢正视自己的短板与错误。格局大的人，则会明白错误也是人生的一部分。试着从每一次的错误中总结经验，吸取教训，让自己在成长的同时，也通过人格魅力收获他人的欣赏与支持。敢于认错，把错误当作提醒，把认错当作承担，在一次次提醒与承担中充实自我、强大自我。所有正视过的错误，终会拓展你的格局。

公元88年，罗马皇帝图密善执政时期，位于现今罗马尼亚一带勇猛善战的达契亚人频繁侵扰罗马帝国边境。为彻底消除这一威胁，图密善果断下令发起大规模军事行动。罗马帝国迅速集结大军，由经验丰富的将领带领奔赴达契亚。战争伊始，罗马军队依靠先进装备与精锐士兵，一路高歌猛进，占领了达契亚部分领土。然而，达契亚人利用熟悉的地形，展开灵活的游击战术，持续袭击罗马军队的补给线与营地。随着战争的推进，罗马军队陷入自然环境恶劣、补给困难的绝境。军队士气低落，伤亡剧增。在一场关键的战役中，将领出现指挥失误，致使罗马军队惨败，众多士兵战死，大量珍贵装备被敌军缴获。败讯传回罗马，民众恐慌愤怒。图密善主动站出，在元老院和民众面前深刻检讨，坦言是自己决策失误，对失败负全责。他的担当赢得民众的理解与尊重。随后，图密善积极采取措施，调整战略、强化训练、改善补给，虽未完全扭转战局，但稳定了国内形势，也重塑了自身形象。

对于一个领导者来说，勇于承担责任会使下属的安全感倍增。作为下属，通常最怕做错事情，怕投入了巨大的精力却收不到预期的效果。而领导者的主动担责会使下属感激不尽，这有助于促进下属反思自己的错误和弥补自己的缺陷，并有利于在组织内部形成勇于认错、敢于担责的良好氛围。领导者敢于承认错误，表面上看是把所有的责任揽在自己身上，使自己成为受谴责的对象，实质上展现出的是眼界、胸襟、胆识以及自己的人格魅力，从而更能赢得下属的敬重和服从。敢于承认错误，并从错误中吸取教训，方能及时弥补错误所带来的损失，并得以轻装上阵迎接新的挑战。

　　人活一世，谁也不能保证生命中的每一刻都清醒，所跨出去的每一步都坚定。"特里法则"告诉我们，一个人犯了错误并不可怕，关键在于他用怎样的心态去对待错误。害怕错误、不敢认错会阻碍我们的成长和发展，主动认错、敢于担责不仅会让我们收获赞赏与信赖，还能使我们快速突破我执的巨大障碍，是实现自我成长的必经之路和不二捷径。当我们鼓起勇气，面对不完美的自己和犯下的过错，你会惊喜地发现，他人的棱角在慢慢消融，幸福也悄然而至。

63

智者受到赞美时字字反思，
愚者受到批评时句句反驳

高尔基的《十戈比银币》中有一句话："智者受到赞美时字字反思，愚者受到批评时句句反驳。"这句话如同一把标尺，清晰地揭示了智者和愚者在面对外界评价时的态度差异，展现了他们对待自我和外界的不同方式，呈现了两种截然不同的人生态度和智慧层次，也为我们在人生的旅途中如何成长提供了深刻的启示。

赞美，是一种生活中常见的积极的反馈形式。当我们受到外界的赞美时，内心往往会涌起一股喜悦之情。智者不会因为受到外界的赞誉而沾沾自喜、得意忘形。他们总是保持头脑清醒，将每一句赞美都视为一次反思的契机。他们会反思这些赞美是否真正反映了自己的实际情况，以及真实的成就，是否自己还有不足之处和提升的空间。智者知道成功是暂时的，而学习和成长是一个长期、持续的过程。正如苏格拉底所说："我只知道自己一无所知。"他们不会因为一时的成功和外界的赞美而停止对自我的提升和对进步的追求，而是始终保持谦逊和学习的心态。

唐代著名政治家、文学家魏征以直言敢谏闻名于世。当他受到唐太宗的赞赏和重用时，并没有以权势自傲，而是时刻反思自己的言行是否得当，是否能真正地为国家和人民谋福祉。他虽有着高尚的品德和深厚的学识，却始终保持着谦虚和谨慎的态度，为世人展现了一位智者的风范。他不断审视自己的建议是否合理，是否存在不足之处。这种在赞美面前的反思精神，使得魏征成为一代名臣，也为唐朝的繁荣和稳定做出了巨大的贡献。唐太宗在魏征死后对众臣说："夫以铜为镜，可以正衣冠；以史为镜，可以知兴替；以人为镜，可以明得失。今魏征已去，吾失一镜矣。"可见唐太宗对魏征评价之高。正如其所言，以人为镜，可以明得失。现实生活中，我们可以将他人的赞美和批评视为一面镜子，从中映照出自己的优点和不足。通过反思赞美和批评，我们能够更加全面地认识自己、完善自己，从而更好地实现自我的成长和进步。

卡尔逊刚发明静电复印技术时，他来到IBM总部大楼，想要出售这项发明专利。IBM总裁托马斯·沃森看了他的过往履历，发现他的本职是律师，随即对他产生了偏见，对他的发明失去了兴趣，于是派下属经理去接待他。而这位经理认为IBM拥有全球最顶尖的研发团队，怎么会轮到一个无名小卒来提供技术。于是，在卡尔逊介绍发明详情时，经理频频反驳。先是反问："我们已经有碳素复写纸了，你这复印机的成本高、体型笨重，有何用处？"卡尔逊耐心地解答经理的质疑。可对方仍不罢休，直接揪着他的履历质疑道："你的本职不是律师吗，怎么干起工程师的发明工作了？"卡尔逊不再解释，而是收起图纸离开了IBM。5年后，IBM总裁托马斯发现IBM的大量业务被一家发展迅猛的名叫"施乐"的新公司抢走了。经过调研，他们发现"施乐"公司热销的办公复印机的设计师，就是当初被IBM否定的卡尔逊。我们从中可以看出，卡尔逊在面对批评和责难时，不但没有气馁，反而愈挫愈勇，最终获得巨大的成功。智者在面对失败时，总是积极分析原因，从中吸取教训，并用这些教训来改进自己的策略和方法。这种从失败中学习，并视失败为成长机会的能力，使智者能够在逆境中变得更加坚强和睿智。正如马斯克所言："我现在不和人争吵了，因为我开始意识到，每个人只能在他的认知水准基础上去思考。以后有人告诉我2加2等于10，我会说，你真厉害，你完全正确。"

《圆桌派》节目里有这么一句话："偏执的人，只会从他看到的世界里，刻意挑选能证明自己是对的东西。这样的人，不会因见多识广而开阔，反而是越经历，越狭隘。"通常而言，愚者在受到批评时，往往出于自我保护的本能，会立即进行反驳。他们可能认为批评是对他们个人价值的攻击，而不是对行为或成果的客观评价。这种防御性的反应可能源于对自我能力的不自信，或是对改变的抗拒。愚者可能没有意识到，批评往往是成长和进步的催化剂。他们不愿接受外界的意见，从而错过了从批评中学习的机会，这可能阻碍他们的成长和进步，因为每一次反驳都是对自我提升机会的拒绝。《道德经》有云："善者不辩，辩者不善。"面对不同意见或批评，愚者喜争好辩，总是语欲胜人。殊不知，习惯性反驳是一种本能；但克制反驳欲，则是一种了不起的能力。越是喜欢反驳，越是只能证明自己的无知和浅薄。

有这样的一则故事。古代有一个秀才与一个卖肉的屠夫为"三七二十一，还是三七二十"争执不休，甚至差点动手打起来。为了证明自己是对的，二人便一起拉扯着来到县衙，请县太爷明断。待县太爷问明缘由，便将屠夫赶了出去，接着命衙役杖罚秀才二十大板。秀才委屈高喊："老爷，冤枉啊，明明是三七二十一，为何竟要责罚我？"县太爷大吼："你堂堂一个秀才，饱读圣贤诗书，却和一个目不识丁的屠夫纠缠不清，你说该不该罚你？"秀才听闻，羞愧不已。这个故事提醒我们，对于认知不同的人，对于无关紧要的事情，不必较真，退一步既避免了矛盾的发生，又彰显出你的大度。就像一只蚂蚱，春天生，秋天死，根本就没有经历过冬天，你却非要跟他争论一年有几个季节的问题，你说能争出个什么结论呢？愚者通常无法接受别人对自己的否定，他们认为批评是对自己的攻击。他们会为自己的错误寻找各种借口，试图证明自己是正确的。这种反驳不仅不能解决问题，反而会使矛盾进一步激化，让自己陷入更加被动的局面。愚者在反驳中错过了成长的机会，也失去了他人的信任和支持。

日常生活中，我们不必因为一些小事而斤斤计较，非要争个你高我低。高情商的人，都是大智若愚。不争就是格局，不辩就是智慧。对任何人、任何事，学会控制情绪，平和心态，积极的心态和稳定的情绪是成功人生的基石。如《格言联璧》中所云："有才而性缓，定属大才，有智而气和，斯为大智。"汉武帝时期的公孙弘出身贫寒之家，以布衣封侯，官至丞相。即使贵为三公后，生活仍十分俭朴，睡觉只盖普通的棉被，每餐只有一道荤菜和粗米糙饭，俸禄多用于接待朋友和宾客，家中没有多余财物。在奢侈浮靡之风日益盛行的汉武帝时代，他始终不为世风所移、躬行节俭、轻财重义，被当时朝廷内外传为佳话。为此，汉武帝曾特意下诏表彰了公孙弘节俭的美德。著名史学家司马迁也曾在《史记》中称赞道："大臣宗室以侈靡相高，唯弘用节衣食为百吏先。"这种异常的节俭，使不少人认为他是在沽名钓誉。因此，他常常遭到同僚的诽谤和诋毁，但他从不去反驳和争辩，而是用沉默与包容的处世态度，一如既往地清廉戒奢、贤能谦让，最终从一介布衣到封侯拜相，为西汉全盛时期的到来做出了不可磨灭的贡献。此外，他还在儒学中兴、儒术独尊方面做出了重要贡献。他不仅本人成为"以儒术取贵"的典型，而且还引领了天下学子欣然学儒的热情，对后世产生了极其深远的影响。

从这些故事中我们可以看出，愚者和智者在面对批评和表扬时的不同反应，揭示了他们对待生活和自我的不同态度。愚者往往固守自己的观念和行为，不愿意接受外界的影响和改变。愚者在受到别人的赞美时，往往容易沉浸在自我满足的情绪之中。他们将赞美视为对自己能力的绝对肯定，认为自己已经完美无缺，无需再做任何努力。正如老子所说："自伐者无功，自矜者不长。"自我夸耀的人不会建立功勋，自负自满的人无法持续发展。愚者在赞美中迷失自我，最终只会在人生的道路上失去前进的方向和动力，从而停滞不前，并逐渐陷入自我膨胀的陷阱。而智者则以开放的心态接受外界的评价，无论是批评还是表扬，他们都将其视为学习和成长的机会。"良药苦口利于病，忠言逆耳利于行。"智者知道，真正的智慧不在于避免批评，而在于如何从批评中学习和进步；不在于享受表扬，而在于如何从成功中找到新的挑战和目标。

在现实社会中，我们时常会遇到各种赞美和批评，我们应该学会像智者一样，保持谦逊、开放和包容的心态。在赞美面前保持清醒，时刻反思，且要不忘感恩，不断追求更高的目标。在批评面前不要急于反驳，而是要冷静思考，认真分析批评的合理性。如果批评是正确的，我们要虚心接受，勇于承认错误，积极采取措施加以改进；如果批评存在误解，我们也要以平和、包容的心态积极沟通，消除误会。这样的态度不仅能帮助我们取得事业上的成功，也会使得我们的家庭更加和谐、生活更加美满。

64

境随心转,万物皆备于我

"万物皆备于我"出自《孟子》,其含义不是说外界万物都实际存在于"我"的身边,而是强调一种对自我与世界关系的深刻洞察和精神层面的高度自信。它是孟子哲学中"心性论"的核心,意味着人通过对自身内在道德、智慧和力量的充分挖掘与体会,能够建立起一种与宇宙万物相通互融的联系,从而实现对世界的深度理解与精准把握,达到一种不依赖外在环境的内心自足与自由。

后世在此基础上,又有所延伸,如《菜根谭》所说的"心随境转是凡夫,境随心转是圣贤",它表达的是对心境与外界关系的思考,有着深刻的内涵和积极的价值导向。"境随心转"是圣贤所达到的崇高境界,也是真正领悟并践行"万物皆备于我"思想的人的显著特征。他们拥有一颗笃定的心,无论外界有多少不同的声音,都能宛如泰山般坚守自己的内心,坚定地去做自己认为正确的事。这是因为他们对自己的内在价值和使命有着清晰而深刻的认识,坚信自己内心的判断和选择。历史上,范仲淹的"忧乐观"正是儒家精神对于现实担当的最好诠释。"庆历新政"失败后的谪守生涯中,这位"先天下之忧而忧"的士大夫在《岳阳楼记》中构建起超越个人得失的精神境界。面对"阴风怒号,浊浪排空"的洞庭湖景,他能保持"不以物喜,不以己悲"的澄明心境;他目睹"春和景明,波澜不惊"的太平气象,仍怀"居庙堂之高则忧其民"的济世情怀。范仲淹的"万物皆备于我"不仅体现在他面对困境时的乐观与担当,以及将个体命运与天下苍生相系的精神境界,更在于他通过内心的坚守,将不利的环境转化为向国家和人民奉献的动力。这也正是儒家"万物皆备于我"思想的社会性表达。

　　君子通过不断提升自身修养和内在力量,无论是荆棘密布的小径,还是繁花似锦的大道,他们都能坚定前行。苏轼也是践行"万物皆备于我"思想的杰出代表。他因"乌台诗案"被贬至黄州,生活极为艰苦。初到黄州时,面对着物质和精神上的双重打击,苏轼并未一蹶不振。他把黄州的山水视为心灵的慰藉之所,从自然万物中汲取灵感和力量。在这里,他创作出了千古传颂的《赤壁赋》《念奴娇·赤壁怀古》等佳作。这一时期,他的书法也达到了新的高度,其书法作品《寒食帖》被誉为"天下第三行书"。苏轼晚年再遭流放,被贬至海南。海南地处偏远,自然环境恶劣,但他依然保持豁达乐观的积极心态。他与当地民众打成一片,教授他们文化知识,还发明了"东坡肉"等美食,展现出他的生活智慧和乐观情怀。苏轼之所以能够在逆境中保持从容自在,正是因为他深刻地践行了"万物皆备于我"的思想。他从自己的内心出发,始终保持着"此心安处是吾乡"的主体自觉力去感受和理解周围的一切,将不利的环境转化为自我成长与创造的动力。他在自然山水、日常生活中都能发现美好,汲取力量,与万物和谐共生。他的这种境界,不仅使他在面对挑战时更加从容不迫,还激发了他内在的潜能和智慧,让他在文学、艺术等多个领域都取得了非凡的成就。

　　儒家倡导"修身齐家治国平天下",其中修身是一切的根本,是万丈高楼的基石。心有所守,是践行仁义的起点。一个人只有坚守内心的道德准则和价值观念,才能在行为上表现出仁义之举。心有所定，是道德修养的关键。内心坚定，才能抵御外界的种种干扰与诱惑，不被欲望所左右。西汉时期的著名学者匡衡，自幼家境贫寒，连夜晚读书的灯油都难以保证。然而，外界的困境丝毫没有动摇他内心对知识的渴望和对学问的追求。为了能在夜晚继续读书，他不惜凿穿墙壁，借邻居家的灯光刻苦攻读。这种在困境中坚守内心追求的精神，令人钦佩不已。正是凭借这份坚定的信念和顽强的毅力，匡衡最终成为一代大儒，在学术和政治领域都取得了卓越的成就。正如《资治通鉴》所言："志之不立，如无舵之舟，无衔之马，漂荡奔逸，终无所成。"匡衡正是因为立定了向学之志，才能在艰苦的环境中砥砺前行，实现自己的人生价值。

从范仲淹"先天下之忧而忧"的济世情怀、苏轼"一蓑烟雨任平生"的超然境界，到匡衡"凿壁偷光"终成大儒的苦学精神，他们的人生践行充分体现了"万物皆备于我"的思想。这充分表明儒家是以社会伦理为实践场域，在自我修身、人与人的交往，以及社会的建设中践行道德准则，实现人生价值的。其强调的是"诚于中，形于外"的道德实践，主张通过"格物致知"的认知路径，一步一个脚印地达成"止于至善"的崇高境界。"格物致知"，就是要求我们对世间万物进行深入探究，通过对事物的观察、分析和思考，获得知识和智慧。而"止于至善"，则是我们追求的终极心性修养目标，是一种道德和精神上的完美境界。

王阳明龙场悟道的经历，堪称儒家心性之学的生动注脚。明正德三年，这位被贬谪至贵州龙场的年轻官员，在石棺中彻夜静思，终于参透"圣人之道，吾性自足"的真理。这一觉悟不仅是对程朱理学"格物致知"方法的超越，更揭示了儒家思想践行"万物皆备于我"的本质——当个体完成心性的澄明，建立了稳固的价值内核，外在环境便不再构成限制。正如阳明先生在《传习录》中所言："你未看此花时，此花与汝心同归于寂；你来看此花时，则此花颜色一时明白起来。"在物质丰裕而精神焦虑的现代社会，儒家心性之学展现出独特的疗愈价值。当人们困于"内卷"与"躺平"的二元困境时，阳明先生的"知行合一"理论为人们提供了破解之道。《传习录》深刻地启发人们，真正的成功不是战胜他人，而是超越自我。这种将竞争焦虑转化为自我超越的智慧，正是"万物皆备于我"的现代演绎。

"万物皆备于我"这一思想不仅是对自我精神的深度挖掘与肯定，更是一种推己及人、兼济天下的广阔胸怀的体现。它启迪人们，要心怀仁爱，关爱他人，以善良与包容搭建起人际的温暖桥梁。我们深刻地意识到，自己不再是一座孤岛，而是与他人、与自然紧密交织的命运共同体，一呼一吸都与世界的脉搏同频共振。而当我们历经磨砺，修炼到境随心转的境界，便能挣脱外界的束缚，超越平凡庸常的自我。不再被外界的喧嚣与纷扰左右情绪，不再在困境的泥沼中迷失方向。在心灵的广袤天地里，我们傲然屹立，成为自己命运的掌舵者，以坚定的信念与从容的姿态，驶向理想的彼岸。

在人工智能挑战认知边界、气候变化威胁文明存续的当下，"万物皆备于我"的智慧获得新解。它提示人们，真正的自由不在于征服环境，而在于修炼"转物而不被物转"的心性功夫。这种主体性修炼，在技术洪流中保持人文温度，在生态危机中培育责任伦理，为构建人类命运共同体提供精神支撑。

"万物皆备于我"既非狂妄的主体膨胀，也非消极的自我封闭，而是主张通过持续的心性修炼，在变动的世界中建立稳固的精神坐标，帮助人们破解"内卷"与"躺平"的二元困境。在价值多元的当代，它启示人们：真正的文明进步不在于外在征服，而在于内在觉醒。当每个人都能成为"转境者"，人类终将在技术理性与人文精神的和谐中，找到可持续发展的文明新形态。

65

世事洞明皆学问，
人情练达即文章

在漫漫人生征途中，我们不但要面对自然界的风霜雪雨，还要穿梭于纷繁复杂的人际网络之中。而对于人际关系、人情世故的处理与掌控，处处皆学问，亦处处皆文章。曹雪芹在《红楼梦》宁府上房堂厅里有一副对联"世事洞明皆学问，人情练达即文章"，这句短短十四个字的至理名言，更是将人情世故所蕴含的智慧与奥妙展现得淋漓尽致。

人情世故，不仅是一种安身立命的技能，更是一种提升生活品质的艺术，它与个体的成长紧密相连，对构建和谐融洽的人际关系起着不可或缺的作用，并且深刻地影响着社会的稳定与发展。这句话包含了世、事、人三个重要的概念，世即世理，事乃事理，人指人情，特别强调在社会交往和人际往来中洞悉世间百态、领悟人情世故的重大意义。概括起来，就是一种修齐治平的儒家传统观念。其间强调了学问和人情的重要性，对于理解世界和表达情感都起着关键作用。如果将世间之事都看明白了，会发现它每一处都是学问。而通透了人情世故之后，对于人生哲理就会有独到的领悟。

了解人情世故，掌握人与人之间的交往技巧，是一门古老而历久弥新的学问。而人情往来，正是这门学问中的重要部分。通过与人交往，我们可以更好地了解自己和他人，增强彼此之间的感情，从而建立起更加深厚的人际关系。

人情世故是一个复杂而多元的概念，有着极为丰富的内涵。它包括了对人性的深刻理解、对社会规则的准确把握、对情绪的自控力以及对沟通艺术的熟练运用。从情感层面来看，人情主要涉及人与人之间的情感联系。狭义上，体现为亲人间的关爱、朋友间的情谊以及熟人间的相互关怀和照顾；广义上，包含了社会共同认可的道德情感规范，如对正义、善良的尊崇所衍生的情感羁绊。世故侧重对社会的洞悉。它不是指圆滑世故的贬义概念，而是一种基于对人性、社会环境和人际关系的敏锐感知与深刻理解，以更加成熟、理智的方式处理人际关系和社会事务的能力。知道在不同的情境中、面对不同的人群时，应该做出合适的行为表达。这需要遵循一定的社会规则、道德准则和社交礼仪等。

人情世故的本质是追求人际关系的平衡与和谐。这建立在尊重个体差异和社会多元性的基础之上。一方面要用心感知他人的情感需求和利益诉求，另一方面要清晰认识自己在群体中的定位，并以恰当的方式回应。人性复杂多面，既有善良、真诚的一面，也有自私、虚伪的一面。人情世故要求我们既要看到人性之美，也要警惕其阴暗面，学会在不同情境下灵活应对。每个社会都有其特定的运行显规则和潜规则。人情世故教会我们如何在显规则框架内行事，同时又能敏锐地捕捉到那些未明文规定的规则，从而更有效地融入社会。

其内涵还体现在一些不同的方面，例如在社会交往中，注重言行举止、待人接物的礼节，这些都是构建良好人际关系的基本要素。同时，它也是一种利益、权力和信任的平衡。在社会互动中存在着基于利益的合作，人们需要运用人情世故来达成目的。信任的建立和维护也离不开在交往中遵循人情世故的原则。人情世故还特别强调情绪自控能力，即在面对冲突、压力时能够保持冷静,用理性指导人际交往,避免因冲动而做出错误的决策。有效的沟通是建立良好人际关系的基石。人情世故教会我们如何倾听、表达、协商,以及如何在不同文化背景下进行有效沟通,促进相互尊重、理解和包容。总之,人情世故是在社会生活中处理好人际关系、实现和谐相处的必要智慧与技巧。

人情世故在促进个人成长方面发挥着重要作用。它促使我们学会从多角度去思考问题,这种多视角的思维方式极大地增强了我们解决问题的能力。通过与不同的人交往互动,我们能够了解各种各样的观点和想法,从而打破自己固有的思维局限,变得更加包容与灵活,进而推动个体心智不断走向成熟,使人格逐渐得到完善。

在当今快速变化的社会环境里,人情世故的意义更为凸显。新的环境不断涌现出新的规则、新的社交模式和新的人际关系类型。懂得人情世故的人能够迅速感知这些变化,并依据过往积累的经验和敏锐的洞察力,快速适应新环境、新规则。这无疑能够使人在社会竞争中占据优势地位,无论是职场晋升还是社交拓展,都能更加游刃有余。当我们每个人都能够基于人情世故的智慧处理人际关系时,社会整体将更加和谐、稳定,这将有利于减少矛盾冲突。

而修炼人情世故绝非易事。需要我们广泛涉猎历史、文学及心理学等领域,深入探究人性的复杂多面与社会运转的内在逻辑。这样的阅读学习不仅能够丰富个人的文化底蕴,更能提升对世事与人情的洞察力。还有,在日常交往中,应细心观察他人的言谈举止,尝试解读其行为背后的深层动机与逻辑链条。同时,要勇于将所学理论知识应用于实际行动,通过不断的实践来锤炼和提升自己的人际交往能力。努力培养自己的同理心也尤为重要,学会换位思考,真切体会他人的情感与立场。这种同理心的培育将使你在人际交往中能够更加敏锐地捕捉到对方的情绪变化与需求,从而及时做出更为恰当、得体的回应。

在数字化、全球化的现代社会，人情世故的智慧不仅不会过时，反而因其深厚的文化底蕴和广泛的适用性，成为我们在复杂社会环境中生存与发展的必备工具，是我们应对挑战、实现个人和社会价值的重要力量。它要求我们在理解人性的基础上，掌握社会规则，学会有效沟通，培养同理心，从而在人际交往中左右逢源、游刃有余。同时，也为促进我们的个人成长和社会和谐发挥着重要作用。

66

水深流得慢，贵人话语迟

水，自古以来便是智慧的象征。那涓涓细流的清泉，那汹涌奔腾的大河，还有那深不可测的湖海，都在以各自的方式向我们诉说着岁月的故事和人生的哲理。"水深流得慢"这句话，蕴含着无尽的深意。

从自然科学的角度来看，水深流得慢有其物理学解释。宽度相同的河流，水的深浅决定了过水断面，在水流量一定的情况下，水越深，流速越慢。这就如同一个人的阅历越是丰富、内涵越是深厚，其行事风格往往越沉稳低调。那些学识渊博、经验丰富的智者，如同深水般沉稳，他们的思想和知识体系犹如深不见底的水域，不轻易示人。而那些一眼就能见底的河谷浅溪，水流总是那般奔腾湍急，不作片刻停留。

贵人话语迟，是因为他们的每一句话都经过深思熟虑。贵人并非不会表达，而是他们深知口不择言于人于己可能产生的危害。这并非消极的沉默，而是一种积极的思考和审慎的态度。贵人之所以为贵人，并非仅仅因为他们拥有地位、财富或者权力。真正的贵人的内心世界丰富而深邃。他们在面对问题时，会权衡利弊，从多角度进行全面思考。考虑措辞是否恰当，是否能够准确传达自己的意图。这种谨慎并非犹豫或懦弱，而是一种责任意识以及对自我形象严格维护的态度。

在社交场合中，我们常常会遇到一些"急性子"的人，他们做事风风火火，说话滔滔不绝，缺乏深思熟虑。而那些真正有智慧、有深度的人，却像深水一样，宁静而致远。他们不轻易发表观点，不盲目跟风，而是在默默地观察和思考，等到时机成熟，才会说出一番有分量、有见地的话语。这就是普通人与"贵人"之间的区别。贵人就像那深流的水，虽然缓慢，但每一步都走得那么坚实。他们不会被一时的情绪所左右，在众人喧嚣时保持安静，在需要发声时准确而有力。

历史上不乏这样的贵人，诸葛亮就是典型的代表人物之一。他"身未出茅庐，便知天下三分"，在出山之前一直隐居隆中，静观天下大势。当刘备三顾茅庐请他出山时，他依然谨慎地考量刘备是否真的是值得辅佐的明主。出山之后，他也并未急于用兵作战，而是精心谋划每一步的战略。他每一次的军事部署和决策论述都切中要害、极具分量，将各种因素考虑得十分周密，如地理环境、敌军部署、己方士气等。他总是话语精练，但字字无不蕴含着巨大的智慧和力量。

在商业活动中，也有很多这样"话语迟"的贵人。世界上的一些商业巨子在面临重大商业决策时，不会冲动行事。他们会调研市场、分析数据、听取各方意见，然后默默地在心里权衡利弊。他们不会轻易地向外界透露自己的商业计划，在股东大会上的发言往往也是言简意赅，他们的每一个决策背后都有着长久的思考和对未来趋势的精准把握。

在工作场合中，贵人话语迟也有着重要的意义。当与他人发生争执时，他们不会急于反驳，而是先静下心来倾听对方的观点，然后再阐述自己的想法。这样的交流方式，不仅能够避免冲突的升级，还能让对方感受到被尊重和被理解，从而更愿意与之达成共识。比如，在团队中，当遇到一个棘手的问题时，那些急于表现自己的人可能会提出各种天马行空的想法，但却往往漏洞百出，可行性极低。而那些沉着冷静、经验丰富的贵人,则在认真倾听大家的意见后,经过深思熟虑,提出既符合实际又能妥善解决问题的方案。

对于我们个人而言,要透过"水深流得慢"来学习贵人的沉稳与睿智。当我们在与人交往时,不要急于炫耀自己的知识和见解,而是先倾听他人,理解对方的需求。在表达自己的想法时,要斟酌用词,确保能够准确无误地传达自己的本意。在工作中,面对复杂的项目或难题,要静下心来进行抽丝剥茧的深入分析,而非草率决策、仓促行事。

"水深流得慢,贵人话语迟"是一种境界,一种修养。它提醒我们在这个快节奏的时代,不要被浮躁的风气所影响,要学会像深水一样沉淀自己,像贵人一样谨慎地表达。只有这样,我们才能在人生的道路上走得更加稳健,也才能更加深入地领略生命中的美好和智慧。我们应该在生活中不断巩固和践行这种理念,让自己的内心如同深潭般宁静而又充满力量。

然而,我们也要认识到,"水深流得慢,贵人话语迟"并不是绝对的。有时候,水深也会因为外部环境的变化而流速加快,贵人也会在关键时刻快言快语,一针见血地指出问题的关键。比如,在一些紧急的情况下,需要迅速做出决策时,贵人可能会突破常规,迅速表达自己的见解,以引导众人走出困境。这就如同在洪水暴发时,即使是深潭中的水,也会汹涌而出,展现出强大的威力。

所以,我们不应该机械地理解和运用这句话,而是要把握其核心思想。那就是在大多数情况下,要保持冷静、沉稳和思考,不盲目冲动,不急于求成。但同时,也要根据具体的情况和环境,灵活地调整自己的言行和情绪。这句话提醒我们要注重培养自己的深度和内涵,学会冷静思考,以从容不迫的态度应对生活中的各种机遇和挑战。

67

顺势而为，
突破路径依赖的枷锁

路径依赖理论由美国经济学家道格拉斯·诺思提出，是一种解释经济制度演进规律的重要理论。该理论认为，一旦人们做出了某种选择，就会像走上一条不归之路，惯性的力量会使这一选择不断自我强化，并让人们不能够轻易走出去。类似物理学中的惯性，好的路径带来正反馈，不好的路径产生负反馈。路径依赖理论揭示了人们在面对选择时，历史经验和先前决策对当下产生的深远影响。

诺思在研究经济制度的演进过程中，发现制度变迁往往受到历史因素的影响，呈现出一种路径依赖的特征。他通过深入研究，提出了路径依赖理论，并成功地将这一理论用来解释经济制度的演变。诺思因此获得了1993年的诺贝尔经济学奖，这一理论也因此在经济学界得到了广泛的关注和认可。

路径依赖强调的是一旦选择了某个初始方向或模式，由于各种自我强化的机制（如成本、习惯、既得利益等），就会持续沿着这条路径发展，难以轻易改变。例如，一家企业最初采用了某种传统的生产工艺流程，随着时间的推移，设备更新、人员技能培养等都围绕这个流程进行，即使出现了更高效的新流程，企业也可能因转换成本过高而难以切换。

这一现象在我们的日常生活中更是屡见不鲜。比如，你选择了在某家网店购买零食，往往会在后续的购物中持续光顾该店。即便你明知其他店铺可能会有更价廉物美的食品，但习惯的力量仍会驱使你重复选择这家店铺。同样地，当你选择某个顶尖品牌的产品时，久而久之，你可能会发现自己逐渐拥有了该品牌的一系列产品，不知不觉间形成了一种较为牢固的品牌忠诚度。

这种现象的背后蕴含着深刻的道理：如果你希望在未来获得他人的支持和帮助，那么在一开始就建立起信任至关重要。而要赢得他人的信任，关键在于展示出自己足够的能力和价值。正如《汉书》中孔子所言："少成若天性，习惯如自然。"这句话告诉我们，保持一种良好的习惯会逐渐将其内化为天性，而塑造一种好的习惯则是迈向成功的重要一步。

在职业生涯中，"路径依赖"犹如一道无形的枷锁。从初入职场开始，我们的做事方式就像在一条道路上埋下了种子，它将生根发芽，逐渐主导我们的职业轨迹。如果最初选择了诸如习惯性推卸责任、对工作挑肥拣瘦、对上司过度奉迎谄媚这类行事风格，我们的人生轨道就会变得越来越窄，时间久了就形成温水煮青蛙的效应，想要改变就会变得异常艰难。这是因为路径依赖一旦形成，自身就很难跳出既定的模式。人的习惯和思维定式如同旋涡，会把人不断卷入其中。同时，外界舆论也会形成一股强大的阻力。人们总是习惯性地带着成见去看待他人。一旦被贴上某种标签，任何试图改变的行为都会被视为"虚伪善变"。

所以，刚踏入职场时，慎重选择行事风格尤为重要。一旦确定下来，就要坚定不移地沿着这个方向前行，努力让这种风格得到他人的认可。一旦他人接受并将你视为某种行事和做人风格的代表，后续的人际交往、工作互动都会基于这个认知展开。他人可能会选择与你友好合作，或追随你的脚步，也有可能会成为你的竞争对手，但无论如何，只要他们认定你是某种特定风格的化身，这种认定往往就会持续下去。

想要为自己开拓美好的前程，起步阶段就必须谨慎抉择，毕竟良好的开端是成功的一半。以亚马逊公司为例，它在全球商业领域创造了巨大的财富神话，而其成功的背后离不开两大关键要素："以客户为中心的理念"和"强大的物流配送体系"。实际上，亚马逊创始人贝索斯在早期创业过程中就已经开始践行类似的思维模式。贝索斯在创业初期就敏锐地察觉到电子商务的巨大潜力。当时很多商家在做电商时，只是简单地将商品搬到网上售卖，却忽略了顾客体验这一核心要素。贝索斯认为，顾客才是商业活动的中心，应该围绕顾客的需求构建商业模式。所以，亚马逊从一开始就致力于提供海量的商品选择、便捷的购物界面以及优质的售后服务体验，这就是"以客户为中心的理念"的雏形。

同时，面对电商行业的物流配送难题，贝索斯大胆投入，建立了庞大而高效的物流配送体系。他意识到快速准确地将商品送到顾客手中，是提升顾客满意度的关键。于是，亚马逊建立了仓储中心，优化了配送流程，采用先进的物流技术，确保顾客能够及时收到货物。这一举措在当时极具前瞻性，也就是"强大的物流配送体系"的开端。

这是一种成功的商业行为模式。只要确立一套行之有效的做事方法并持之以恒地执行，就有可能走向成功。而且，如果这种模式能够得到大众的认可和接受，人们就会在潜移默化中借鉴这种方式，并且愿意支持采用这种模式的创业者或企业，甚至追随其发展。

无论是在个人成长，抑或组织发展的进程中，"路径依赖"其实都是一把双刃剑。从个人角度来看，一个人一旦在年少时期养成了某种学习习惯，如通过大量阅读构建知识体系的习惯，后续往往就会持续依赖这种方式。在面对新知识领域时，会习惯性地先从书籍中寻找答案，即使面对信息爆炸的网络资源，也依然倾向于这种深度且系统的获取路径。这种路径依赖在知识积累的初期可能会稍显耗时，但长期来看却有助于构建扎实的知识架构。与之相反，一个最初学习的是Python语言的程序员，在早期的项目中凭借Python简洁的语法和丰富的库生态，以及广泛的应用场景完成了许多任务，如数据分析和简单的网页开发。随着经验的积累，他在面对新的项目时，哪怕项目更适合用Java或者C++来实现更高的性能要求，他也总是下意识地先尝试用Python去构建框架。这就是典型的路径依赖，他依赖于过去成功使用Python的经验路径。这种依赖在一定程度上有助于他快速上手类似项目，但也限制了他在其他编程范式和技术领域的拓展，错过一些更适合特定需求项目的机会。

然而，在组织层面，路径依赖可能会带来更多复杂的效应。例如一些传统的劳动密集型企业，长期依赖大规模人力生产的路径。当智能化浪潮来袭，它们很难迅速将生产模式向自动化转型升级。因为过去的设备采购、人员培训、生产流程都是围绕人力依赖构建的，如果要转向自动化，不仅意味着需要投入巨额的设备更新成本，还涉及工人重新安置等诸多难题。这种组织层面的路径依赖使得企业在应对外部变革时往往举步维艰，稍不注意就有可能被市场淘汰。

传统胶片相机制造商柯达公司就是因路径依赖导致失败的典型案例。柯达在胶片摄影技术方面取得了巨大的成功，从胶片的研发、生产到相机的制造、销售，形成了一套完整且成熟的商业模式。在数码摄影技术刚刚兴起时，柯达由于对胶片业务有着极为强烈的路径依赖，未能及时调整战略转型，继续将大量资源投入胶片相关业务的研发和生产上。尽管柯达其实也掌握了数码摄影的部分关键技术，但既有的业务路径就像沉重的枷锁，使得公司难以割舍胶片业务的巨大利益和市场份额，最终在数码浪潮的冲击下走向衰落。

不管是个人还是组织，都应当清醒地认识到路径依赖现象的存在。应积极评估路径依赖所带来的正面与负面影响，当发展到一定阶段时，更要有足够的勇气去冲破既有的模式枷锁，探寻更契合发展需求的新路径，这才是达成可持续发展的核心要点。

这一原理不仅仅体现在个人的做事方式上，在人脉关系的构建与把控方面同样适用。倘若一个人始终能够展现出令人钦佩的品德，秉持一种吸引他人追随的风格，那么他就更容易收获他人的信任、支持与追随。例如在团队合作中，那些积极负责、诚实守信且善于沟通协作的人，总是能够赢得周围人的尊重与信赖，进而建立良好的人际关系。

反之，如果一个人采用阿谀谄媚、欺上瞒下的不良的为人处世方式，即便人们在特定环境下可能不便直接得罪他，但绝不可能从内心深处心甘情愿地追随他，更谈不上给予他尊重和信任了。这样的人在未来的事业发展道路上必然会遭遇重重挫折和障碍。所以，若想持续获得他人的尊重、信任和支持，就必须具备被他人所认可的品格和习惯。就像三国时期的刘备，他以"仁义"著称于世，关羽和张飞正是洞察到刘备的这一优秀品格，从而心生敬仰并予以认同，才与他桃园结义，而后忠心追随一生。这充分表明，良好的品格是赢得人脉、成就事业的重要基石。

展望未来，技术的飞速发展、全球化进程的加深以及日益复杂的社会需求正在不断地挑战着旧有的路径。我们正站在一个需要更加审慎对待路径依赖的时刻，无论是在科技领域探索新的能源解决方案，还是在社会治理领域应对包括气候变化等全球性挑战，重新定义路径依赖的时刻已经来临。我们要努力在这个充满机遇与挑战的新时代，找到既有路径与新兴趋势的最佳结合点，让我们所依赖的路径成为通向更美好未来的桥梁，而不是阻挡进步的藩篱。

68

走亲访友，莫要空手

约翰·洛克说过："礼仪的目的与作用在于使本来的顽梗变柔顺，使人们的气质变温和，使他尊重别人，和别人合得来。"中国是礼仪之邦，在人际交往中，礼尚往来是一种礼节，待客、做客皆有道。宴请朋友去家里做客，往往是最高级别的"待客"之道，而去别人家做客同样也是一门学问。

人情社会，到亲朋好友家做客时，我们要明白一个社交潜规则：礼仪是一种微妙的东西，保持适当礼仪不可或缺，不能空手前往，一般情况下，我们应携带一些小的礼物前去。空着手到朋友家做客，朋友虽不会说什么，也会热情招待，但不免觉得我们缺乏人情世故的基本常识，不懂交际规则。

洛克还说过："礼仪是在他的一切别种美德之上加上一层藻饰，使它们对他具有效用，去为他获得一切和他接近的人的尊重与好感。"我们在做客时，拿出态度，表明心意，既能让主人开心，又能让主人有被重视的感觉。客人以诚相待，主人才会心甘情愿盛情款待。任何时候都不要觉得感情深，去别人家做客，就可以无所顾忌。哪怕对方嘴里说着不需要讲究礼数，你也不能把客气话当真。在现实社会，人们有时喜欢正话反说，反话正说。在人际交往中，种瓜得瓜，种豆得豆，有付出，才会有收获。关系越好,越不能空手做客。

物质是情感的载体,去朋友家做客,高情商的人都会随身携带礼物,表达对主人家的尊重和感谢。如此有来有往才能更好地经营关系,别让低情商的无知毁了自己的社交圈。不管关系有多好,别空手去朋友家做客。

孟德斯鸠曾说过:"礼貌使有礼貌的人喜悦,也使那些受到礼貌相待的人们喜悦。"礼物,会给平凡的生活多一丝惊喜。一般来说,到朋友家做客,礼物应与自己的身份相匹配,没有必要为了撑面子,携带昂贵的礼物,过于昂贵的礼物会使对方感到心里不安而徒增负担。

走亲访友莫空手,这一传统习俗是人们在情感交流中表达真诚、尊重和祝福的一种基本体现。礼物不仅仅是一种物质的给予,更是你高情商的人格魅力的体现,以及良好人际交往能力的无声展示。

69

学习是人类的本质性特征

物竞天择，适者生存。在几十亿年的地球生物进化史上，生物要生存，就得适应环境，并能识别危险，避开天敌，维持生存和发展。动物和人都有多种先天本能，但大多数先天本能只能适应相对固定的外界环境。而学习这项本能则让人和其他动物获得个体经验，以适应环境的千变万化，相对其他先天本能来说，其意义显然更加重要。

人与其他动物的最大差别，就是人类是有文化的，而且人类的文化活动是世代累积的，具有高起点性。其他的动物，特别是低等动物，比如蜜蜂、蚂蚁，其一生所有的生存技能都固定在它的基因当中，它们的生命历程就是一个基因打开的过程，根本无须学习；高等一些的动物，比如狮子、老虎，当然要学习一些生存的技能，比如如何捕杀猎物，但这些技能也都相对简单，并且所有这些简单技能都将随着个体的死亡而消失，代与代之间也没有任何积累。但人类不同。人类只有一些最简单的本能是固定在基因之中的，其他大量的生存、生活技能，都是以知识的形式一代代累积起来的，这种积累随着时间的推移越来越多，每一代人都生活在以往人类文化成果的基础之上。正因为人类的活动具有"积累性"与"高起点性",所以我们要想获得更多的知识与技能,就可以通过学习的方式来完成。

　　人的学习的实质表现在以下三个方面。第一,人的学习是在社会生活实践中通过思维活动产生和实现的。人一出生,就生活在一个特定的社会中,并逐渐从一个自然人转变成一个社会人,即所谓的个体社会化。在这个过程中,人逐步掌握和运用语言进行思维,从而认识自然界和社会现象及其规律,并根据这些规律对自然和社会进行改造。第二,人的学习是掌握社会历史经验和个体经验的过程。在人的社会化过程中,一方面是自觉地、有目的地、有计划地学习人类几千年来所积累的社会历史经验,同时也在自身的实践中积累个体的经验。人的意识在人的学习中起着支配和调节作用,能动性是意识的基本特征。第三,人的学习是以语言为中介的。人对语言的掌握,扩大了个体学习和掌握社会历史经验的可能性。借助于语言这一工具,把人类的社会历史经验转化为个体的精神财富,并使之内化为个体素质和能力。

　　有学者认为,在人类的各种学习能力中,想象力对人类的进化与发展起到了关键的作用。可以说是人类的想象力创造了人类社会。我们在课堂上学习的各种知识都是直接或间接地建立在想象力的基础之上的。几万年前,智人经历了一场认知革命,他们的语言突变出了一种独特的功能,那就是"编织虚构的事物"。这种能力使人类产生了行为的一致性,并变得强大,这就是"集体想象"的形成。尤瓦尔·赫拉利在《人类简史》里曾描述:"'虚构'这件事的重点不只在于让人类能够想象,更重要的是可以'一起'想象,编织出种种共同的虚构故事……国家其实也是种想象……无论是现代国家、中世纪的教堂、古老的城市或古老的部落,任何大规模人类合作的根基,都存在于集体想象的虚构故事中。"

在今天这个科学技术和知识经济飞速发展、更新迭代速度日益加快的信息爆炸时代，树立与时俱进、自我更新、学无止境的终身学习观念对一个人的重要性不言而喻。懂得自我增值、持续学习、终身成长的人，更能保持积极进取的生命活力，很多问题自然也会迎刃而解。

70

重要的决定，一定要过夜

　　近些年来，心理学家们通过研究人类的决策过程，发现人们在面对重要决策时，常常会受到情绪和环境等主、客观因素的影响，从而失去清醒的头脑，做出草率、不够理性的决定。因此应将影响重大或者意义深远的决策推迟一天，甚至更长一点时间，让情绪经过"隔夜"沉淀，思考一晚再做决策。就是说重要的事情或是重要的决定，不要着急去做，应缓一缓，放松心情，给自己充裕的时间冷静思考。这会使我们更能控制情绪，客观看待问题，提高判断能力，从而做出更明智的选择。

　　当人们处于紧张焦虑的状态下，思维容易受到情绪波动的干扰，甚至可能被一时冲动所左右，做出草率的决定。当你过了一夜再回头看，就会发现自己的情绪已经平静下来，能够更理性、客观地综合考量各种因素，能更好地权衡这个决定的利弊。你在冷静的状态下认为这个决定是正确的，你就要坚定地去执行，而不会后悔。你也可能会发现自己有更好的思路和想法，产生了更好的决策方案，认为之前的决定是错误的，那你就要及时调整，避免造成不可挽回的重大损失。

　　当然，并不是所有的决定都必须"隔夜"再做，有些决定是紧急的，需要立即做出反应。但对于重大的影响深远的决定,你需要给自己留出一些时间来进行冷静的思考,避免感情用事,铸成大错。比如,在个人一些重大的生活决策方面,如求学、婚姻、工作和育儿等,决定的后果会对我们的一生产生深远的影响。如果我们草率做出决定,势必会导致长期的后悔和遗憾。因此,推迟重要决策可以帮助我们保持理性思考,最大程度上确保做出更好的选择,这是一个非常简单而行之有效的方法。

重要的决定,一定要过夜。这一观点在决策理论中得到了广泛的认可。"过夜"的决策过程为决策者提供了一个宝贵的反思与评估的机会,使得潜在的风险和收益得以充分权衡。此外,夜间决策过程中的认知重构和情绪调节机制有助于提高决策的质量和可接受度。因此,在面临重要决策时,我们应充分考虑过夜思考的价值,以期为未来的行动奠定坚实的基础。

71

你看不到他人的好，就没有资格看到他的不好

在现实生活中，我们时常会遇到各种各样的人，他们有的善良、有的热情、有的睿智、有的勤奋，但同时也可能有着各自的缺点和不足。当我们在与他人相处时，如何理性、客观、公正地评价他们，体现了我们的心灵层次和洞察能力。金庸的小说《笑傲江湖》中有这么一段话："自君子看来，天下滔滔皆是君子，而自小人眼中看来，天下无一不是小人。"我们内心的世界，便是我们眼中的世界。

宋代大文豪苏东坡和金山寺的佛印禅师是好朋友。一日两人在金山寺打坐参禅，苏东坡觉得身心通畅，于是问佛印："禅师，你看我坐的样子怎么样？"佛印回答道："好庄严，像一尊佛！"苏东坡听了非常高兴。佛印禅师接着问苏东坡："学士，你看我坐的姿势怎么样？"苏东坡从不放过嘲弄佛印的机会，马上回答道："像一堆牛粪！"佛印听了只是微微一笑。苏东坡心想这回让佛印吃了一记闷亏，心中不免沾沾自喜。回到家后他得意扬扬地向苏小妹吹嘘，自以为占了便宜。想不到苏小妹却说："哥哥你又输了。古语有云：心有所想，目有所见。佛印心中有佛，所以看你像佛。而你看他像牛粪，是因为你心

中只有牛粪呀！禅师心净，大哥心秽也。"苏东坡听完羞愧难当。从这个典故中可以看出，心中有爱，眼里的万事万物都是美好的。

  善于看到他人的好，既是一种心灵的修炼，也是一项了不起的能力。西周的开国之君周文王是一个德才兼备的人，同时他也善于发现别人内在的潜质和隐藏的优点。于是，姜子牙一个普通的渔翁被封为军师。这个渔翁为他出谋划策，招揽人才，为推翻暴君建立西周立下了汗马功劳。人就像浩瀚宇宙中的星辰一样，每个人都有闪光的一面，只是有些人不喜欢显山露水而已。我们太过关注自身，对他人暴露出来的一些缺点或不足却眼里容不得沙子，少了些许客观、理性和包容的态度，并在不经意间无限放大自我的不适感。而那些善于发现别人优点的人，往往最能虚心接受他人的意见。相反，当一个人以自我为中心、心胸狭窄，只关注他人的缺点或不足时，往往会忽略或选择性无视其优点和贡献，甚至对他们产生偏见和歧视。这样的人往往无缘机会和成功，最终只会一事无成。善于发现他人的优点并不意味着否定自我。相反，拥有这一重要能力，你会意识到自己的不足之处，从而更加努力使自己变得完美。

  当我们学会全面看待他人时，我们就能更加客观地评价他们的行为和表现。每个人都有自己的闪光点和独特之处，这是他们个性的一部分，也是我们应该欣赏和尊重的。我们不仅要多关注他人的优点和长处，也要包容和理解他们的缺点和不足。我们会看到，即使是一个在我们看来有很多缺点的人，也有着他独特的价值和意义。他们的存在和努力，可能正是我们生活中不可或缺的一部分。同时，我们也要认识到，没有人是完美的，每个人都有可能在某些方面做得不够好。正如司马懿所言："看人之短，天下无一人可交，看人之长，世间一切尽是吾师。"在人际交往中，善于发现他人的优点和长处，并在第一时间发自内心地赞美，更加利于建立和谐、稳定的人际关系。

在此基础上，如有必要针对对方的不足之处，找准时机善意地提出中肯的意见和建议，协助对方改进，对方也会乐于接受。毕竟，金无足赤，人无完人。这也是一种高情商的社交，在心理学上叫"三明治效应"。这样做可使我们能够充分地获得他人的尊重、信赖和认可。

相反，如果我们对他人的优点和长处视而不见，对其缺点和不足要么耿耿于怀、心生怨气，要么不顾对方感受、不分场合地一吐为快，如此对方非但不会接受，反而会破坏我们的人际交往，难免会对我们的生活、工作和学习造成不良影响。古时候有个故事，两个年轻人一起去拜师学艺。一个年轻人拜了铁匠为师，另一个年轻人拜了木匠为师。一段时间后，学铁艺的年轻人很受师父喜欢，技艺也提升得很快。学木工的年轻人不解，为何他们同时学艺，自己才懂一点皮毛，而他却已经差不多掌握了。于是他去问学铁艺的年轻人为什么进步得这么快。学铁艺的年轻人说，想要进步，就去学习别人厉害的地方。他说自己在劳作中，总是会留意厉害的师兄，观察他们身上到底有什么了不起的地方，然后主动向他们学习。学木工的年轻人听后，十分敬佩他，反观自己，老是抱怨同门师兄压榨自己。后来，学木工的年轻人，也尝试去看别人的优点，不断地去学习。几年后，两个年轻人各自熟练地掌握了技艺。这个故事告诉我们，我们应时刻提醒自己，要全面看待他人，不要因为他们存在一些缺点和不足，而对其进行片面评价。当我们这样做时，我们就会发现，生活中的每一个人都有他们独特的魅力和价值。而我们也能够因此建立起更加和谐、包容、稳定的人际关系，共同创造一个更加美好的社会。

心理学家卡尔·荣格说："向外看的人，梦游；向内看的人，觉醒。"然而，在现实生活中，人们总能很敏锐地发现他人的缺点，而无论对方有多优秀，只要发现他人的一点缺点就可能全盘否定这个人。为了改变这种心态，我们需要培养一颗宽容的心,学会换位思考,从他人的角度去理解他们的行为和思想。当我们开始欣赏他人的长处时,我们会发现自己的心境也变得更加开阔与豁达,同时,也更加珍惜与他人的交往。这种积极的心态有助于我们不断进步,从而成为更好的自己。

72

为什么幸运的人总是幸运，倒霉的人总是倒霉

　　为什么幸运的人总是幸运，倒霉的人总是倒霉？俗话说：人不走运，喝凉水都塞牙。很多人对运气或命运这些东西深信不疑。中国人对"运"的理解很独特，把不顺利定义为运气差，把称心如意看作是好运气。甚至我们在生活中遇到的琐事，都会被归结成运气的好与坏。英国作家萨克雷有句名言："生活是一面镜子，你对它笑，它就对你笑；你对它哭，它也对你哭。"不难看出，在多数情况下，好运与厄运皆源自我们的起心动念之间。正所谓，一念天堂，一念地狱。

　　英国赫特福德大学教授理查德·韦斯曼曾进行过历时十年的运气研究，寻找为什么一些人总是走运，另一些人却厄运连连的原因。他在报纸和杂志上刊登招募广告，累计有400名志愿参与了这项研究，最年轻的是一位18岁的学生，最年老的是一位84岁的退休会计。研究结果发现，幸运者能够自我创造幸运，借助四个基本的心理学原则：一是创造机遇，他们擅长创造和觉察机遇；二是听从直觉，幸运者乐意听从内心的直觉，做出正确的决定；三是积极预期，通过积极预期去创造自我实现的预言；四是心理复原力，采取将厄运转变为幸运的达观心态，

在逆境中逢凶化吉。

著名的吸引力法则也告诉我们：你关注什么，就会将什么吸引到你的生活中来。也就是说，如果我们坚持关注那些生活中美好的、正面的事物，我们就会自动地把那些更美好的事物吸引到生命中来，而如果我们关注的都是一些负面消极的事物，那么就会有更多负面消极的事物被吸引过来。比如说，某一天你心情大好，走在街上看到每一个人都觉得慈眉善目，格外顺眼，开车感觉也都是一路绿灯，通畅无阻。而当你心情沮丧时，倒霉的事情就会接二连三地发生。比如，早晨上班时不小心一觉睡过了头，开车在去公司的路上又遇到严重拥堵，好不容易到了公司，却发现平时很少来公司的老板，偏偏今天出现在公司，并且还撞见了你的迟到。当我们把这个视角再放大，我们会发现，幸运的人总遇到贵人，无论到人生的哪个阶段，都会遇到乐意帮助他的良师益友和恩人；而倒霉的人，看似无比努力，但似乎无论做什么都会不断地遭受挫败和打击。

美国心理学家拜伦也做过一项测试，为我们揭示了其中更多的奥秘。他选取了2000名来自不同背景的人，并仔细观察和记录了他们的言谈举止。结果显示，那些在生活中总是走运的人有一个共同的特点：非常喜欢说"谢谢"。而那些运气不佳的人则往往缺乏这种感恩的心态。古人曾言："时运盛衰难测，唯感恩可立一世。"这句话道出了感恩与命运之间的紧密联系。在这个世界上，没有无缘无故的好运，也没有无缘无故的厄运。你所遇到的每一次机遇和挑战，都与你自身的行为和心态息息相关。也就如索达吉堪布所说："面对同样的半杯水，悲观者会伤心于杯子一半是空的，而乐观者会满足于杯子一半是满的。"

生活中我们不难发现，那些乐观的人总是懂得知足和感恩，他们对人生的态度总是表现得积极、乐观和自信。而那些消极、悲观和自卑的人，他们相信命运的不可控，总是把自身的一些遭遇归结于运气不好，以及命运的无常和不公。

他们通常喜欢抱怨自己所没有的东西,而不是感激他们所拥有的东西。这种消极、悲观的心态让他们更容易看到生活中的阴暗面,也更容易遭遇一些倒霉的事情。生活经验告诉我们,当你学会感恩,你会发现身边的人都愿意与你为善。你的善举和感恩之心会吸引更多的正能量和好运来到你的身边。这些正能量和好运会在关键时刻为你提供支持和帮助,让你在人生的道路上更加顺利和成功。因此,让我们用感恩的心珍惜每一次机遇,用感恩的心去对待身边的人和事。当你学会用感恩的心态去面对生活中的一切时,命运的齿轮便会为你而转动起来,将会带给你更多的好运和成功。

幸运的人不仅拥有积极乐观的心态和善于把握机遇的洞察力,他们还具有勤奋努力的工作态度和良好的人际关系。积极乐观的心态可以帮助人们更好地面对挑战和困难,从而更容易抓住机会,实现自己的目标;勤奋努力的工作态度可以让人们更加专注和投入工作,提高工作效率,从而获得更多的成就和回报;良好的人际关系可以帮助人们获得更多的资源和机会,从而提高成功率。机会总是留给有准备的人,有时候好运也可能是机遇的降临,例如在正确的时间遇到正确的人,做了正确的事,因为把握住机遇,从而获得了成功。

不幸者往往比幸运者更加神经紧张、缺乏耐心,容易焦虑,而焦虑会破坏他们对机会的判断能力。不幸者过于关注金钱、时间、有效信息等稀缺资源,在追逐这些稀缺资源的过程中,注意力被过度占据,而忽视了更有价值的潜在因素,使他们可能错失意外的幸运。所谓"心急吃不了热豆腐",急躁的人不会幸运,惶恐的人常常厄运缠身。

幸运的创造更需要等待。如果有两个方案让你选择:A是一次性给你100万元;B是第一天给你1元,然后连续30天每天给你的钱是前一天的2倍。你会选择哪一个?畅销书作家斯宾塞·约翰逊相信很多人会毫不犹豫地选择A,不过他们只能拿到100万元,而选择B的人,却能在第30天拿到超过10亿元。他认为人生就是不断的选择，关键是做好幸运的选择题，选择你真正需要的，而幸运的密码就在你的选择里，斯宾塞·约翰逊将运气归结为一场关于选择的游戏。其实，幸运远远不只是一次成功的选择那样简单，幸运更需要耐心地等待。之所以很多人选择今天的100万元，而不是30天后的10多亿元，是因为焦虑导致他们无法等待，他们的注意力被眼下更具有诱惑力的回报所吸引。

创造幸运的过程，需要耐心等待的坚韧力。坚韧力是一种持之以恒的人格品质，是追求长期目标的韧性与激情的组合，能够执着地迎接挑战，即使面临失败也绝不气馁，身处逆境也不改初心，遭遇阻滞也坚守信念。正如安吉拉·达克沃斯所说，追寻成功是一场马拉松，坚韧者的优势在于持久的耐力，当失望或无聊向其他人发出变轨或止损的信号时，坚韧者仍在路上前行。

总是幸运的人也会是一个三观端正的人。美国管理学大师史蒂芬·柯维曾说："如果一个人家庭不幸福，工作不顺利，前途不光明，那一定是人品不够好。"《礼记》中说："有深爱者必有和气，有和气者必有愉色，有愉色者必有婉容。"一个人的五官里藏着他的三观。总是幸运的人内心成熟，必定面色安详，脸上没有急躁与愠怒。他们往往以温和谦恭的态度待人，与人相处融洽，令人如沐春风。而总是倒霉的人，除了消极、悲观和自卑的心态因素之外，在行动上也通常缺乏冒险精神，他们害怕失败，不愿承担风险和责任。他们经常优柔寡断，很容易放弃。这种行为习惯使他们更容易失去机遇，遭受不幸。我们无论是幸运还是倒霉，都需要注意自己的行为习惯以及与周围人的关系。人与人之间的相互作用非常复杂和微妙，有些人之所以总是倒霉，其自身存在的某些不良习惯或作风也是原因之一，这会导致他与周围人的交往方式存在问题。

然而，幸运和倒霉也并非绝对。即使一个人有积极的生活态度和良好的行为习惯，也不一定会一直幸运。生活中总会有一些不可预知的事件发生，即便是最积极、乐观和自信的人有时也会遭遇不幸。但是，他们会更容易从中找到最佳的问题解决方案，从而能够更快地走出困境。

综上所述，我们不应该把所有的遭遇都归结为运气或命运，因为他们受人们的心态和行为习惯所影响。因此，想要改变自己的运气或命运，我们需要先改变自己的人生态度和行为习惯，积极面对生活中的挑战和机遇。同时，多给自己正面宣言，用正面的表述替换多年来的消极信念，并和自我保持积极的对话。

第二篇 修身悟道

73

做人，格局定结局

南非国父曼德拉于1991年成功当选总统时，邀请了曾经虐待过他的三名狱卒参加他的就职典礼。在典礼上，他说："当我走出囚室迈向通往自由的监狱大门时，我已清楚，自己若不能把痛苦与怨恨留在身后，那么其实我仍在狱中。"并在众人面前，起身表达对这三名狱卒的敬意。此举令世人肃然起敬，充分展现了曼德拉非凡的气度和格局。

一个人能忍受多大的委屈，就能做多大的事。晚清名臣曾国藩也曾说过："谋大事者首重格局。"格局定结局。格局大者心中有丘壑，眉间显山河；格局大者不生涩，待人圆润有余温；格局大者不猥琐，待人豪爽有情义；格局大者不闭塞，待人友善有磁场。

历史上大格局者得天下、小格局者失天下的案例数不胜数。韩信受胯下之辱，终成千古名将；勾践忍灭国之辱，卧薪尝胆终灭吴。也有人说，忍受委屈是一种懦弱的表现。其实不然，有格局者，不会计较一时的荣辱得失，而是用开阔的心胸坦然面对。那么，何谓格局？格局就是一个人的人格与胸怀，是指一个人的眼光、胸襟和胆识等心理要素的内在布局。从整体的角度看具体事物及角色，以未来的眼光看当下发展，让当下的小手笔为未来的大局面做好铺垫。那该如何提升格局呢？

一是要扭转固有思维,由"基于角色思考问题"向"基于问题定位角色"转型;二是要跳出当前的路径依赖,从整体着手,突破眼下的瓶颈。《格言联璧》早就有云:"处难处之事愈宜宽,处难处之人愈宜厚,处至急之事愈宜缓,处至大之事愈宜平,处疑难之际愈宜无意。"宽、厚、缓、平、无意,这些就是处事的格局,强调的是气度和胸怀。

一棵石榴种子有三种结局:盆里栽种,最多只能长到半米多高;缸里栽种,就能够长到一米多高;空地栽种,就能够长到四五米高。正如一位哲人所说:"成长问题的关键在于自己给自己建立生命格局。"还有一句谚语:"再大的烙饼也大不过烙它的锅。"意为:你可以烙出大饼来,但是你烙出的饼再大,它也得受烙它的那口锅的限制。烙饼的大小取决于锅的大小。同样,人如器,大器有大量、能大容。器是多维立体的,有长、宽、高。锅与器即格局。格局不是一维,而是由多维形成。有些人在某些方面或许很强,但在某个方面可能就偏弱,此人格局就不够大。因此,一个人需要具有大格局的结构,才能拥有更宽广的空间去容纳他的成长。

有三名工人在砌一堵墙。有人走过来问他们:"你们在干什么?"第一个人无精打采地垂着头说:"没看见吗?我在砌墙呢!"第二个人抬头苦笑着说:"我们在盖一栋高楼。"第三个人笑容满面地说道:"我们正在建设这座美丽的城市。"10年后,第一个人依然在砌墙,第二个人当了一名工程师,第三个人,成了前两个人的老板。格局,体现在一个人所追求目标的高度,眼界的广度,思维的深度,以及这个人身上所体现出的从容大度。彼得·蒂尔说得好:"赢在格局,就是赢在高维疆域。"

决定格局最重要的是视野。当我们从二楼向下看时,看到的是地上的垃圾,从二十二楼向下看时,看到的则是满城风景。当我们迈上一个新的高度,达到一个更高的境界,就会有不同的视野和胸怀。做人有格局,才会有空杯心态,思维才能与时俱进,人生之路才会越走越宽。

74

穷在债里,冷在风里

"人穷穷在债,天冷冷在风"这句俗语,字面上看似简单,实则意蕴深远。它描绘了人们在经济拮据时,常常因为债务而倍感压力;而在寒冷的冬天里,风则是造成人们感觉寒冷的直接原因。但这句话的真正含义远不止于此,它是对人生境遇的一种比喻和反思。

贫穷,常常与债务如影随形。当一个人陷入经济困境时,债务往往会成为他最大的负担。这里的"债",不仅指金钱上的借贷,更泛指人生的各种责任和义务。一个人若不能妥善应对这些"债",就会在贫穷的泥沼中越陷越深。

当冬天来临,寒风凛冽,人们常常因为寒冷而瑟瑟发抖。风是寒冷的媒介,它带走了身体的热量,让人感受到寒冷。同样,生活中的困难和挑战就像寒风一样,无情地侵袭着我们。我们若不能坚强面对这些生活中的困境和挑战,内心就会感到强烈的痛苦和挫败感。

这句俗语提醒我们,做人,要有担当。面对人生的各种债务,我们不能消极抱怨和选择逃避,要积极面对,迎难而上,妥善解决。不能只看眼前的得失,要努力积累财富和知识,以备不时之需。只有这样,我们才能赢得他人的尊重和信任。同时，做人也要学会在风雨中历练自己，让自己变得更加坚强和成熟。

在做事方面，我们要有智慧和眼光，保持清醒的头脑，从问题入手，追根溯源，然后采取有效的措施来解决问题。在债务面前，我们要学会科学统筹，合理规划，勤俭节约，量入为出，避免陷入危困境地，不能自拔。

在寒冷的风雨中，我们要善于寻找避风港，在逆境中求得生存，追逐梦想，从而为自己创造一个温暖和充满生机的环境。这些都需要我们具备敏锐的洞察力、冷静的判断力和坚韧的学习力。

75

具体才能生动,细微最易感人

人们喜欢赞美,大多数人更喜欢恰如其分的赞美。赞美他人不仅可以让人感到愉悦和满足,还可以增强彼此之间的友谊和信任,对增强人际关系的黏性大有益处。

当我们真诚地赞美别人时,不仅能让对方感受到我们的关注和欣赏,还能激发对方的自信和积极情绪。这不仅有助于建立良好的人际关系,还有助于推动个人和团队的成长和发展。在人际交往过程中,我们要多去发掘别人的优点和长处,并用恰当的语言表达出来。

赞美的话语应尽可能做到真挚具体、细致精微。赞美别人时,可以从面容、身形和气质等方面入手,细心发现对方与众不同的地方,从而给予赞美。如果一时无法找到对方的赞美点,你不妨说:"我看您的脸色红润,整个人显得精满气足神旺,这分明是逆生长的节奏啊。"美国社会心理学家海伦·H·克林纳德认为,正确的赞美方法是把赞美的内容具体化,尽量避免信马由缰、不着边际。

只有具体才能避免笼统的毛病,方可达成深度感人的特效。笼统的赞美只会显得空洞,别人以为你不过是在客套,在敷衍。比如,你还可以说"我听某位朋友提起过您,您真的非常优秀。"再比如，在适当的场景，和对方回忆曾经相处的点滴，对在某件不起眼的小事上，对于对方曾经给予过你的哪怕很小的帮助，表示诚恳的致谢，让对方感到你是个真挚、可信和知恩不忘的人。只针对一件事进行赞美时，赞美会更有力量，也最能感动别人。

具体的细节所蕴含的巨大能量难以想象。无论是在文学艺术的殿堂里，还是在日常人际交往的舞台上，抑或是科学研究探索未知的征程中，对具体细微之处的精准把握和深情描绘，都是打开人心大门、触动灵魂深处的钥匙。让我们珍视每一个具体的意象，关注每一种细微的情感波动，因为在这些看似渺小实则宏大的元素背后，是人类共同的对美好、对真实、对深度的永恒追求。

76

别把自己太当回事，也别把自己不当回事

古来圣贤无数，立国兴邦的帝王将相、名动天下的宗师巨擘数不胜数，多少人都曾在历史上留下浓墨重彩的一笔。然而，相对于浩瀚的历史星河，乃至无垠的宇宙，每个人都是渺小的个体，都不过是一丝涟漪，一朵浪花，一粒尘埃而已。人的一生，既不能不把自己当回事，也不能太把自己当回事。人的一辈子，既是和自己相处的自洽过程，也是和别人交往的互动过程。只有把这两方面都处理好，才能圆满地度过漫长的一生。

有些人总是把自己放在别人之前，觉得自己比别人厉害，自己在别人眼中有多重要。其实，多半不过是夜郎自大，自己或许根本没有想象中的那么重要。太把自己当回事，只会走进一条死胡同，看不见真实的一面，只能看到自认为的那一面，这种盲目自大的自负心态在人际交往中，会导致他人的反感。王阳明在《传习录》中说："谦者众善之基，傲者众恶之魁。"

跟你在一起的人，或许能力比你强，只不过没有表露出来而已。那些太把自己当回事的人，往往自命不凡，高估自己，轻视别人。他们故步自封，孤芳自赏，注定不会得到他人相

助。世间真正优秀的人，会时刻保持谦逊、低调、不张扬，他们总能感到自己的渺小和无知，充满忧患意识。这些人时常把自我放在低处，把灵魂放在高处。格局大者，必心存敬畏，敬天爱人。苏格拉底说的"认识你自己"，正是每个人都需要修炼一辈子的。不能正确认识自己的人是很可悲的。

　　生活中，也有一些人总觉得自己一无是处。他们自甘平庸，妄自菲薄，把自己不当回事，自卑自弃，甚至没有存在感。培根说："人是一切的中心，世界的轴。"其实，做人需要既不过于自大，也不过于自卑，尊重自己和他人，保持头脑清醒，敢于追逐梦想，韬光养晦，终有一天会一飞冲天。曾经的韩信，拜在项羽门下，做着火头兵，不为所用，郁郁不得志。何曾想有一天，韩信转投刘邦，官拜大将军，围项羽于垓下，致其乌江自刎。

　　每个人都是独一无二的，都有自己独特的才华和无限的潜能。不必纠结、不必难过、不必无所适从，无论我们的现实能力如何，只要我们守得住寂寞，坚持学习，顽强拼搏，就能不断激发潜能，持续超越自我，从而进入心灵超脱、怡然自得的佳境。

77

做正确的事，正确地做事

《资治通鉴》有个观点，就是做正确的事比正确地做事更重要。当然，正确地做事的前提是做正确的事。在实践中，"做正确的事"和"正确地做事"是相辅相成的，两者不可偏废。如果我们只关注做正确的事，而忽略了如何正确地做事，那么，我们的目标可能无法实现或者效果大打折扣。相反，如果我们只关注正确地做事，而忽略了做正确的事的重要性，那么，我们就会在一些毫无意义或负面的事情上浪费时间和精力，最终的结果只会有害无益。

在做任何事情之前，首先要确保你的目标、方向和方法是正确的，这是前提和基础。这意味着你需要进行深入的思考、分析和研究，确保你的决策基于正确的信息、正确的理解和正确的价值观。正确的事情一定是自己坚信的事情，而非盲目追随他人；是拼尽全力够得着的事情，不是拽着自己的头发离开地球的事情；是不一定心甘情愿做的事情，常常不在你的舒适区内，可能需要做很长时间的心理建设的事情。正确的事情通常都很难，难在选择和坚持。判断一件事值不值得做，比怎么做这件事更难。有时候，不做事，就是在做正确的事。

"正确地做事"则是在决策和方向正确的前提下，注重执行过程中的质量和时效。这意味着你需要遵循正确的流程、方法和标准，确保每一步的执行都是准确、高效和有价值的。确保我们能够按照计划和期望实现目标。同时，我们也需要不断学习和提升自己的专业知识和技能，以便更好地应对各种挑战和机遇。始终保持平常心，正确看待赞美和批评，把赞美和批评转化为继续前行的动力，专注于既定目标、专注于当下之事，脚踏实地、心无旁骛地走好每一步。

在执行过程中，你也需要不断地反思和优化，从纷繁复杂的表面现象中把准事物的本质和内在的规律，确保你的方法和流程合理、合规和高效。只有这样，你才能够真正地实现"做正确的事，正确地做事"。

78

上天欲其灭亡，必先令其疯狂

马克思的女儿燕妮问历史学家维特克："您能用最简明的语言，把人类历史浓缩在一本小册子里吗？"维特克说："不必，只要四句德国谚语就够了：上天让谁灭亡，总是先让他膨胀；时间是筛子，最终会淘去一切沉渣；蜜蜂盗花，结果却使花开得更茂盛；暗透了，更能看得见星光。""上天让谁灭亡，总是先让他膨胀"这句谚语和中国古代收录于《增广贤文》中的名言"上天欲其灭亡，必先令其疯狂"，有异曲同工之妙。

《增广贤文》又名《昔时贤文》《古今贤文》，是中国明代的一本以道家思想为主，同时掺杂了儒家思想的儿童启蒙读物。书名最早见于明万历年间的戏曲《牡丹亭》，据此可推知此书最迟写成于万历年间。《增广贤文》集结中国从古到今的各种格言、谚语。后来，经过明、清两代文人的不断增补，才改成现在这个模样，称《增广昔时贤文》，通称《增广贤文》。"上天欲其灭亡，必先令其疯狂"的意思是说，上天要让一个人灭亡，就会先让其变得目空一切、失去理智，用来形容一个人即将失败或灭亡前，表现出不可一世的狂妄状态，从而容易忽视潜在的风险和危机，导致不可避免地走向失败和灭亡。提醒人们时刻保持谦逊、谨慎、务实和冷静的心态，更加清醒地认识自己和周围的环境，确保能够做出更加明智的决策。

这句话后被简化为：天欲其亡，必令其狂。唐太宗在位时，突厥屡屡进犯，突厥各路大将狂张至极，唐太宗却说："天欲其亡，必令其狂。"而后果不其然，突厥败亡了。从古至今，小至一个人的生死、成败，大至一座城市和一个国家的存亡、兴衰，乃至于整个人类文明的最终命运，都逃不脱"上天欲其灭亡，必先令其疯狂"这个规律。

庞大的古罗马帝国曾经横跨欧洲、亚洲和非洲的广袤土地，是当时世界上名副其实的强盛帝国。当年，罗马皇帝尼禄曾故意在罗马城纵火，然后嫁祸于基督教信徒，甚至还曾命人将不少基督教信徒投进竞技场中，让猛兽活生生地撕咬他们。大火后，尼禄强征土地修建庞大的奢华宫殿，私生活也荒淫无度。公元68年，尼禄的残暴昏庸激起了罗马贵族和平民们的强烈反抗，军队和百姓围住王宫要和尼禄清算。重压之下，尼禄孤家寡人仓皇逃离了王宫。元老院的贵族们在得知尼禄孤身逃亡后，旋即宣布尼禄为"人民公敌"，任何人杀死他都可以得到奖励。逃亡的尼禄在恐惧和绝望中，用随身携带的匕首，刺入了自己的喉咙，自杀而亡。元老院随即决定对尼禄展开"记忆抹煞"——凡是尼禄的塑像、碑文、建筑物上的铭刻，都予以销毁或抹除。尼禄死后，繁荣强大的古罗马帝国也在经受了瘟疫和天灾后走向了灭亡。古今中外的历史上这样的案例特别多。为人处世，切不可飞扬跋扈、为所欲为，狂妄自大、气焰嚣张的最终结果必然会招致众叛亲离、万劫不复。清代学者金缨曾告诫世人："为人行事勿猖狂，祸福渊潜各自当。"

"上天欲其灭亡，必先令其疯狂"这句话在《道德经》里有意思大致相同的表述，"将欲废之，必固举之"。当下流行一个词叫"捧杀"，这是在提醒人们，如果有人在刻意奉承你，竭力吹捧你，那你一定要提高警惕了，这就是所谓的"捧杀"。也就是《论语》所言："巧言令色，鲜矣仁。"对待阿谀奉承，要保持头脑清醒，不要忘乎所以。西方有句谚语："骄傲在败坏以先；狂心在跌倒之前。"古希腊悲剧作家欧底庇德斯也说过："神欲使之灭亡，必先使之疯狂。"中西方古圣先哲的大道思想既相互交融，又彼此碰撞，不谋而合，共同构建了人类思想宝库中绚丽璀璨的多彩篇章。

  人无千日好，花无百日红。人在顺境的时候切不可得意忘形，没人知道下一秒究竟会发生什么。"谦受益，满招损"，懂得谦卑、低调地做人，十分重要。一个人如果太把自己当回事，傲慢骄横、张狂过头就容易招来祸害。

  静水流深，低调不张。人只有感知到自己的渺小，行为才开始伟大。树立"生于忧患，死于安乐"的危机意识，在顺境的时候记得给自己留些退路，这样一旦厄运意外降临，还能有一些回旋的余地，在逆境中也才能得到别人的支持和帮助。

79

欲戴王冠，必承其重

"欲戴王冠，必承其重"这句话最早出自英国作家威廉·莎士比亚的历史剧《亨利四世》。这部戏剧主要探讨了权力、王位继承和领导责任等主题。"欲戴王冠，必承其重"这一台词是由剧中角色亨利四世所说，他自己因篡夺了王位而感到内疚和不安，意识到统治一个国家是一项充满压力和责任的艰巨工作。这句话所蕴含的哲理历久弥新，它强调了权力、权威和荣誉的背后伴随着责任和压力，暗示执政者或领袖人物在追求权力和地位时，也需要承担领导、管理和决策所带来的责任和压力。

"王冠"是权力、权威和荣耀的象征，是无数人心中实现自我价值的梦想和追求，代表着社会的认可、尊重和期待。然而，它并非轻易可以戴上的饰品，而是需要付出巨大的努力和牺牲才能获得的荣耀。这里的"重"，不仅指王冠本身所带有的物质重量，更是指伴随权力而来的各种责任和挑战。

"必承其重"则是对这种追求的一种警醒。王冠虽然光彩夺目，但它同时也承载着沉重的责任。这些责任包括，引领一个国家或组织走向繁荣和强大的重任，维护社会秩序和公平正义的使命，甚至还有个人的品德修养和公众形象的维护等。这些责任常常伴随着巨大的压力和挑战，需要"王者"具备非凡的智慧和勇气来应对与处理。

  这句金玉良言不仅适用于国家领袖，也适用于各个领域（如商业、体育、科学、教育等）追求卓越和领导地位的社会各界精英人士。它提醒我们，在追求成功和荣耀的过程中，我们不能只看到表面的风光和利益，而忽视背后需要付出的超常努力和巨大牺牲，以及承受的各种压力和经受的各种磨难，并始终保持谦逊和谨慎的态度。只有这样，我们才能赢得他人的尊重和认可，在追求梦想的道路上方能走得更远，行得更稳！

80

沿着旧地图，找不到新大陆

"沿着旧地图，找不到新大陆。"这句话出自美国职业篮球运动员拜伦·戴维斯。意思是，按照老方法，不能解决新问题；沿用旧观念，也不会有新发现、新技术、新机会。其背后隐喻的哲理告诉人们，保持开明、开放、包容、勇于打破常规的探索精神，主动适应时代发展和时势变化，才能找到新的发展路径。这句话也适用于竞争日益加剧的现代社会的各个领域。

公元前638年，楚宋发生"泓水之战"。楚军进抵泓水南岸欲攻打宋国，宋军在泓水北岸已占据有利地形，并摆好阵势准备迎敌。在楚军还没有全部渡过泓水时，担任宋国大司马的子鱼对宋襄公说："楚国人多，我们兵少，趁现在他们正在渡河，我们开战必定可以打败他们。"宋襄公不听，说："虽是打仗，也要讲究仁义，偷袭就算成功也胜之不武啊。"等到楚军全部上岸后，子鱼又说："主公，趁楚军现在立足未稳，我们赶紧进攻，还有希望获胜。赶快下令出击吧！"宋襄公指着迎风飘扬的"仁义"大旗说："我们是'仁义'之师，怎么能趁敌人布阵未稳就发起进攻呢？"宋军仍按兵不动。等楚军排兵布阵完毕，以排山倒海之势向宋军杀来时，因双方兵力悬殊，宋军大败。经楚宋争霸过程中最为关键的泓水一战，春秋历史的格局也随之发生了变化。楚国确立了霸主地位，逐渐实现了其称霸中原的野心。宋襄公墨守成规，固执迂腐，拒绝突破，生死关头不懂变通，导致宋国国力日渐衰弱，就是典型的"沿着旧地图，找不到新大陆"的生动写照。深刻警示世人在快速发展的世界中，必须持续突破旧有思想的束缚，不断更新观念、方法和策略，才能更好地应对新形势、新机遇和新挑战。

在工业时代，人们关注价格和交易价值，通常判断的是成本、规模与利润三者的关系。然而，在数字化时代，商业逻辑发生了根本改变，价值创造以及获取价值的方式也发生了变化。对于企业而言，在瞬息万变的数字化时代，过去的成功经验可能成为阻碍发展的枷锁，需要有勇气去打破旧有框架。企业家和领导者需增强自我否定的勇气，敢于跳出舒适区，勇于打破路径依赖，积极寻求变革和创新。只有这样，才能在激烈的市场竞争中立于不败之地。特别是在商业领域，数字化变革要求企业不断转型，沿用旧有模式将难以找到新的增长点。有句话说得好：过去成功的因，往往也是未来失败的果。

当今社会，人类在各领域探索"新大陆"的成功案例数不胜数，具有代表性的诸如：人工智能、量子计算、基因编辑、3D打印、新能源、生物技术和"一粒种子改变一个世界"的超级稻等。世界杂交水稻之父袁隆平先生对超级稻培育的探索就是生动的例子。袁隆平先生读大学的时候，米丘林、李森科的"无性杂交"学说盛行，这种学说称可以通过嫁接等手段创造出具有两个物种优点的新物种。于是袁隆平先生尝试把番茄嫁接到马铃薯上，把西瓜嫁接到南瓜上，结果这批结出来的奇花异果种子并没有将变异遗传下来。种子再种下去，长出来的植株依然保持物种原来的样貌，也就是说，无性杂交并没有产生新的物种。直到1957年，袁隆平先生在《参考消息》上看到DNA的双螺旋结构遗传密码研究获得诺贝尔奖（这表明现代遗传学已经进入到分子水平），他意识到米丘林、李森科的理论不科学。于是他转向孟德尔遗传学的路子指导育种，创造新的育种理论和技术，发挥水稻的杂种优势。经过50多年的不断实验和推广，我国的超级稻平均亩产已突破1000公斤，约为一般常规稻产量的2倍。种子是农业之母，是农业科学的芯片，粮食安全事关国家安全和全人类福祉。所以，袁隆平先生说："水稻是战胜饥饿的'核武器'。"超级稻的成功培育，就是袁隆平先生发现的在有限的耕地上生产更多粮食的"新大陆"。

其实，旧地图的价值也不可小觑，只是"新大陆"确实没有被标注在旧地图上。几百万年来，人类在这颗蔚蓝色的星球上繁衍生息、代代相传。从衣不蔽体，到如今的高度文明，新事物一直在源源不断地产生。人类不仅在地球上开疆扩土，更是接连不断地将星际探测器送到了浩瀚的宇宙。如果仅凭人类以往的认知，这些探索活动永远不会开启。但是，旧地图曾经也是更久远年代的新地图，新旧地图的更迭正是人类向外探求未知领域的历史见证。

沿着旧地图，找不到新大陆，这并不意味着我们应该完全放弃旧地图。相反，我们应该珍惜旧地图的价值，将旧地图视为一个起点，而不是终点。它们可以为我们提供一个基本的导航框架，但我们需要时刻保持警惕，准备随时调整我们的路线和方向。这不仅仅是一个地理问题，更是一个哲学和方法论的问题。因此，如果我们仅仅依赖旧地图，一味依赖过时的观念或方法，必然无法到达未知的新领域，可能会错过那些隐藏在未知中的"新大陆"。

它提醒我们，在追求知识和探索未知的过程中，我们需要保持开放的心态和灵活的思维，勇毅前行，发现更多"新大陆"。我们不能被过去的经验和知识所束缚，而应该敢于挑战和突破旧地图的框架和认知。

81

将心比心，换位思考

一根蜡烛能照亮前方，一点光明能穿透黑暗。在一个由人组成的社会中，无论境遇如何，我们只需谨记一句话——将心比心，换位思考。这有别于"我怎样对别人，就要别人怎样对我"的利己思想，而是"我希望别人怎样对我，我先要怎样对别人"的利他思维，是一种主动付出善意与关怀的高尚理念。

每个人的内心深处，都潜藏着渴望被重视的强烈愿望。哈佛大学著名心理学家威廉·詹姆斯直言："人类本质上最殷切的需求是渴望得到他人的重视。"这种对重要性的渴望，如同种子渴望阳光雨露，是人类行为的深层驱动力。在战国时期，常胜将军吴起的一则故事生动地诠释了重视他人所产生的强大力量。吴起亲自为士兵吸掉伤口里的脓液，这一行为看似微小，却蕴含着无尽的关怀与重视。当这一消息传到士兵家乡，士兵的母亲听闻后恸哭不已。邻人疑惑不解，询问缘由，母亲回答："将军也曾为孩子的父亲吸过脓，孩子的父亲伤愈后奋勇杀敌，不久就战死在疆场，这次为我的儿子吸脓，其命亦将休矣。"吴起通过对士兵的关怀，让士兵感受到自己被重视，从而激发士兵的忠诚与勇气。

在现代生活中，我们也不难发现这样的例子。在一个团队中，领导若能关注到每一位成员的工作成果与付出，给予及时的肯定与鼓励，成员们便会感受到自己的价值得到认可，进而更加积极地投入工作，产生更强的归属感，提升对团队的忠诚度。当我们学会换位思考，站在他人的角度去理解他们的需求与感受，建立起同理心，就能更好地与他人相处。这种对他人的重视，如同春风化雨，能够滋润他人的心灵，赢得他人的尊重、信任和支持，让彼此的关系更加亲密和稳固。

人与人之间的相处，宛如一场美妙的交响乐，需要相互理解、彼此尊重和欣赏，才能和谐动听。我们看待他人的眼光，往往决定了我们与他人关系的走向。当我们放大别人的优点时，缺点便会在光芒的映照下显得微不足道；反之，若我们只聚焦于别人的缺点，优点也会被遮蔽。司马懿曾言："看人之短，则天下无人可交；看人之长，世间一切尽是吾师。"这是何等深刻的处世智慧。

欣赏他人，不仅仅是一种态度，更是一种能力。真诚地赞美他人，能够如同一束光，照亮他人的世界，激发他们内心的积极性和创造力。在教育领域，教师对学生的赞美与鼓励可能会成为学生前进的动力，让他们在学习的道路上充满信心，勇敢地追求知识。在家庭中，夫妻之间相互欣赏，赞美对方的付出与优点，能够增进夫妻感情，营造温馨和谐的家庭氛围。而在社交场合，一句真诚的赞美，可能会拉近人与人之间的距离，让陌生变得熟悉，让冷漠化为热情。这些积极的情感表达方式，如同纽带，将人与人紧密相连，不仅能够增强彼此之间的感情，还能让我们的生活变得更加美好与充实。倘若我们吝啬真诚的赞美，又怎能成为一个受欢迎的人？又如何去赢得他人的感激和回报呢？

戴尔·卡耐基在《人性的弱点》一书中也特别指出，当我们想要获得他人的支持和帮助时，我们需要首先给予他人支持和帮助。史蒂芬·柯维在《高效能人士的七个习惯》里也说道："双赢思维的基础是理解他人需求，并主动寻求互利。"人际关系的建立与维护,并非一蹴而就,它需要我们投入时间、付出耐心,并运用智慧。在这个过程中,不断地去了解、关心、支持和赞美他人,是我们赢得他人尊重和善待的秘诀。

  在社区中,志愿者们主动关心孤寡老人,为他们提供生活上的帮助和精神上的慰藉。志愿者们的付出,不仅能让老人们感受到社会的温暖,也能让自己收获内心的满足与成长。当我们主动帮助他人解决问题时,我们不仅能收获他人的感激,还能在这个过程中提升自己的能力,拓展自己的视野,放大自己的格局。在工作中,同事之间相互支持,共同攻克难题,不仅能够提高工作效率,还能增进同事之间的友谊。这种相互支持与帮助,让我们在人生的道路上不再孤单,让我们在不知不觉间收获更多的成长、进步和喜悦。

  在社会这个大舞台上,没有人是孤岛,我们的命运相互交织,我们的生活彼此关联。"将心比心,换位思考",这句简单而深刻的话语,是我们在人际交往中应始终遵循的准则。让我们怀揣着尊重他人之心,用欣赏的目光看待他人,主动付出善意与提供帮助。如此,我们便能构筑起一座温暖的人际桥梁,让这个世界充满爱与关怀,让我们的人生在与他人的美好互动中绽放出更加绚烂的光彩。

82

打得一拳开,免得百拳来

"打得一拳开,免得百拳来"这句话是毛泽东谈到抗美援朝、保家卫国时提出的著名论断。意思是,与其将来被动地遭受更多的攻击,不如现在抓住时机主动地给予对手重重一击,以达到震慑作用,避免后续陷入更大规模的缠斗。

这句话虽蕴含着应对冲突的果敢与智慧,但抛开特定历史语境和战争的硝烟,其内核是一种在困境中主动出击、以无畏勇气破除艰难、为长远发展奠定基础的深刻哲理。它在生活的诸多维度都有着振聋发聩的启示,激励着个体、企业乃至国家在前行的道路上披荆斩棘,以主动作为赢得广阔天地。

在个体成长的漫漫长路上,困难与挫折如影随形,恰似那潜在的"百拳"。而"打得一拳开",是勇敢迈出的第一步,直面内心的恐惧与外界的阻碍。初入职场的年轻人,面对激烈的竞争和繁杂的工作,往往会感到力不从心、焦虑不安。就如同站在一片未知的丛林前,被密密麻麻的荆棘拦住了去路。此时,若一味退缩、逃避,等待他的可能是一次次的职业发展瓶颈,错过自我成长和晋升机会,陷入迷茫的职业困境,仿佛被无数"拳头"不断击打。但那些勇敢"打出一拳"的人,积极主动地学习新技能,主动承担有挑战性的项目,即便一开始困难重重，却在不断尝试与努力中积累经验、提升能力。他们敢于突破舒适区，主动向领导和同事请教，参加各类培训课程，在一次次解决问题的过程中锻炼自己的能力，逐渐成长为行业中的佼佼者。这一拳，打破了能力不足的局限，换来了更广阔的职业发展空间，让未来的道路更加顺畅。

在追求梦想的道路上，亦是如此。许多怀揣艺术梦想的年轻人，面对家人的不理解、外界的质疑以及经济上的压力，没有退缩，而是勇敢地展示自己的才华，参加各种比赛和演出，哪怕一开始会遭受诸多挫折。毕加索初到巴黎时，身无分文，不仅经济窘迫，画作也无人问津，还饱受家人质疑，家人劝他放弃绘画另谋出路。但他没被这些打倒，他在破旧工作室举办艺术沙龙吸引艺术界人士，在咖啡馆为顾客画像展示才华，主动结交富豪，为其绘制肖像。最终，他从无人问津的穷画家成长为艺术巨匠。

在商业竞争的浪潮中，企业时刻面临着来自同行的挑战、市场的波动，以及消费者需求的不断变化，这些都是可能击垮企业的"百拳"。而"打得一拳开"，是企业勇于创新、敢于变革的决心与行动。

苹果公司在乔布斯回归后大胆革新。当时的苹果面临着产品缺乏创新、市场份额下滑等困境。乔布斯以其独特的远见和果敢的决策，推出了iMac、iPod、iPhone等一系列具有划时代意义的产品。他打破传统的设计理念和商业模式，将科技与艺术完美融合，以创新的产品和用户体验为"一拳"，成功扭转了苹果的颓势。苹果不仅在激烈的市场竞争中脱颖而出，还引领了全球科技行业的发展潮流，让其他竞争对手难以企及，避免了被市场淘汰的厄运。

在科技创新领域，每一次重大突破都像是"打得一拳开"，为后续的发展开辟出全新的道路。早期人类对电力的应用还处于萌芽阶段，许多人对电力的使用和传输存在诸多疑虑和担忧。爱迪生却坚信电力将改变世界，他不顾周围人的质疑和技术上的重重困难，全身心投入电灯的研发中。经过无数次的实验，他终于成功发明了实用的白炽灯。这一伟大的发明，如同"一拳"打破了黑暗的束缚，为人类开启了电气时代的大门。随后，各种基于电力的设备如雨后春笋般涌现，极大地改变了人们的生活方式和社会的发展进程，让人类免受黑暗和低效生活的困扰，迎来了光明和便捷的新时代。

在航天领域，探索太空的道路充满了未知和风险。我国在20世纪70年代开启了对月球的探索，"嫦娥工程"应运而生。这一计划旨在实现月球探测，迈出深空探测的关键步伐。彼时，中国航天面临技术积累薄弱、资金相对紧张、国际竞争压力大等难题，还常遭外界质疑。但中国航天人没有退缩，孙家栋、欧阳自远等科研专家带领团队集中力量攻关。为了研制出合适的探测器，他们日夜坚守，反复试验。在嫦娥一号研制中，科研人员攻克了轨道设计、热控、测控通信等技术难题。2007年嫦娥一号成功发射，实现了绕月探测，正是这一深空探测之"拳"让中国跻身月球探测强国行列。后续嫦娥工程持续推进，嫦娥三号实现月面软着陆，玉兔号月球车展开探测，嫦娥五号成功采样返回，带回珍贵月壤，这标志着我国航天技术达到国际先进水平。嫦娥工程不仅提升了我国航天实力，带动了航天技术的飞速发展，还增强了民族凝聚力，为后续深空探测和宇宙研究奠定了坚实基础。

"打得一拳开，免得百拳来"，它不仅仅是一种策略，更是一种积极向上的人生态度和勇于担当的精神。无论是个体在成长中的自我突破，企业在市场竞争中的创新发展，还是科技创新的探索以及社会发展的变革，都需要我们拥有这种果敢的勇气和坚定的决心。在前行的道路上，我们要敢于直面困难，主动出击，以无畏的精神打出那关键的"一拳"，为自己、为企业、为社会开辟出一条光明的发展之路，在破局中迎接更加美好的未来。

83

选择，等于放弃

苏格拉底把弟子们带到苹果园，让每个人摘一个最大的苹果，规矩是只准摘一次，只准朝前走不能回头。有的弟子刚进苹果园就摘下了能看见的最大苹果，继续往前走，发现有更大的；有的弟子看见了超大的苹果，想着后面有更大的，就没摘，结果，刚才那个就是最大的。

生活中有个普遍现象就是，大多数人无论怎么选都会后悔，因为他们忽略了选择的本质是放弃，是对除了你所选之外的其他选项的放弃，意味着需要承担没选择的那部分"沉没成本"。

现实世界里，我们经常会面临各种各样的选择。比如，选择职业时，我们可能会放弃其他看似有吸引力但不适合我们的工作机会；选择伴侣时，就等于放弃了同时期其他异性；选择吃徽菜，就放弃了同一时间吃火锅。做选择的思维叫作找最优，属于上线思维，它专注于利益的最大化；而做放弃的思维则是求不悔，属于底线思维，它更在意最重要的东西。这些并不意味着选择本身就是消极的，没有任何选择本质上是完美的。相反，选择是人类自由意志的体现，是我们忠于自身价值观和追求人生目标的重要手段。

人生由无数次的选择构成。每一次慎重或不经意的选择都有代价，都在悄然改变人生轨迹。一辈子能自由选择的机会越多，看似越幸福，实则越痛苦。选择的机会太多时，就意味着放弃的更多。学会选择，就是学会放弃，这也是一个人成熟的标志。选择一个，放弃其他。选择有时比努力重要，一旦选择的方向错了，努力就没有任何意义。

在选择之初，我们很难真正看清选项彼此之间的差别，以及后面还会有哪些变数。放弃有时比选择更重要。学会选择需要智慧和定力，需要不被欲望所支配。懂得放弃是一门学问，不被世俗所牵绊，才能淡然看世界。

人生有两条路要走，一条是必须走的，一条是你想走的，你要把必须走的路走得漂亮，才可以走想走的路。米兰·昆德拉说过："永远不要认为我们可以逃避，我们的每一步都决定着最后的结局，我们的脚步正在走向我们自己选择的终点。"经历世事的磨砺，看清生活的本质后，我们逐渐明白，做人最大的智慧就是要一边学会选择，一边懂得放弃。但对真理、信念的追求需要坚持，在任何情况下都不能放弃，放弃对真理、信念的追求，必将丧失人格，丧失做人的尊严。

古人说得好："志以淡泊明，节从肥甘丧。"在功名利禄面前，不懂放弃，最终不仅会失去本该得到的东西，还会失去做人的尊严。"一失足成千古恨，再回头已百年身。"正如《卧虎藏龙》里的那一句台词："握紧拳头，手里什么都没有。松开手，却能拥有整个世界。"

84

滚石不生苔，转业不聚财

英国有一句谚语叫："滚石不生苔，转业不聚财。"我们应该怎样来理解这句话呢？这句看似前后有些矛盾的表述，蕴含着深刻的生活智慧和人生哲理。它通过比喻的方式，表达了关于个人成长和职业规划之间的强关联。其意思是，滚动起来的石头上不会长出青苔；经常转换职业的人不仅无法积累财富，也很少能够得到他人的信赖。

"滚石不生苔"形象地描述了事物处于动态与静态的区别。在自然界中，静止的石头表面容易积聚水分和尘埃，从而成为苔藓生长的温床。时间久了，长满青苔的石头，再想滚动起来就不太方便了。而那些经常滚动的石头，由于表面不断发生变化，苔藓便难以附着生长。人也一样，如果不思进取、安于现状，久而久之就会产生一种心理上的惰性。这个道理启发我们，只有拥抱变化、积极进取，才能避免思想停滞、思维固化，方可在竞争日益加剧的现代社会，持续保持旺盛的活力和竞争优势。

在个人成长和职业发展中，我们需要不断学习新知识、掌握新技能、适应新形势，以从容应对变幻莫测的各种机遇与挑战。当今社会，已有越来越多的人将"终身学习、终身运动、终身反省"视为人生"三宝"。现在有很多年轻人认为进入体制就可以高枕无忧了,当他们千军万马过了公考的独木桥后,就放弃学习,满足现状。可真正的"铁饭碗"并非如此,而是自己不管走到哪里,无论在哪个平台上,都能够依赖自己的一技之长,成为那一匹众人瞩目的"千里马",凭借自己的学习力和能力发展自己。

  人们常说的"富不过三代",就是这个道理。有些"富二代""富三代",就是因为躺在父辈的财富上一动不动,坐吃山空。时间长了,人格空心化,继而沾染恶习,直至彻底丧失财富管理和再创业的能力和激情。还有另外一种"穷不过三代"的反向对应的说法。古往今来,一些贫困家庭的孩子虽然面临诸多挑战,但他们志存高远、刻苦学习、奋力拼搏,努力改变自己的命运,从而打破贫困的代际传递。尤其在现代社会,通过国民教育和社会支持,许许多多贫困家庭的孩子实现了阶层的跨越。

  "转业不聚财"则是由"滚石不生苔"的含义引申而出,提醒如今的年轻人在工作中不要总是挑三拣四。经常性的调换工作只会让人觉得其做事不踏实,好高骛远,眼高手低。现在有很多刚毕业的大学生,频繁调换工作已成他们中的一些人的常态。工资低、工作累、假期少、工作枯燥、看不到前途、无法融入环境,都成了他们调换工作的理由。尤其是有些年轻人调换工作的职业领域跨度太大,缺乏专业积累,势必令雇主对其的信任度大打折扣,怀疑其稳定性。

  此外,"转业不聚财"还告诫我们,就职业规划而言,频繁地转行不仅意味着放弃已有的专业积累和工作经验,而且重新开始的过程会消耗时间和精力,还可能导致资源流失和机会成本递增。如果一个人难以在某一领域精耕细作,那么他的财富的积累和事业的稳定发展都会受影响。因此,我们在选择职业时需要审慎抉择,一旦确定方向,就应持之以恒,不断深化专业技能,以实现长期的事业发展和财富积累。

"物竞天择，适者生存。"在这个充满竞争和不确定性的社会里，随着科技的快速发展和全球一体化，职业环境变得更加复杂和多变。"滚石不生苔，转业不聚财"这句话传递给我们的深刻启示还包括，我们需要树立终身学习观，才能保持灵活性，以更好地应对不断出现的新挑战，把握新机遇。同时，我们也需要有长远的规划和定力，不被短期的波动与假象所动摇和迷惑。只有这样，我们才能始终保持领先的竞争优势，持续实现个人价值的最大化。

85

入乡问俗，入乡随俗

庄子的《山木》有云："入其俗，从其令。"

"入乡问俗"是指到了一个新的地方，要主动询问和了解当地的风俗习惯。这是一种尊重和融入当地文化的方式，可以帮助我们更好地融入新的环境，避免因为不了解当地习俗而造成误会或冲突，给生活、工作和学习带来麻烦，或影响旅行体验。

"入乡随俗"则是指到了一个新的地方，要顺应和遵守当地的风俗习惯。这是一种尊重当地文化的表现，也是当地人对外乡人的一种期待和要求。通过随俗，我们可以更好地融入当地社会，与当地人建立良好的社交关系。

入乡问俗和入乡随俗都体现了理解和尊重当地风土人情和文化习俗的重要性，是我们在异地他乡生活和旅行时应当遵循的重要原则。前者强调询问和理解，后者强调顺应和遵守。同时，它们也提醒我们要保持开放和包容的心态，接纳和欣赏不同的文化，以促进跨文化交流和融合。

86

见微知著，
有恶习者必有恶心吗？

在生活中，有时候我们会听到这么一句话："见微知著，有恶习者必有恶心。"其意为，在人物的评价中，可以通过观察一个人的行为习惯，来推测其性格特征或品德修养。"见微知著"意味着通过观察和分析事物微小的细节与现象，推断其本质、全貌或发展趋势。然而，将这一成语直接应用于"有恶习者必有恶心"的判断上，可能有失公允。

恶习指的是不良的习惯或行为，而恶心则可能指不良的动机或意图。虽然恶习可能反映出某种不良的心理状态，但不能直接等同于具有恶心。美国著名人际关系学大师、现代成人教育之父卡耐基先生小时候是一个公认的非常淘气的坏男孩。在他9岁的时候，他父亲把继母娶进家门。当时他们居住在弗吉尼亚州的乡下，是一户贫苦人家，而继母则来自较好的家庭。他父亲一边向他继母介绍卡耐基，一边说："亲爱的，我请你注意这个全社区最坏的男孩，他可让我头疼死了，说不定他会在明天早晨以前就拿石头扔向你，或者做出别的什么坏事，总之会让你防不胜防。"出乎卡耐基意料的是，继母微笑着走到他面前，托起他的头看着他，用纤细的手怜爱地轻轻抚摸卡耐基的头。她看着丈夫说:"你错了,他不是全社区最坏的男孩,而是最聪明的、但还没有找到发泄热忱的地方的男孩。"继母的话说得卡耐基心里热乎乎的,眼泪几乎滚落下来。就是凭着她这一句话,他和继母开始建立友谊。也就是这一句话,成为激励他奋勇前行的动力。从卡耐基先生儿时的成长经历可以看出,恶习可能只是某个人在特定的环境下的行为表现,并不一定代表其全面的性格或动机。一个人可能有某种恶习,但这并不意味着他必然有恶的动机或意图,我们需要通过更广泛、更深入的观察和交流来做出准确的判断。

在科学领域,爱因斯坦也是一个经典的例子。他在年轻时就以不遵守校规而闻名。他对传统的教育模式不满,喜欢思考和质疑常识。正是这种不同寻常的思维方式,使他能够提出相对论等革命性的理论,为整个物理学界带来了颠覆性的变革。还有苹果公司的创始人斯蒂夫·乔布斯,乔布斯在年轻时也因为不听话而与学校发生过冲突。然而,他的创新思维和对完美的极致追求,使得他能够开发出一系列革命性的产品,改变了整个科技行业的面貌。在体育界,篮球运动员迈克尔·乔丹在学校时就因为不听从教练的指令而遭到批评。然而,他的不服输精神和对比赛的专注使他成为历史上最伟大的篮球运动员之一。他带领芝加哥公牛队六次夺得NBA总冠军,并在赛场上展现出惊人的个人技术和领导能力。这些案例表明,有些所谓的"恶习"其实只是一种不合群的表现,是对传统观念的质疑与挑战,而社会在理解、包容与引导方面存在欠缺。然而,这并不意味着应该鼓励人们都去"离经叛道"、肆意践踏规则。毕竟遵守道德规范、尊重关爱他人、维护社会秩序是每个人都需要遵循的基本准则。

"见微知著"可以作为我们观察和分析他人的一种有效方法,有助于我们更深入地了解他人,但不应成为人物评价的唯一依据。在评价一个人时,应保持审慎、客观、全面的务实态度。听其言、察其色、观其行,避免因片面、肤浅、感性而犯了武断的错误。

第三篇
育才启慧

袁一茜 画

87

合作精神，是孩子一生最受用的本领

奥地利心理学家阿德勒在《自卑与超越》一书中写道："在形形色色的罪犯之间，在各种不同的失败者之间，他们最主要的共同点就是缺乏合作精神，缺乏对别人及对人类幸福的兴趣。"团队合作是一种非常重要的能力，孩子必须知道竞争和合作是同样重要的，如果不能学会与他人好好合作，个人知识再多、能力再强，也无法获得成功。

俗话说"三个臭皮匠赛过一个诸葛亮"，在专业化分工越来越细、竞争日益激烈的今天，单打独斗已经无法解决各种错综复杂的问题。无论是在学校还是在未来工作场所，合作意识和合作能力都是取得成功的关键。唯有善于与人合作，把许多人的力量团结起来，才能最大限度地实现自我价值，创造一片新的天地。因此，父母要做到未雨绸缪，从小重视培养孩子的团队意识和合作能力。

从古到今，合作精神始终是人们在工作和生活中必备的重要素质之一。优秀的孩子不仅需要具备独立性和自主性，更需要具备团队合作精神。大家耳熟能详的"一个和尚挑水喝，两个和尚抬水喝，三个和尚没水喝"的故事，以及"一根筷子容易弯，十根筷子折不断"的俗语。这些都充分说明了团队合作的重要性。

合作能力是个体社会化和人格健全的关键能力。通过合作，他们能够与他人共同完成任务、解决问题、发展创造力，并建立紧密的人际关系，有助于在孩子之间营造一种团结、友爱、互助和合作的群体氛围，对增强孩子的社会适应性具有很好的促进作用。

当今很多家庭呈现出"421"型的倒金字塔结构。在这样的家庭环境里长大的孩子往往受到家庭成员的过度呵护，容易以自我为中心，缺乏团队精神和协作能力。那么，爸爸妈妈就要把握时机，日常有意识地多加以教育和引导。家长不能仅靠空洞的说教，而要以身作则，让孩子在轻松的氛围里树立团队精神。

培养团队精神可以寓教于乐，比如和孩子一起做家务、玩游戏和外出旅行等，日常多鼓励孩子关心班集体和他人，多帮助老师和同学做事情，不欺负弱者，积极参加集体活动。家长还可以通过鼓励互助合作、培养沟通技巧、灌输分享理念、塑造团队意识和树立责任心等方式，培养孩子的团队合作精神。

培养孩子的团队合作精神非一朝一夕之功，只有在家庭教育的引导下，从力所能及的点滴小事做起，通过潜移默化，将团队合作精神逐步融入孩子的精神世界，让孩子养成与人合作的良好习惯。

《增广贤文》有言："富若不教子，钱谷必消亡；贵若不教子，衣冠受不长。"培养孩子良好的性格是家庭教育的艰巨任务和重要使命。有研究表明，拥有自信、开朗、大方、友爱、平等和探索精神等领袖气质的孩子，会主动且很好地与别人合作，这类孩子合作意识与合作能力都比较强。合作是一种能力，这种能力会让人终身受益；合作也是一种艺术，唯有善于与人合作，才能更好地适应社会生活。

培养孩子的合作能力不仅对他们的解决问题能力、社会责任感、良好人际关系和积极的自我形象的建立有帮助，还有益于提高孩子学习成绩，也能为他们未来的职业发展奠定坚实的基础，有助于孩子在各个方面取得成功。

88

让孩子成为你的资产，而非负债

不要抱怨辅导孩子功课很累。用不了多久，你看着孩子漆黑的卧室，熄灭的台灯，会想念那个小小的身影：坐在那里，一会儿认真写字，一会儿玩玩东西，一会儿喊妈妈有一道题不会。不要抱怨孩子乱扔东西，不爱整理。用不了多久，你看着家里干净整齐，你会想起那个肆意玩耍，把家里搞得乱成一团糟的那个脏宝贝。终于，你明白孩子是宝贵的财富，每一天都是陪伴孩子的天赐良机，我们不应该轻易错过这些宝贵时光。

李嘉诚先生说过："任何事业的成功，都无法弥补孩子教育的失败。"孩子是上天恩赐给我们最好的礼物，是父母人生中最大的资产。杨振宁先生认为，这个世界上是有造物者存在的，因为整个世界的结构不是偶然的。我们修了几辈子的福报，才会有今生的相遇。珍惜和孩子的相处，孩子给我们最大的礼物其实是陪伴。

生命是一个此消彼长、循环往复的过程。我们一边在陪伴孩子成长，一边在渐渐地老去。在孩子长大成人后，我们怎样才能确保我们的陪伴，最终换来的是优质资产回报，而非不良负债呢？陪伴孩子是父母的一场自我修行和自我教育，需要爱和智慧,更需要我们自身的不断学习与提升。在修行的道路上,把孩子培养成一个自信、有担当和懂感恩,并兼具诚实守信、乐观开朗、独立坚强等重要精神品格的人,这才是我们人生中最具价值的投资。有些父母可能会认为,孩子长大了懂事后,这些都会做到。但其实如果孩子在小的时候没有得到正确的教育引导,家长对于孩子的野蛮生长听之任之的话,长大后就很难再纠正过来。

儿童心理学家研究发现,从小培养孩子的性格和习惯,对于孩子的健康成长至关重要。我们一旦错过这个教育黄金期,孩子未来可能就是你人生中最大的负债,就算倾家荡产也无法偿债。家教永远是一个人生命的底色。父母的思想认知和育儿理念事关一个家族命运的兴衰。

厚德方能载物。纵观世界,越是超级富豪家的孩子,越不会娇生惯养,而是从小就特别注重品格和素养的锻炼。不要忽视孩子才是你最大的资产。如果家庭教育失败,你即便拥有再多的财富,孩子也必将无法传承下去。同理,孩子教育成功了,他自己就会拥有无限的创造能力。在他的时代,他能创造的远非上一辈人所能想象到的。林则徐说得好:"子孙若如我,留钱做什么?贤而多财,则损其志。子孙不如我,留钱做什么?愚而多财,益增其过。"

89

3岁立恩，6岁立威，12岁立价值

教育家泰曼·约翰逊曾说："成功的家教造就成功的孩子，失败的家教造就失败的孩子。"儿时的经历，是一个人生命的底色。童年幸福的人，通常性格积极乐观、人格健全独立，每一次回望童年，都能感受到爱和希望，获得面对挫折和挑战的力量。而童年遭遇创伤的人，往往会有性格缺陷、思维方式消极等特点，常会回顾童年阴影、克服心理"印痕"，总在疗愈创伤。正所谓"人生而自由，却无往不在枷锁中"。毋庸置疑，教育好自己的孩子，既考验父母的格局，也是家长一生最重要的事业。

心理学有一个概念叫"发展的关键期"，意为，人类的某种行为、技能和知识的掌握，在某个时期发展最快，可塑性最强。如果孩子没有在性格培养的黄金期建立良好的品质和习惯，则会在未来的成长之路上爆发各种问题。孩子的成长是分阶段的，所谓"3岁立恩，6岁立威，12岁立价值"。12岁之前是孩子性格养成的关键期，孩子能不能成才，关键就看12岁前各个阶段有没有应对到位。所以，父母一定要在孩子12岁前，抓住这三个发展关键期，为孩子今后的一飞冲天提供内在动力。

蒙台梭利博士指出，儿童出生后三年的发展，在其程度和重要性上超过儿童一生的任何阶段。学龄前的幼教阶段，是感情的铸就期、品行的扎根期和习惯的养成期。李玫瑾教授认为：孩子三岁前，能否与父母建立亲密的依恋关系，影响到他们大半生与父母间的相处模式。3岁前，父母一定要亲自带孩子，建立依恋和信任关系，为以后的养育和管教创造条件。从这个角度看，并非以父母的身份管教孩子就会听，而是孩子只听从其信任和依恋的人。哈佛大学研究表明：3～6岁是孩子性格、规则意识和行为习惯培养最关键的时期，可以用"潮湿的水泥期"来形容。孩子90%左右的性格、想法、行为方式，都是在这个阶段形成的。"三岁看大，七岁看老"。6岁前若不给处于"潮湿的水泥期"的孩子立好规矩、建好"模子"，未来再好的教育都将无济于事。

孩子在12岁时进入中学阶段，是成长的重要转折点。青春期的孩子已不再完全依赖父母，更多的是喜欢与同学、朋友相处和倾诉。此时，作为家长要教会孩子什么是责任、尊重、合作。这个年纪的孩子渴望独立却又没有成熟的心智，如不注意引导易受外界影响走偏，所以，这个时期是教给他们明辨是非，建立价值观的重要阶段。12岁上下帮助孩子树立基本的"三观"尤为迫切。孩子的内在价值体系的搭建非一朝一夕之功，需要父母通过观察孩子身上表现出来的一些特点，帮助孩子搭建正确的价值体系。建立了自己价值体系的孩子，都有很强的独立性，能够自主安排好学习和生活。心理的高度，始终会影响行为的高度。

孩子的教育，本质上就是一场父母和孩子一起塑造灵魂的修行。有效的亲子陪伴，也是一个共同学习、共同成长、共创家园的难得机会。在孩子成长的各个阶段教育重点不同，家长只有把握孩子的成长特点，在对的时间做对的事，教育才会越来越轻松。一旦错过发展关键期，将会导致终生无法弥补。家长需要正确引导和教育孩子，给予孩子必要的心理抚育，孩子的人生之路才会越走越平稳。

90

幸福的童年治愈一生，不幸的童年用一生治愈

苏珊·福沃德博士在《原生家庭》一书中写道："父母在我们心中种下了精神和情感的种子，它们会随我们一同成长。在有些家庭中，父母种下的是爱、尊重和独立，而在另一些家庭里，则是恐惧、责任或负罪感。"弗洛伊德在治疗的过程中也发现，多数病人的心理问题，都可以追溯到童年时期的生活经历。童年不单是一个阶段，它还是一个人生命的地基，人很多的个性，无意识心理都是在童年下意识地养成的。童年是一段独特的、光彩夺目的、不可再现的生活，它虽短暂，只占整个人生的一小部分，然而纵观漫长的一生，却起着至关重要的作用。

联合国儿童基金会在2018年做过一份调查，结果显示，那些经常遭受打骂吼叫的孩子，性格自卑的占据79%，而在他们长大后，工作中表现出色的不到4%，受到侵害选择忍受不会反抗的孩子占94%。经常被吼的孩子，极易产生自卑心理。有句话说得好：童年得到的爱，是未来生活的光。童年时期从父母那里得到的关爱和抚育，会内化成一种心理能量，成为孩子一生的底气。弗洛伊德曾说过：一个被母亲完全喜欢的人，终其一生，都会有一种作为胜利者的感觉，而这种成功的信心，通常会导致真正的成功。

拥有快乐童年的人往往会拥有一种强大的内核，当遇到外界的打压和贬抑时，他们会启动自我保护机制，能有效抵御外界的侵蚀。李玫瑾教授通过大量案例和侦查实践发现：人在成年后的行为和心理，都是过去经历中的一个表现、一种折射，与幼时的家庭养育方式密切相关，从小便有一个良好的、有爱的生长环境，家庭氛围温馨和谐，那么便能塑造一个健全的人格。这样健全的人格在之后的成长中，对孩子处理任何事物的能力、强大的心理素质和抗压力都是一种培养。林语堂先生说得好："在造成今日的我之各种感染力中，要以我在童年和家庭所身受者为最大。人一生出发时所需要的，除健康的身体和灵敏的感觉外，一个快乐的童年、充满爱的家庭和美丽的自然环境便够了。在这条件下生长起来，没有人会走错的。"

相反，童年不幸福的人由于生长在一个缺爱、压抑、恐惧或放纵的、充满负能量的环境，很难培养出健全的人格。成年后他们的个性和行为中会充满来自原生家庭的暴戾，仿佛一条寄生虫潜伏在他们的体内，无声无息。这样的孩子，往后的一生便都需要努力地去疗愈和填补童年的不幸。有人说，子女是父母生命的影子，不管你怎么挣扎，终其一生也无法摆脱。也正如英国学者罗素在《西方哲学史》中总结道："柏拉图相信，教育的方向决定人的命运。"

阿德勒认为，人格教育同样与后天的教育、培养密不可分。与人的心理状态、学习兴趣和生活风格等有关。后天"只要有心改变，那就可以改变"。但确难否定，幸福的童年可以治愈外界的诸多伤害，而不幸福的童年却需要花费一生去治愈。想要改变大脑的神经网络、思维模式和潜在意识并非一蹴而就，需要漫长的过程。父母一定要在孩子的童年阶段，通过适当的教育方法和家庭环境来引导孩子向正确的方向发展。

91

孩子被打，家长该怎么办？

每一位家长都希望自己能够永远保护孩子，不让孩子受到任何伤害，但是这个想法不现实，孩子终将长大，要去拥有属于他们自己的生活。而且家长如果把孩子保护得太好，如同温室里的花朵，经不起任何风吹雨打，对孩子的成长与发展只会有害无益。孩子离开家庭进入学校之后，需要和老师与同学一起过群体生活。在这些人际交往的过程中，难免会产生一些矛盾与冲突，有时可能还会不同程度地存在显性或隐性的霸凌现象。

孩子在学校被同学打了，家长的处理方式很重要，如果处理不当，将会导致矛盾激化，给孩子带来不良影响，甚至演变成悲剧。如何教会孩子正确应对冲突，学会解决人际关系中遇到的问题，就成了家长和孩子的必修课。

当孩子受到欺负向家长告状时，我们首先要保持冷静，详细了解事情的来龙去脉，这有助于我们判断是否需要采取进一步的行动。我们应鼓励孩子讲述整个事件完整经过，并认真倾听孩子的感受和想法。同时，给予孩子支持和鼓励，让孩子感到被关心和爱护。家长可根据孩子被伤害的程度和事件的性质，决定是否需要与施暴者的家长进行直接沟通，坦诚表达关切，敦促对方加强对子女的教育管理。同时，这种沟通有助于了解对方的态度和看法，并商讨共同解决问题的办法。如果情况比较严重，家长可酌情决定是否寻求老师、学校、教育主管部门、心理咨询专家和警方介入，通过多方共同努力，妥善解决问题。家长需要注意的是，在处理整个事件的过程中，应保持冷静和理性。不要过于情绪化，这有助于我们更好地处理问题并做出明智的决策。

在处理问题的同时，我们也要注意教育孩子以后如再遇到类似情况，应该如何应对。告诉孩子如何避免冲突和被欺凌，以及如何保护自己和他人。同时，也要教育孩子如何尊重他人、如何处理人际关系，以及如何成为一个具有责任感和同情心的人。被打的经历可能会对孩子的心理健康产生一定的负面影响。因此，要密切关注孩子在校状况，以及日常情绪和行为举止是否反常，并定期与孩子进行亲子交流。如果孩子出现焦虑、抑郁、自卑等负面情绪，家长应高度重视，并及时进行干预，帮助孩子逐渐摆脱心灵阴影，尽快恢复身心健康。

想要孩子不被欺凌，犯罪心理学专家李玫瑾教授给父母的建议是：重点要放在事先预防上，而不是事后的反击。父母要给孩子一个稳定、有爱的家庭环境，让孩子性格阳光开朗，善于交流，乐于助人，在学校多交朋友，融入集体。这样的孩子大概率不会成为被欺负的对象。

孩子的成长之路，不可能一帆风顺，冲突与挫折在所难免。作为家长，我们要以爱为帆，以智为桨，在孩子遭遇困难时，给予他们正确的引导与支持，帮助他们学会应对、学会成长。让我们用智慧与耐心，为孩子撑起一片晴朗的天空，让他们在阳光下茁壮成长，勇敢地迎接未来的挑战。

92

孩子为什么要学一门乐器?

在孩子的成长过程中,学习一门乐器逐渐成为许多家长关注的焦点。学习乐器,能为孩子带来的益处远超常人的想象。可以毫不夸张地说,它就像一把万能钥匙,可以开启孩子发展的多扇大门。学习一门乐器,不仅可以让孩子多一项特长,对孩子性格的塑造也有积极正面的影响。

音乐可以开发智力,提升创造力。研究表明,六岁前开始学乐器能促进孩子左右脑健康均衡发育,从而增强创造力。还有一些学者认为,学习乐器的孩子在数学、语言等学科上的成绩往往会更好,这是因为音乐训练促使思维综合协调、高效运行。学习一门乐器不仅对孩子的发展有着积极的影响,也可以为他们的未来筑牢根基。无论孩子将来是否从事与音乐相关的工作,学习乐器都能够培养他们的艺术修养与人文素养,成为他们人生中的宝贵财富。

举世闻名的物理学家爱因斯坦不仅以其相对论闻名于世,还是一位出色的小提琴手。爱因斯坦自幼对音乐怀有浓厚兴趣,小提琴伴随他度过了许多时光。他在进行科学研究的过程中,时常会陷入困境,而音乐则成为他寻找灵感的源泉。他曾说,音乐帮助他思考,在他的脑海中,那些抽象的科学难题仿佛化作了一段段旋律，在小提琴的演奏中逐渐清晰、明朗。正是音乐的熏陶，激发了他的创造力和想象力，助力他在物理学的广阔天地中取得了举世瞩目的成就。

音乐是艺术的一种表达形式，学习乐器能让孩子更加敏锐地感受音乐、理解音乐。当孩子亲自演奏一段美妙的乐曲时，他们会获得一种自豪与满足之感，这种成就感会进一步激发他们对音乐的热爱与追求。而这种对音乐的理解与欣赏，有助于增强孩子对其他艺术形式的鉴赏能力。

对于从事艺术创作、设计、表演、教育等专业领域的人员来说，艺术鉴赏能力是必不可少的。艺术家需要通过鉴赏他人的作品来汲取灵感、提升技艺；设计师需要具备良好的审美素养来创造出具有吸引力和实用性的设计作品；表演艺术家需要通过鉴赏经典作品来提高自己的表演水平；艺术教育工作者更需要深厚的艺术鉴赏功底来引导学生欣赏和理解艺术。

美国著名作家马克·吐温对小提琴也有着浓厚的兴趣，并具备一定的演奏水平。他常常在社交场合演奏小提琴，用音乐来增添生活乐趣。他的文学作品中也常常流露出对音乐的热爱和理解，音乐成为他创作和生活的一部分。法国著名作家、音乐评论家罗曼·罗兰不仅是一位杰出的文学家，也对音乐有着深入的研究和独特的见解。他也擅长演奏小提琴，对音乐作品的欣赏和解读具有很高的造诣。他的文学作品常常融入对音乐的感悟。苹果公司的联合创始人史蒂夫·乔布斯年轻时学习过吉他。乔布斯曾表示，音乐对他的设计理念产生了深远影响，尤其是在产品设计中对美感和简洁的追求。

世界著名画家毕加索的画作风格独特，充满了对生活和人性的深刻洞察。毕加索同样热爱音乐，认为音乐与绘画在艺术表达上有着共通之处。他常常在画室中，伴随着音乐的节奏创作，音乐让他的思维更加灵动，色彩和线条在他的笔下仿佛拥有了生命。音乐激发了他的艺术灵感，让他的作品展现出了独一无二的魅力和创造力。中国当代著名的国学大师南怀瑾一生致力于中国传统文化的研究和传承，对诗词、武术、围棋等诸多领域都有深入见解。南怀瑾也十分热爱音乐，认为音乐是文化的重要组成部分。他认为通过学习音乐，可以更好地理解和领悟中国传统文化的精髓，培养高尚的品格和审美情趣。

在许多非艺术领域的职业中，艺术鉴赏能力对于提升职业综合竞争力也具有重要的价值。例如，在市场营销领域，具备艺术鉴赏能力的人能够更好地把握消费者的审美需求，设计出更具创意和吸引力的广告宣传文案；在组织管理中，对艺术的欣赏和理解有助于培养领导者的文化底蕴和人文精神，有助于提升组织的凝聚力和创造力。因此，良好的艺术鉴赏能力能够为个人在组织中赢得更多的机会和优势。

以废除奴隶制和领导南北战争闻名的美国第16任总统林肯，则是通过学习钢琴来调节身心。音乐为他提供了情感的宣泄渠道，帮助他保持冷静和理智，确保做出正确的决策。他不仅在政治上取得了卓越成就，还在音乐的滋养下，拥有了广阔的胸怀和坚定的信念。美国第32任总统富兰克林·罗斯福和英国前首相丘吉尔等政界人物也都对音乐有着浓厚的兴趣，他们会偶尔演奏小提琴，展现出其在政治之外的艺术修养。微软的创始人之一比尔·盖茨以科技和商业成就著称，他同时也是一位钢琴爱好者。他认为学习钢琴培养了他的耐心和专注力，这些品质在他的职业生涯中起到了重要作用。

音乐是一门综合艺术，需要孩子用大脑进行感知、分析和创作。学习乐器的过程能提高孩子的专注力、记忆力和解决问题的能力。学乐器的价值还包括：通过严格的练习达到精神上的修炼，可以陶冶情操、净化心灵，增强情绪调控能力，为情绪找到发泄口；培养孩子的审美情趣和高雅气质；培养孩子战胜自我，克服懒散、胆怯和自卑等弱点；培养孩子严谨的学习、工作和生活习惯，锤炼拼搏进取和自强不息的意志力；培养孩子尊重他人、倾听他人和包容他人的团队合作和情感表达等社交能力。通过学习乐器，能够让孩子接触大量音乐作品，在由音符构成的灿烂纯美的世界里，音乐所传递的真、善、美能够让孩子懂得如何与世界相处，与自己相处，如何爱祖国，爱生活，爱亲人和朋友，以及深切地同情人类的命运。

同时，家长一定要对孩子学乐器的困难性、长期性有充足的心理准备。在孩子学乐器的前三年，家长应当好"陪练"。因为学乐器之初，孩子一般年龄都比较小，还做不到独立练习，并且这个年龄段孩子的理解能力有限，注意力容易分散，没有足够的自我控制能力和自我约束能力。随着年龄增长，家长则要逐渐减少陪孩子练习的时间和次数，有意识地培养孩子独立练习的能力。在孩子学习乐器的过程中，还可以让孩子参加一些比赛或考级，但需明确的是，比赛和考级不是目的，只是为了给孩子一个拓阔视野和学习锻炼的机会。

毋庸置疑，让孩子学习一门乐器，不仅能够丰富他们的个人艺术修养，还能在多个方面对其个人的成长和发展产生积极影响。无论孩子将来选择何种职业道路，音乐教育都将成为他们人生中的一笔宝贵财富。

93

学跆拳道对孩子有什么好处？

在当代教育体系中，体育教育的重要性日益凸显。而跆拳道作为一项兼具竞技性与文化性的运动，不仅能够强身健体，更能通过其独特的训练体系，全面培养孩子的综合素质。

跆拳道起源于朝鲜半岛，是一项融合了东亚文化的技击术。共有24个套路，其脚法占70%。同时，还包括兵器、擒拿、对拆自卫术及10余种基本功夫。跆拳道不仅是一项以技击格斗为核心的现代竞技运动，更是一种以修身养性为基础，以磨炼意志、振奋精神为目的的格斗对抗性的现代竞技体育运动项目。它强调"始于礼，终于礼"的尚武精神，将礼仪规范视为练习者必须遵循的基本原则，倡导"未曾学艺先学礼，未曾习武先习德"。

跆拳道于1988年汉城奥运会上被列为表演示范项目，于1992年巴塞罗那奥运会上开始被列为试验比赛项目，到2000年悉尼奥运会上成为正式比赛项目，跆拳道逐渐走向世界舞台。对于孩子来说，最适宜跆拳道训练的年龄是4～12岁，此时孩子的骨骼尚未完全发育成熟，韧带也比较容易拉伸。这个时候的孩子也更容易记事，学到的东西不会轻易忘记，更容易掌握动作要领并形成长期记忆。

英国教育家洛克说过:"健康的心理寓于健全的身体。"练习跆拳道不仅可以强身健体,更能培养孩子多方面的优秀品质,具体来说包括以下四个方面。

其一,心理素质的深度塑造。一是礼仪教育与品德培养。跆拳道训练中,孩子需通过鞠躬、敬礼等一些仪式感动作,学会尊重师长、对手与规则。例如,在道馆内,练习前后向国旗行礼的环节,潜移默化地传递责任意识与集体荣誉感。这种教育方式将"武德"融入日常行为规范,为孩子奠定正直、谦逊的人格基础。二是意志力与抗压能力的训练。练习跆拳道是一个由易到难的过程,需要持之以恒的精神。跆拳道的晋级体系要求孩子逐步突破技术瓶颈。从基础动作的反复打磨到实战对抗的心理适应,过程中难免遭遇挫折。例如,横踢动作的稳定性训练需要数月积累,失败时教练会引导孩子分析重心偏移的原因而非简单放弃。这种"目标分解—持续努力—终获成就"的过程,能有效培养孩子克服困难、挑战自我的坚韧不拔的意志力,以及解决问题的能力。三是自信心的建立。竞技场上的每一次得分都是对孩子能力的肯定。当孩子通过长期训练完成高难度动作(如腾空后旋踢等),或在比赛中为团队赢得分数与荣誉时,强烈的自我效能感会显著提升其自信心。这种自信将延伸至学业与社交领域,形成良性循环。

其二,身体机能的全面提升。一是动态协调性与灵活性的提升。跆拳道的动作以腿法为核心,涵盖前踢、侧踢、下劈、横踢等技法,辅以手部格挡与步伐移动。这些动作要求全身肌肉、骨骼与神经系统的高度协同。例如,侧踢动作需调动髋关节、膝关节与踝关节的联动,长期练习可显著提升孩子的平衡能力与肢体柔韧性。研究表明,4~12岁是儿童骨骼发育的关键期,此时进行跆拳道训练,能有效改善肌肉耐力与关节活动范围。二是心肺功能与免疫力的提升。跆拳道是一项全身性的运动,其训练强度适中,既有训练爆发力的跳跃、踢击,也有低强度的步法调整。这种间歇性运动模式可增强心肺功能,促进血液循环,降低肥胖风险。同时,运动过程中分泌的生长激素有助于儿童身高增长,而规律的训练习惯更能强化免疫系统,减少季节性疾病的发生。三是空间感知与反应能力的提升。练习跆拳道还能够在一定程度上启发孩子的智力。练习的过程不但会增加骨骼肌的收缩能力,而且对于空间感知、经验、类型识别等右脑功能的综合发挥均有着重要运用,有利于提高孩子的形象思维和创造力水平。在竞技对抗中,孩子需实时判断对手动作并作出反应。例如,通过"闪避+反击"的组合动作,既能锻炼视觉追踪能力,又能提升大脑对空间的快速分割与定位能力。这种训练模式对儿童神经系统的发育具有积极促进作用,可使孩子的头脑和肌体反应能力得到较大提升。当遭遇突发状况时,能够保持头脑清醒、临危不乱,对自卫能力、自我掌控感和自信心的提升不言而喻。

其三,社会能力的全面拓展。一是团队协作与领导力的拓展。团体品势表演是跆拳道的重要项目,要求队员动作统一、默契配合。在编排集体套路时,孩子需倾听队友意见并调整自身节奏,最终呈现和谐的整体效果。此类活动不仅增强集体归属感,还能发掘孩子的组织协调能力。二是竞争意识与规则意识的培养。跆拳道比赛遵循明确的胜负规则,让孩子在公平竞争中学会尊重结果、接受失败。若失利,教练会引导孩子反思技术差距而非抱怨裁判,这种教育方式有助于孩子建立健康的竞争观念。同时,规则意识的强化能让孩子在未来的学习与工作中更好地适应社会规范。三是减压降负的情绪发泄口。经常参加跆拳道运动,可以为孩子郁积的各种消极情绪提供一个减压降负的发泄口,能使受挫折后产生的情感冲动得到消融或转移。对消除情绪障碍、减缓和治疗心理疾患等具有较好效果。

其四,文化传承与审美熏陶。一是传统文化的现代诠释。跆拳道的套路名称多源自自然意象(如"太极"象征阴阳平衡)。通过学习,孩子能初步理解"以柔克刚""刚柔并济"的东方哲学,增强文化认同感。在练习"云手"步伐时,动作的连绵起伏暗含道家"无为而无不为"的思想。二是艺术表现力的启蒙。跆拳道的品势表演将技击动作与音乐节奏结合，具有强烈的视觉美感，孩子需根据音乐情绪调整动作力度与速度。这种"身心合一"的训练模式，对孩子提升气质形象也能起到明显的帮助作用，为其未来接触舞蹈、戏剧等艺术形式奠定基础。

  跆拳道不仅是一项能够强身健体、倡导积极心态的竞技体育运动，更是塑造完整人格的成长载体。除了技术，更注重练习者的品行和修养。它通过身体与心灵的双重磨砺，不仅可以有效地塑造人的行为方式，也能促进个体的心理健康。健康稳定的情绪能使人对现实保持乐观的态度，帮助孩子在竞争激烈的社会中建立清晰的自我认知，成长为兼具力量与智慧的新时代少年。

第四篇
养心颐年

袁一茜 画

94

粗茶淡饭，吃出铁汉

"粗茶淡饭饱即休，补破遮寒暖即休，三平二满过即休，不贪不妒老即休。"宋代词人黄庭坚在《四休导士诗序》中挥笔写下的这几句诗，如同一把钥匙，为我们打开了"粗茶淡饭"这一古老生活智慧的大门。而这一说法的源头，藏在一个充满生活哲理的宋代典故之中。

当时的太医孙肪，自号四休居士，他平日里除了履行太医职责，还时常为士大夫们提供医疗帮助，且分文不取。有一天，黄庭坚怀着好奇心询问他自号"四休居士"的缘由。孙肪脸上带着温和的笑意，缓缓道来："吃的方面，不要过于讲究，只要吃得饱，粗茶淡饭就可以了；穿的方面，破了就补一补，只要能暖和，不觉得冷就可以了；家产呢，只要能过得去就算了；为人处世呢，既不贪图钱财，也不要嫉妒人家，能平平安安活到老也就满足了。"黄庭坚听后，不禁赞叹："你这'四休'，实乃安乐之法啊！欲望不高，家庭便能安稳，知足之人，就如同身处极乐世界一般。"孙肪的这番话，不仅勾勒出一种简单质朴的生活状态，更蕴含着深刻的人生哲理，为"粗茶淡饭"赋予了最初的文化内涵，成为后世人们探讨生活哲学的重要范本。

斗转星移，时光来到现代社会。随着科技的飞速发展和经济的持续繁荣，人们的物质生活变得丰富起来。曾经只有在特殊场合才能品尝到的鸡、鸭、鱼、肉、海鲜等美食，如今已成为寻常百姓家庭餐桌上的常客。人们的饮食观念也发生了巨大的转变，逐渐走向追求精致的极端，变得无肉不欢，主食只选择精米、精面，喝水也偏爱饮料、奶茶和纯净水。然而，这种看似享受的精致饮食方式，却给人们的健康带来了一系列严峻的问题。高血压、高血脂、高血糖这些现代"富贵病"，如同隐形杀手，向我们悄然袭来。它们的发病率正在逐年攀升，不仅困扰着成年人，甚至开始殃及下一代，成为威胁整个社会健康的重大隐患。在医院的体检中心，每天都有大量的患者被检测出这些健康问题，人们开始感到焦虑和担忧。面对这些问题，大家不禁开始怀念起从前简朴的生活方式，粗粮也因此重新进入大众的视野，那句古老的俗语"粗茶淡饭，吃出铁汉"再次被人们提起，引发了全社会对于健康饮食的深刻反思。

　　那么，究竟什么才是真正的粗茶淡饭呢？营养学家从专业的角度给出了详细的解读。在食物的选择上，强调五谷杂粮的重要性，有俗语说"五谷杂粮多入口，大夫改行拿锄头"，形象地说明了五谷杂粮对健康的积极作用。黄金作物老玉米，在营养和保健方面表现卓越。它富含多种维生素、矿物质和膳食纤维，有助于降低胆固醇、预防心血管疾病等。小米则有着独特的保健作用，不仅能镇静安眠，帮助人们缓解失眠的困扰，还能除湿健脾，呵护肠胃。被誉为"营养之花"的大豆，富含优质蛋白，能够为人体提供充足的营养。而"粗茶"，指的是较粗老的茶叶，与鲜嫩的新茶相比，它口感苦涩，但其貌不扬的外表下却蕴含着丰富的宝藏。粗茶中含有大量的茶多酚、茶单宁等对身体有益的物质。茶多酚是一种强大的天然抗氧化剂，它就像人体内的忠诚卫士，能够有效地抑制自由基对人体的伤害，减缓细胞的衰老。同时，它还能阻断亚硝胺等致癌物质对身体的损害，降低患癌风险。对于糖尿病患者来说，茶多酚能减轻糖尿病症状，起到一定的辅助治疗作用。此外，它还具有降血脂、降血压等功效，对维持心血管健康有着重要的意义。茶单宁则能降低血脂，防止血管硬化，保持血管畅通，维护心脑血管的正常功能，使血液循环更加顺畅，为身体各个器官提供充足的血液供应。从健康角度来看，粗茶尤其适合平时摄入脂肪比较多的人群，帮助他们调节身体的代谢功能，保持身体的健康。

从更全面深入的角度来理解，粗茶淡饭是以植物性食物为主，注重粮豆混食、米面互补，并合理搭配各类动物性食品。"淡饭"包含两层含义，一是指优质的天然食物，二是指饮食要清淡。这些天然食物包含谷类和蔬菜等植物性食物，它们为人体提供了丰富的碳水化合物、膳食纤维、维生素和矿物质，是维持生命活动的重要基础；也包括脂肪含量低的鸡肉、鸭肉、鱼肉、牛肉等动物性食品，它们能为人体补充优质蛋白质，满足人体生长发育和日常活动的需要。清淡的饮食指饮食不能太咸，口味要清淡一些。饮食过咸容易引发骨质疏松，使骨骼变得脆弱，增加骨折的风险；还容易导致高血压，长期处于高血压状态，会对心脏、肾脏等重要器官造成损害。长期饮食过咸还可导致中风和心脏病，尤其对老年人的健康危害巨大，严重影响他们的生活质量和寿命。

值得注意的是，天然食物的加工不要过于精细，因为加工得越精细，营养流失就越多。在精加工米和面的过程中，许多原本存在于谷物中的营养成分，如膳食纤维、B族维生素、矿物质等，大量地被白白浪费掉了。这就导致人们虽然吃了米和面，但摄入的营养却大打折扣。例如，糙米在加工成精米的过程中，外层的谷皮、糊粉层被去除，大量的膳食纤维和B族维生素也随之流失。长期食用精米，容易导致B族维生素缺乏，引发一系列健康问题。

在《黄帝内经》中，有"五谷为养，五果为助，五畜为益，五菜为充，气味合而服之"的经典论述。这里所说的"五谷",就是我们日常生活中所吃到的米、面、黍、豆、杂粮等主食。"五谷为养"深刻地揭示了主食在我们日常饮食中的不可或缺性。在中国营养学会推荐的膳食宝塔中,五谷位于塔基的位置,是最基础、最重要的部分。它能为我们的身体补充55%~60%的碳水化合物和热量,能为我们的日常活动提供动力支持,为我们的健康保驾护航。据统计,成年人每日摄入的36种元素中,80%以上来自食物。然而,目前很多人在膳食营养方面存在着不吃粗粮、天天吃精米白面的错误饮食习惯。这种不健康的饮食习惯,直接造成了微量元素摄入不足,影响了身体的正常代谢和生理功能。

"人是铁,饭是钢,一顿不吃饿得慌。"这句通俗易懂的俗语生动形象地体现了食物对于人体的重要性。中国传统的膳食结构以植物性食物为主,这些植物性食物富含膳食纤维。多吃蔬菜、粗粮、红薯等富含膳食纤维的食物,可以促进肠道蠕动,使大便通畅,减少有害物质在肠道内的停留时间,对预防肿瘤的发生有着积极的作用。人的生存离不开五谷,馒头、米饭、红薯、玉米等主食是维持健康的基石。如何科学合理地食用这些食物,是一门值得深入研究的学问。

在快节奏、高压力的现代社会,粗茶淡饭不仅仅是一种饮食方式,它更代表着一种无欲无求、乐观豁达的超然心境。当我们放下对物质的过度追求,回归简单朴素的饮食生活时,我们能够更加真切地品味到生活的本真与美好。在粗茶淡饭中,我们感受到的是一种内心的宁静与满足,一种对生活的感恩与珍惜。它让我们在喧嚣的世界中找到一片属于自己的宁静港湾,享受平淡生活中的点滴幸福。粗茶淡饭,吃出的不仅是健康的体魄,更是一种充满智慧的生活态度和人生哲学。

95

先进厨房,再进药房

在漫长的人类历史长河中,对健康和长寿的追求始终是不变的主题。中华传统养生文化,作为人类智慧的瑰宝,源远流长,不仅积累了丰富的养生保健经验,更蕴含着深刻的理论思想。其中,"先进厨房,后进药房"这一理念,犹如一盏明灯,照亮了我们通往健康生活的道路,深刻体现了中医"寓医于食""治未病"的核心思想。

养生,首重一个"防"字。早在数千年前,中医经典《黄帝内经》便提出"圣人不治已病,治未病。不治已乱,治未乱",将预防疾病置于养生的核心位置。这一理念宛如一颗种子,在中华养生文化的土壤中生根发芽。张仲景在《金匮要略》开篇即讲"上工治未病",进一步强调了预防医学的重要性,为后世医家指明了方向。孙思邈在《备急千金要方》中也提到"上医医未病之病,中医医欲病之病,下医医已病之病",对不同层次的医疗境界进行了阐述,凸显了"治未病"的医者追求。这种预防为主的思想,贯穿了中华传统养生文化的始终,成为其独特的魅力所在。

中医自古以来就有"药食同源"的论述。中医认为药物和食物本出一源,自古就秉持"寓医于食"的防病治病理念。《黄帝内经》中写道:"空腹食之为食物,患者食之为药物。"形象地揭示了食物与药物之间并无绝对的分界线。在我国,许多食物被当作中药广泛使用,如大枣,性温味甘,能补中益气、养血安神;百合,性甘微苦,能润肺止咳、清心安神;莲子,益肾涩精、养心安神;山楂,消食化积、活血化瘀;龙眼肉,补益心脾、养血安神;山药,补脾养胃、生津益肺。同样,不少中药也被人们当作食物来食用,像枸杞子,滋补肝肾、明目;金银花,清热解毒;西洋参,补气养阴;鱼腥草,清热解毒、消痈排脓。这些"药食两用"之品,既具有良好的治病疗效,又是日常饮食中的美味佳肴,充分反映出"药食同源""凡膳皆药"的传统医学观念。这种理念让人们在享受美食的同时,也能达到养生保健的目的,将养生融入日常生活中的点点滴滴。

"先进厨房,后进药房",简简单单的一句话,却蕴含着深刻的养生智慧。其核心在于强调通过科学配餐,利用食物的营养和特性来养生保健,有效防治各种疾病,将预防疾病的关口大大前移。在日常生活中,我们可以依据自身的体质、季节变化以及身体状况,精心搭配食物,选择适合自己的食材进行烹饪。比如,体质偏寒的人,可以多食用一些温热性的食物,如羊肉、桂圆等,但作为红肉的一种,羊肉不宜多吃;体质偏热的人,则可以适当食用一些寒凉性的食物,如绿豆、苦瓜等。通过合理的饮食搭配,达到滋养身体、增强体质、预防疾病的效果。这种理念完美体现了中医"未病先防"的思想,相较于在疾病发生后依赖药物治疗,更加注重从源头上预防疾病的发生,以一种自然、温和的方式维护身体健康。

在人类对生命与健康的理解发生变化的同时,中华传统养生保健方法正日益引起国际医学界以及社会各界人士的重视。传统医学观念认为,食物的功效与中药有相似之处。现代科学研究的结果也在不断证实这一论断,对包括蔬菜在内的上千种食物的系统研究发现,食物中含有许多对机体有调节作用的生物活性因子。《黄帝内经》有云:"大毒治病十去其六,常毒治病十去其七,小毒治病十去其八,无毒治病十去其九。"所以,饮食有节,身必无灾,食物是最好的药物。

以蔬菜为例,蔬菜的"蔬"字由"艹""疏"结合而成,表示可以做菜吃的草本植物,有疏通、舒畅之意。《小尔雅》有言:"菜谓之蔬。""蔬"通常与"菜"连用。蔬菜中富含纤维素、半纤维素、木质素等人体必需的各种维生素。芹菜,富含膳食纤维,能促进肠道蠕动,预防便秘;西蓝花,含有丰富的维生素C和胡萝卜素,具有抗氧化、增强免疫力的作用。此外,果子酱里面含有果胶,白薯、魔芋里含有一些特殊的可溶性纤维成分,这些成分都对促进肠胃蠕动、清除体内毒素有着很好的作用。古话说"欲得长生,肠中当清",保证每天通便非常重要。

美国《科学》杂志曾刊登论文,发现很多乳腺癌病人患便秘,原因是便秘后肠道菌群发生变化,产生大量梭状芽孢杆菌,其代谢产物类似雌激素,被吸收后会攻击乳腺。而通过食疗的方法,多吃富含膳食纤维的食物,就可以有效解决习惯性便秘问题,维护肠道健康,进而促进整体健康。这表明,合理的饮食选择能够在日常饮食中为身体提供必要的营养支持,发挥类似药物的保健作用,帮助我们预防疾病,保持良好的身体状态。

在快节奏的现代生活中,人们面临着各种各样的健康挑战。许多成年人及孩子连好好喝水都做不到,以喝各种饮料代替饮用水的现象十分普遍。英国研究人员发现的儿童"果汁饮料综合征",患病儿童表现出特别任性、感情易冲动、注意力不集中、学习成绩差等问题,这与孩子饮用过多含人工合成色素和糖的果汁饮料密切相关。大部分果汁饮料里都含有糖,糖只有热量而缺乏营养,从果汁饮料里获得的热量被称为"虚卡路里"。孩子喝了饮料后容易出现各种身体不适,变得爱折腾。此外,可乐等饮料不仅具有很强的成瘾性,而且含有大量的磷,孩子喝了以后,钙磷比例失调,对骨骼发育产生不良影响。在欧美国家,越来越多的家长开始禁止孩子喝可乐。这些不良的饮食习惯对人们的身体健康造成了潜在的威胁，严重影响生活质量和健康水平。《医学论坛报》对全球涉及饮料与健康的文献进行系统回顾分析，根据饮料的热量、营养成分及对健康的影响，将其分成6个等级。饮用水处于第一等级，是补充人体每日所需水分的最佳饮料。

现代人往往重视疾病有余，关注健康不足，更缺乏养生意识。在日常生活中，人们常常忽视一些基本的健康保障行为，如规律作息、合理饮食、适量运动等。很多人在身体出现问题后才开始关注健康，将更多的希望寄托在药物治疗上，却忽略了"是药三分毒"的道理。如今，早晨起来不吃早餐的现象屡见不鲜，殊不知，不吃早餐会带来很多不良影响，尤以胆汁浓度升高、易形成结石为重。此外，人们在饮食上往往追求口感和方便，而忽视了膳食平衡和营养搭配。这种对健康的漠视和养生意识的淡薄，使得许多人在不知不觉中陷入健康危机，增加了患病的风险。

饮食比例与食物多样性对于人的生命健康至关重要。为此，世界卫生组织提出人体健康的四大基石，第一个就是膳食平衡。《千金要方》说："不欲极饥而食，食不可过饱；不欲极渴而饮，饮不欲过多。饱食过多，则结积聚；渴饮过多，则成痰癖。"膳食平衡、饮食有节是保证人体健康和延年益寿的重要基础。根据世界卫生组织的标准，亚洲人的饮食比例以"433"为宜，即400克粮食，包括米面、豆类、薯类、芋类等，300克蔬菜和水果及300克的蛋白质和脂肪。同时，要吃得杂，每天至少吃30种各种食物，确保摄入七大类营养素，包括碳水化合物、蛋白质、脂肪、维生素、矿物质元素、水和膳食纤维。通过合理搭配食物，保证身体获得全面的营养支持，维持正常的生理功能。例如，我们可以在一天的饮食中，早餐吃燕麦粥、鸡蛋、水果，午餐吃米饭、瘦肉、青菜、豆腐，晚餐吃面条、鱼肉、菠菜等，这样就能保证食物的多样性和营养的均衡。

一般人三餐的量以"433"为准，早餐占四成，要吃得好，吃得适量；午餐、晚餐各占三成，简单即可。早餐作为一天中最重要的一餐，为身体提供能量和营养，开启一天的新陈代谢。不吃早餐，会导致身体能量不足，影响工作和学习效率，还容易引发胆结石等疾病。老年人的分量最好是"442"，即早餐吃四成，午餐吃四成，晚餐吃两成。晚餐吃得过饱会影响睡眠，中医说"少吃一口，舒服一宿"，世界卫生组织也推荐少食多餐，晚餐少吃有利于老年人的消化吸收。合理安排三餐，不仅能够提供足够的能量，还能维持身体的代谢平衡，促进身体健康。

在现代社会，慢性病的高发态势日益严峻。追根溯源，很大一部分原因在于我们的饮食出了问题。与此同时，我们又过度依赖药物，却忽略了"是药三分毒"的道理。想要在未来拥有更健康的生活，现代人类急需树立"先进厨房，再进药房"的大健康理念，通过健康的生活方式来解决因不良生活方式引发的疾病问题。"先进厨房"，核心在于提醒人们重视科学养生，秉持"预防为主，治疗为辅"的科学养生观，提前做好疾病预防工作。正如《黄帝内经》中所讲："夫病已成，而后药之，乱已成而后治之，譬犹渴而穿井，斗而铸锥，不亦晚乎！"这句话深刻地揭示了预防胜于治疗的道理。等身体已经发病了才去找医生，就如同渴了才去挖井、打仗了才去打造兵器，往往为时已晚。

科学养生涵盖的内容广泛，方法众多，历代养生家积累了极为宝贵的经验。总体归纳起来，主要有食养、药养、气养三种方式。食养，关键在于把握好饮食的度，避免吃得过饱。吃到嗓子眼、打着饱嗝，显然就是过量饮食了。药养，则是适当借助药物来调节身体机能。而气养，重点在于锻炼自身正气，增强免疫力，同时时刻留意防御外来的病邪。内心也要保持安定清净，做到清心寡欲，防止情绪大幅波动，让体内真气和顺。正所谓"正气存内，邪不可干"，当人体正气充足时，病邪自然难以侵袭。

古人云:"食以善人,食亦害人。"科学研究与实践表明,天然食物具有提供营养和调节机体的双重功能。我们应遵循这一规律,借助天然食物来养生祛病、强身健体。秉持"先进厨房"的现代大健康科学养生理念,深入挖掘祖国丰富的饮食文化宝库。根据食物的"四气五味"进行分类,结合食物特性与四时变化,合理安排饮食。通过一日三餐,轻松增强体质,远离疾病困扰。

中国传统文化讲究"天人合一",认为人体"小宇宙"与大宇宙、大自然同源、同构且相互感应。天有三宝日月星,地有三宝水火风,人有三宝精气神。在食疗养生过程中,专家提出了一些值得注意的事项:安全是前提,营养是基础,食疗是休养,健康是目的。要充分考虑个人身体素质和疾病性质,避免盲目跟风食疗。做到有的放矢,合理选配食物,最终实现防病保健、延年益寿的目标。

96

人参杀人无罪，砒霜救人无功

"人参杀人无罪，砒霜救人无功"是中医界流传甚广的一句话。这句话同时也反映了一种社会现象或观念，即某些事物因其传统或普遍认知中的正面形象，即使造成不良后果也往往会被宽容对待；而另一些事物则因其负面形象，即使对一些方面有益，也难以得到认可。

人参在传统文化和医学中被视为滋补佳品，具有极高的药用价值。因此，即使在使用人参后出现不良后果，人们也往往不会将其归咎于人参本身，而是寻找其他原因。相反，砒霜是一种剧毒物质，常被用于负面场景。因此，即使它在某些特定情况下，如严格控制剂量并对症使用，也有可能发挥它的治疗作用，但人们也很难接受或认可其正面价值。中医认为，滋补类的中药应慎用，人参用错如砒霜，补身不成反伤身。身体健康者若过量服用像人参这样的补气药非但无益于健康，而且因补不对症而招致病患，弊大于利。尤其是婴幼儿、少年儿童、血气方刚的青壮年，更不可盲目服用人参。身患疮、疖、痈或咽喉肿痛者，服用人参后可能会导致疮毒大发、经久不愈等严重后果。

莫枚士在《研经言》中提道："凡药能逐邪者，皆能伤正；

能补虚者,皆能留邪……于此知无药之不偏矣……"本来中药就是靠偏性治病,所以,选择中药进补也要利用好药的偏性,达到滋补的目的。清代名医郑钦安也提到:"病之当服,附子、大黄、砒霜是至宝;病之不当服,(人)参(黄)芪、鹿茸、枸杞皆是砒霜。"这也从一定程度反映出使用不当的时候,进行滋补反而有害无益。

这种现象在多个领域都有所体现。比如,在医疗领域,某些传统药物或疗法因其长期以来的良好口碑,即使在现代医学证明其效果不佳或存在风险时,仍然有人坚持使用。而在另一方面,一些创新型疗法或药物,即使经过科学验证有效,也可能因为缺乏传统认知中的"正面形象"而难以被广泛接受与应用。为了改变这种观念,我们需要更加客观、科学地看待事物,不受传统或偏见的影响。同时,也需要加强科普教育,提高公众的科学素养和判断力,以便更加理性地评估各种事物或现象的价值和风险。

"人参杀人无罪,砒霜救人无功"这句话提醒我们,要警惕传统观念和偏见对判断力的裹挟与影响,以更加理性、客观、科学的态度来看待和评价事物。其告诫我们不能仅凭表象或固有印象来判断事物或人的价值,就像大黄虽味苦却能治病救人,却因口感不佳而不被感激;人参虽补却有可能害命,但因美名在外而被盲目推崇。大黄好比如是忠言逆耳,人参就是甜言蜜语。生活中,大家都爱听恭维的好话,喜欢嘴甜似蜜的人。慢慢地也就视谄媚奉承的人为朋友,把忠言逆耳的人当敌人,而能够经受得住考验的患难之交,往往是大黄这样的"敌人"。

97

萝卜上市,医生没事

在我国民间,白萝卜素有"小人参"之称,常有"萝卜上市,医生没事"和"冬吃萝卜夏吃姜,不用医生开处方"等说法。《本草纲目》中记载白萝卜"主吞酸,化积滞,解酒毒,散瘀血"。《本草纲目》认为白萝卜在治疗胃酸过多、帮助消化积食、解除酒精毒素、分散瘀血等方面效果显著,将其列为"蔬菜中之最有利益者",可"去邪热气"。《日华子本草》也提到白萝卜有"消痰止咳,治肺痿吐血"等功效。

白萝卜深受中国人喜爱,是餐桌上的常客。它的营养价值极高,富含膳食纤维、多种维生素和微量元素,还有双链核糖核酸,这些都是维持我们身体健康的重要营养素。双链核糖核酸能够诱导人体产生干扰素,如同给身体的防御系统注入了一股强大的力量,增强人体免疫力,帮助我们抵御各种疾病的侵袭。

白萝卜的吃法多样,生食时,口感甘脆多汁,就像山间清澈的泉水,润喉清嗓,清热生津的效果与梨子不相上下。白萝卜中含有的淀粉酶、木质素等成分不耐热,在70℃的高温下就会被破坏,所以生吃能最大程度地发挥其食疗功效,让我们更好地享受它带来的益处。而当白萝卜被煮熟后,它的功效则偏重化痰消食理气，就连煮萝卜的水也有同样的作用，因此民间才有"萝卜赛梨"之说，足见人们对它的认可。

秋冬季节，气候干燥，人们常常会感到咽喉干痛、咳嗽痰多，此时，白萝卜就成了我们的贴心伙伴。吃白萝卜不仅能润喉清嗓，还能有效缓解这些不适症状，给我们的身体带来滋润和呵护。而且，冬天人体气血内敛，白萝卜寒凉、抑制的特性与之相适应，在寒冷的冬日里多吃萝卜，对身体大有裨益。另外，白萝卜富含大量膳食纤维，就像肠道的清道夫，能够预防便秘，保持肠道通畅。同时，它热量低，对于那些想要减肥降脂的人来说，也是一个不错的选择，既能满足口腹之欲，又不用担心长胖。

值得一提的是，研究人员发现，白萝卜皮的营养价值远超其肉质部分。白萝卜皮的维生素C含量大约是肉质部分的2倍，而白萝卜中的钙98%都集中在萝卜皮内，小小的萝卜皮蕴含着大大的能量。白萝卜顶段维生素C含量最为丰富，这些维生素C能够提高人体免疫力，帮助我们抵抗流感病毒的侵袭，守护我们的健康。而白萝卜的中段和末段，则含有较多的淀粉酶和芥子油类物质，这些物质就像肠胃的小助手，能帮助肠胃消化，促进吸收，增强我们的食欲，让我们吃得香、身体棒。

白萝卜，这一看似普通实则不凡的蔬菜，以其丰富的营养和多样的功效，在我们的生活中扮演着重要的角色。无论是作为日常餐桌上的美食，还是作为养生保健的食材，它都默默地为我们的健康贡献着力量。我们在享受白萝卜带来的美味的同时，也别忘了它所蕴含的深厚养生智慧，合理食用，让身体更加健康。

98

为什么要春捂秋冻？

"春捂秋冻"这一传统的养生智慧已传承千年，是中医养生学的重要理念之一，旨在通过适当的保暖来适应温度变化，从而维护身体的健康。春季保暖有助于养护春意融融的阳气，而适当的秋冻则有助于敛藏身体的阳气，可以增强冬季身体的御寒能力。

从生理学角度来看，人类在长期的进化过程中，体内形成了一种生理性散热和保暖功能。冬天的时候，人的表皮汗腺和毛孔处于闭锁状态。春天来临时，毛孔逐渐从"冬眠"中苏醒过来，皮肤开始活跃，汗毛孔闭锁程度相应降低。因此，春风较大的时候，尽管不是很冷，却能长驱直入肌体内部，使人有"春寒冻人透心凉"的感觉。春捂就是指春季气温虽逐渐回升，但仍然不稳定，早晚温差大，人体的毛孔在冬季收缩之后尚未完全打开。因此，尽管不必刻意捂得严严实实，但合理调整衣物，避免寒冷刺激，对于保持身体的阴阳平衡是有帮助的。此时若过早减去衣物，容易使身体受到寒邪侵袭，导致感冒、咳嗽等。

因此，科学上，春捂的目的就是为了保护身体，避免因急剧的气温变化，而导致外邪入侵。具体来说，春捂的重点在于保护身体的几个关键部位，如上腹部、下腹部、双足、颈项和肩关节等，这些部位容易受凉引发各种不适。春捂能调节人体的恒定温度，有利于抵御风寒和适应季节变化。

秋天则是一个渐进的降温过程，但一般还是"凉而不寒"，人体需要逐渐适应即将随之而来的寒冷天气。如过早地穿上厚衣物，身体与"凉"接触太少，体温调节中枢得不到应有的锻炼，调节体温的能力就会下降，人体的抗寒能力也会随之下降，就会变得难以适应寒冷的冬季气候。秋冻就是指通过适度的寒冷刺激，提高人体的肌肉和关节活动能力，起到增强肌体血液循环的作用，有助于提高人体的耐寒、抗冻能力，促进身体的新陈代谢，以达到强身健体少生病的目的。

"春捂秋冻"的养生观念要根据个体体质和所处状态来适当调节。体质偏热之人可能不适合春捂，体质偏寒之人和一些特殊群体则不宜秋冻。此外，春捂和秋冻都应适度，不能蛮干，以免诱发疾病或加重病情。

99

一天一苹果，医生远离我

"一天一苹果，医生远离我。"这句话出自西方谚语，虽其中不免带有夸张的色彩，但在看似简单的表述背后，却隐藏着丰富的科学内涵，吸引着众多学者和研究人员不断探索苹果与人体健康的微妙关系。

随着科学研究的不断深入，人们对苹果的健康功效有了更为细致的认识。一项发表在《美国临床营养学杂志》上的研究表明，每天吃一个苹果对健康有一定益处，但若是每天食用两个苹果，其带来的健康效果则更加显著。巴西里约热内卢大学的一项研究揭示，对于超重（身高体重指数大于25）的中年女性而言，每天吃三个苹果能够有效地降低体重和血糖水平。这一系列的研究成果，让人们对苹果在健康管理方面的作用有了全新的认识，也为这句谚语注入了现代科学的活力。

苹果作为日常生活中最为常见的水果之一，独特的价值使其成为大多数人饮食中的理想选择。从中医的角度来看，苹果性平，既非热性也非凉性，这种平和的属性使得它适合各类人群食用。无论是老人、儿童，还是体质较为特殊的人群，都能放心享用苹果带来的美味。苹果不仅口感爽脆、多汁，味道酸甜可口，更重要的是，它富含多种生物活性物质，这些物质在人体内能够产生独特的生物效应。因此，苹果也被视为一种"功能性食品"，在预防疾病和维持长期健康方面发挥着重要作用。

在医学领域，苹果有着悠久的应用历史，它属于药食两用的水果。临床上，苹果具有生津、润肺、除烦、解暑、开胃、醒酒等诸多功效，这些功效在传统医学中早已得到认可和应用。苹果中的天然膳食纤维——果胶，是其生物活性成分之一。果胶主要存在于苹果果肉之中，每100克果肉中果胶含量为2~3克。果胶能够减少人体对糖和脂肪的吸收，从而有助于降低糖尿病和心脏病的患病风险。此外，苹果皮中也蕴含着丰富的营养物质，其中最为突出的是被称为多酚的天然化学物质。每100克苹果皮中多酚含量通常可达110毫克，包括黄烷醇、羟基肉桂酸酯、黄酮醇、二氢查耳酮和花青素等。这些多酚物质具有强大的抗氧化功能，能够有效预防多种慢性疾病。例如，让苹果皮呈现红色的花青素，对心脏健康有着积极作用；而另一种多酚——根皮苷，研究证实它能够通过减少小肠对葡萄糖的吸收量和增加肾脏的排泄量来调节血糖水平，对于糖尿病患者来说，苹果皮中的根皮苷无疑是天然的健康守护者。

除了果胶和多酚，苹果中还富含维生素、糖、有机酸、纤维素、矿物质以及多种微量元素，这些营养成分的丰富组合，使得苹果成为一种不可多得的"全方位营养水果"。它能够有效地补充人体所需的营养物质，同时促进胃肠蠕动，帮助清除体内的垃圾，维持肠道的健康环境。美国学者曾对8000多名成年人进行了一项研究，分析他们食用苹果的频率和就诊次数之间的关系。在这些受试者中，大约9%的人每天吃一个苹果。研究结果显示，每天吃苹果的人使用的处方药比不吃苹果的人略少，尽管两组就诊的次数大致相同，但这一细微的差异也暗示了苹果在维护身体健康方面的潜在作用。而发表在《美国临床营养杂志》的一项研究则更为直观地揭示了苹果对心血管健康的益处。研究人员通过分析受试者的血液和尿液样本发现，每天食用2个新鲜苹果（去核后重量约为340克），能够显著降低血清总胆固醇、低密度脂蛋白胆固醇（坏胆固醇）等指标，同时对高密度脂蛋白胆固醇（好胆固醇）没有任何不利影响，并且受试者的血管内皮功能也得到了一定程度的改善，这充分说明苹果有利于心血管健康，为预防心血管疾病提供了一种天然、健康的饮食选择。

当然，任何事物都有其两面性，苹果也不例外。虽然苹果对健康有着诸多益处，但若是一天当中食用过多的苹果，也会带来一些负面效应。过量食用苹果会影响其他食物的摄入量，导致蛋白质和碳水化合物等营养素的摄入不足，进而造成膳食营养不均衡。因此，为了保持身体健康，在日常饮食中，我们应该选择两到三种水果进行混搭，这样既能充分吸收不同水果带来的丰富营养，又能确保营养搭配更加合理。

此外，养成良好的作息同样至关重要，均衡饮食、适量运动、戒烟限酒等健康的生活方式是维持身体健康的基石，与食用苹果等健康食物相互配合，共同为我们的健康保驾护航。

100

睡觉适当通风，有益身体健康

很多人晚上睡觉不喜欢通风，担心着凉、感冒。其实，晚上睡觉不通风会有些弊端。据实验检测，人在入睡后，每分钟吸入300毫升氧气，同时呼出250毫升二氧化碳。如果此时不注意通风，则会形成一个封闭式空间，室内氧气逐渐减少，二氧化碳急剧增加，尤其是在屋小人多的房间更是如此。

入睡三个小时后，室内的二氧化碳气体将增加数倍。此时，细菌数量、尘埃数量和各种有毒物质也会成倍地增长。这些物质会随着人的呼吸又被吸入体内，对人体健康产生严重危害。晚上睡觉应注意通风，比如可以留一扇换气窗，以保证室内正常通风，保持空气新鲜，这样有利于人体的健康。

睡觉不通风容易导致一系列健康问题。一是慢性缺氧。室内空气不流通，二氧化碳无法有效排出，室内氧气含量减少。这可能会引起大脑缺氧，造成呼吸不畅、头晕头疼、心悸心慌等症状。二是细菌滋生。空气不流通有利于细菌和病毒的滋生。长时间处于这样的环境中，人体免疫力下降，容易感染疾病。三是影响睡眠质量。缺氧和细菌滋生都会影响睡眠质量，长此以往会导致情绪低落和记忆力下降等。

　　因此，睡前适当开窗，保持室内空气流通，显得特别重要。但是，也需要根据个人体质和天气情况等，来进行具体判断。

各界推荐

"为什么明明知道很多道理,却依然过不好这一生?"这句直击灵魂的叩问,已然成为当下许多人内心深处的一大困惑。在这本《心灵珠峰》里,我找到了答案。

——互联网大厂工程师

作者阅读量很大,涉猎广泛,学养深厚,格高意远,读《心灵珠峰》可见一斑。读完这本书,相当于接触了很多经典读物的经典内容,对于爱好阅读和没时间阅读的人来说,都能起到事半功倍的效果。

——法律工作者

这本书帮我解开了多年来内心的诸多困惑,为我的心灵打开了一扇窗,为我的思想推开了一扇门。在修行之路上,这本书助我体悟到正知的明澈、正见的坚定和正信的笃实。

——传统文化爱好者

面对人心浮躁的社会,静下心来读《心灵珠峰》,这对我的家庭和睦、事业发展、学习成长,以及团队建设帮助很大。这本书给了我很多启发,实用性很强。

——科技公司负责人

以前人们将身体的健康排在首位，为什么现在更强调身心灵的和谐？从《心灵珠峰》里，我找到了答案。

——中学老师

一胎没养好，二胎养得更不好，看来问题不在孩子，而在家长。学习中的孩子每天都在进步，而不学习的家长，意味着每天都在退步。《心灵珠峰》带给我很多震撼，让我深刻地意识到认识自我、反求诸己的重要性。

——学生家长

《心灵珠峰》是一本颇具价值的"宝典"。读后对提升我的文化素养，理解传统文化精髓帮助很大，为我在工作中与社会各界交流以及处理各种复杂的问题提供了新思路。值得反复研读。

——政府机关公务员

我希望公司的各级领导和员工能够人手一册，闲暇时多读几遍。这本书对我们的家庭、工作、生活、学习、人际交往、子女教育、健康养生等诸多方面都有着较强的启发与指导意义！

——上市公司高管

整本书给我的感觉可以概括为：务实不讲空话，有用；理论与故事相结合，好读；角度丰富，来源广泛，全面。

——大学教授